"科学发展 成就辉煌"系列丛书

环保惠民 优化发展

——党的十六大以来环境保护工作发展回顾（2002-2012）

■ 周生贤 主编

人民出版社

编 委 会

目　　录

第一章　环境保护从认识到
实践发生重要变化

党和国家高度重视环境保护,把保护环境确立为基本国策,把实施可持续发展作为国家战略。党的十六大以来,以胡锦涛同志为总书记的党中央提出了科学发展观这一重大战略思想,成为引领中国特色社会主义现代化建设的纲领。十年来,全国环保系统坚持把科学发展观作为政治信仰来追求、作为科学真理来坚持、作为行动指南来践行,推动环境保护从认识到实践发生重要变化,节能减排和环境保护成为贯彻落实科学发展观的一大亮点。

第一节　新时期我国环境保护理念更加丰富

党的十六大以来,党中央、国务院把环境保护摆上更加突出和重要的战略位置,提出了建设生态文明、建设资源节约型环境友好型社会、让江河湖泊休养生息、推进环境保护历史性转变、探索中国环境保护新道路等一系列加强环境保护的新理念,为推动环保事业发展提供了强大思想保证。

一、建设生态文明

2007 年,党的十七大在科学分析我国国情和经济发展状况的基础上,立足经济快速增长中资源环境代价过大的严峻现实,把建设生态文明作为一项战略任务确定下来,提出:"建设生态文明,基本形成节约能源资源和保护生态环境的产业结构、增长方式、消费模式。循环经济形成较大规模,可再生能源比重显著上升。主要污染物排放得到有效控制,生态环境质量明显改善。生态文明观念在全社会牢固树立。"党的十七届四中全会提出,全面推进社会主义经济建设、政治建设、文化建设、社会建设以及生态文明建设,把建设生态文明纳入了中国特色社会主义事业的总体布局。党的十七届五中全会提出了提高生态文明水平的新要求。

建设生态文明,是以胡锦涛同志为总书记的党中央坚持以科学发展观统领经济社会发展全局,创造性地回答怎样实现我国经济社会与资源环境可持续发展问题所取得的最新理论成果,是中国特色社会主义理论体系和中国特色社会主义事业总体布局的重要组成部分。2008年胡锦涛总书记明确提出:"建设生态文明,实质上就是要建设以资源环境承载力为基础、以自然规律为准则、以可持续发展为目标的资源节约型、环境友好型社会。"这准确把握了生态文明建设与可持续发展的关系,深刻揭示了建设生态文明的内涵和本质。

生态文明是为解决人与自然不断激化的种种矛盾和生态环境的多重危机,着力破解资源环境瓶颈约束,积极改善、促进和优化人与自然、环境与经济、人与社会的和谐关系,所取得的物质成果、精神成果和制度成果的总和。建设生态文明,并不是放弃对物质生活的追求,回到原生态的生活方式,而是超越和扬弃粗放型的发展方式和不合理的消费模式,提升全社会的文明理念和素质,使人类活动限制在自然环境可承受的范围内,走生产发展、生活富裕、生态良好的文明发展道路。这一重大战略思想的提出,既是文明形态的进步,又是社会制度的完善;既是价值观念的提升,又是生产生活方式的转变;既是中国环保新道路的目标指向,又是人类文明进程的有益尝试。

1. 推进生态文明建设是破解日趋强化的资源环境约束的有效途径。我国发展中不平衡、不协调、不可持续问题依然突出,经济增长受资源环境约束的情况越来越严重。随着工业化、城镇化的快速推进,经济总量不断扩大,人口继续增加,资源相对不足、环境承载力弱成为我国在新的发展阶段的基本国情。近年来,我国环境治理和生态保护取得积极成效,但水、大气、土壤等污染仍然严重,固体废物、汽车尾气、持久性有机物、重金属等污染持续增加,水土流失加重,天然森林减少,草原退化,生态系统更加脆弱。能源消费总量持续增加,能源利用效率不高。只有加强能源资源节约,发展循环经济,加强环境治理和生态建设,才能有效破解经济增长中的资源环境瓶颈制约。

2. 推进生态文明建设是加快转变经济发展方式的客观需要。加快转变经济发展方式是"十二五"的主线。发展与环境密不可分。究其本质,环境问题是发展道路、经济结构、生产方式和消费模式问题;环境承载力越来越成为经济发展规模和发展空间的主要制约因素,环境保护对加快经济发展方式转变具有保障、促进和优化作用。将环境保护的"倒逼机制"传导到结构调整和经济转型上来,才能更好地推动经济社会又好又快发展。

3. 推进生态文明建设是保障和改善民生的内在要求。环境保护是重大民生问题。环境保护直接关系人民生活质量,关系群众身体健康,关系社会和谐稳定。随着生活水平的提高,广大人民群众对干净的水、新鲜的空气、洁净的食品、优美的环境等方面的要求越来越高。我们必须秉持环保为民的理念,着力解决损害群众健康的突出环境问题,切实维护广大人民群众的环境权益。

4. 推进生态文明建设是抢占未来竞争制高点的战略选择。国际金融危机影响深远,世界经济正处于新一轮结构调整、创新发展的时期,气候变化、能源资源安全、生物多样性保护等全球性资源环境问题将是国际社会长期面对的重大挑战,绿色发展、循环经济日益成为世界发展的重要趋势。只有以环境保护优化经济结构和发展方式,抢占世界经济发展新的制高点,才能在新一轮国际竞争中赢得主动。

建设生态文明,以把握自然规律、尊重和维护自然为前提,以人与自然、环境与经济、人与社会和谐共生为宗旨，以资源环境承载力为基础，以建立可持续的产业结构、生产方式、消费模式以及增强可持续发展能力为着眼点，加快构建资源节约型、环境友好型社会。建设生态文明，先进的生态伦理观念是价值取向，发达的生态经济是物质基础，完善的生态制度是重要保障，可靠的生态安全是必保底线，良好的生态环境是根本目的。其具有以下四个鲜明特征：

第一，在价值观念上，强调给自然环境以平等态度和充分的人文关怀。生态文明强调人类在尊重自然规律的前提下，利用和保护自然，给自然以人文关怀。与传统工业文明的价值观相比，生态文明的价值观要求实现三个转变：从人是主体有价值，自然不是主体没有价值，向人是主体有价值，自然也是主体也有价值转变；从传统的"向自然宣战"、"征服自然"，向"人与自然和谐共处"转变；从传统经济发展动力——利润最大化，向生态经济全新要求——福利最大化转变。

第二，在实现路径上，倡导和推行自觉自律的生产生活方式，走出一条资源节约和环境保护的新道路。生态文明追求经济与生态系统之间的良性互动，坚持经济运行生态化，改变高消耗、高排放、高污染的生产方式，以生态技术为基础实现社会物质生产的良性循环，使绿色产业和环境友好产业在产业结构中居于主导地位，成为经济增长的重要源泉。克制对物质财富的过度享受，倡导和践行绿色消费，选择既满足自身需要又不损害自然环境的生活方式。

第三，在目标追求上，注重增进公众的经济福利和环境权益，促进社会和谐。随着环境污染侵害事件和投诉事件数量的逐年上升，环境问题已成为影响社会和谐的重要制约因素。建设生态文明，将生态化渗透到社会管理中，追求代际、群体之间的环境公平与正义，扩大公众环境参与，有利于推动人与自然、人与人、人与社会实现和谐。

第四，在时间跨度上，是长期艰巨的建设过程，既要补上工业文明的课，又要走好生态文明的路。我国正处于工业化中期阶段，传统工业文明的弊端日益显现。发达国家一二百年出现的污染问题，在中国快速发展的过程中集中出现,呈现出压缩型、结构型、复合型特点。生态文明建设面临的繁重任务和巨大压力,决定了它不会一帆风顺,不可能一蹴而就,需要坚持不懈地努力。

党的十六大以来,各地认真落实党中央国务院推进生态文明建设的部署,结合实际主动实践,取得了积极进展,创造了许多好做法并总结了一些切实可行的经验,主要是:制定出台生态文明建设的总体规划,截至 2012 年上半年已有 8 个省(区)出台了建设生态文明的文件;创新完善生态文明建设的体制机制,很多省成立领导小组,多部门联动,并建立相应的考核体系;大力推行生态示范创建活动,已有 15 个省(区、市)、1000 多个县(市、区)开展生态省市县建设;积极引导社会各界广泛参与,企业的社会责任意识有所提升,公众主动投身低碳消费、绿色出行等活动。

生态文明建设的薄弱环节是环境保护,突破口也是环境保护。环境保护是生态文明建设的主阵地,加强环境保护是推进生态文明建设的根本措施。近年来,环保工作着力解决影响科学发展和损害群众健康的突出环境问题,统筹推动主要污染物排放总量削减、环境质量改善、环境风险防范和城乡环境保护公共服务均等化,为培育壮大生态经济、改善生态环境质量、提升社会生态文明意识发挥了重要作用。

当前,环保部门的主要任务就是,高擎生态文明建设的大旗,继续探索中国环保新道路,主动争做生态文明建设的倡导者、引领者和践行者,从生态文明建设最迫切最需要的方面和环节着手,推动生态文明建设取得积极进展。一是加快转变经济发展方式,大力发展绿色经济、循环经济和低碳技术,培育壮大节能环保产业,形成资源节约、环境友好的产业结构、生产方式和消费模式。二是更加注重保障和改善民生,着力解决损害群众健康的突出环境问题。三是深化节能减排,加大水、大气、土壤等污染治理力度,强化核与辐射监管能力,明显改善环境质量。四是切实加强农村环境综合整治,实现城乡生态环境基本公共服务均等化。五是加强生态保护和防灾减灾体系建设,构建生态安全屏障。

六是健全激励和约束机制,构建有利于建设生态文明的政策法制和体制机制。七是加强宣传教育,在全社会树立和弘扬生态文明理念。八是积极应对气候变化、生物多样性保护等全球性环境问题。

二、建设资源节约型、环境友好型社会

2005年3月胡锦涛总书记在中央人口资源环境工作座谈会上首次提出"努力建设资源节约型、环境友好型社会"。2005年10月,党的十六届五中全会通过的《中共中央关于制定国民经济和社会发展第十一个五年规划的建议》指出:"要把节约资源作为基本国策,发展循环经济,保护生态环境,加快建设资源节约型、环境友好型社会,促进经济发展与人口、资源、环境相协调。"这是党中央首次把建设资源节约型、环境友好型社会确定为国民经济与社会发展中长期规划的一项主要任务。

2007年10月,胡锦涛总书记在党的十七大报告中指出:"必须把建设资源节约型、环境友好型社会放在工业化、现代化发展战略的突出位置,落实到每个单位、每个家庭。"党的十七大通过《中国共产党第十七次全国代表大会关于〈中国共产党章程(修正案)〉的决议》,将"建设资源节约型、环境友好型社会"写入党章,使之成为执政党纲领的重要内容。

2005年12月国务院发布《关于落实科学发展观加强环境保护的决定》,2006年10月党的十六届六中全会通过《中共中央关于构建社会主义和谐社会若干重大问题的决定》,2010年10月党的十七届五中全会通过《中共中央关于制定国民经济和社会发展第十二个五年规划的建议》,都对建设资源节约型、环境友好型社会提出了明确要求。

建设资源节约型、环境友好型社会是以胡锦涛同志为总书记的党中央从我国国情出发,总结我国社会主义建设实践,借鉴国际先进发展经验,吸收传统文化精华,作出的重大战略决策,是落实科学发展观的重大举措,是实现全面建设小康社会目标和构建社会主义和谐社会的

重要内容。

1. 资源节约型、环境友好型社会深化了对人与自然和人与人两大系统之间关系的认识，是对马克思主义唯物史观的创新和发展。马克思和恩格斯很早就发现了人类生产生活活动给自然界造成的不良影响，极其敏锐地观察到资本主义发展所带来的资源环境问题。对于当时城市发展带来的诸如空气污染、水污染、垃圾污染等问题，马克思和恩格斯在一系列著作中都有大量描述，并对资本主义私有制所导致的人与人、人与自然的异化作出过精辟的阐述。

资源节约型、环境友好型社会强调，在人类通过劳动活动改造自然界的同时，自然界本身也在改变和重构自身，这是人类的力量和自然界的力量以物质资料的生产和再生产为中介相互统一的发展过程。自然系统不仅内在于生产力之中，而且内在于生产关系之间，这就把人与自然（生产力）、人与人（生产关系）两大系统统一起来，说明人的发展离不开社会和自然的支撑，人对社会和自然负有重大使命，进一步深化了马克思主义对自然、人、社会之间关系的认识。

2. 资源节约型、环境友好型社会是用科学发展观指导经济社会发展，实现社会主义和谐社会建设目标的桥梁。人类对经济发展的认识，经历了从增长到发展，再从发展到可持续发展的过程。可持续发展成为目前人类所共同接受的最高境界的发展观念，它使人类由只会向自然索取转变为关注、保护自然，有意识地与自然和谐相处。

党的十六届三中全会第一次明确提出"科学发展观"，提出"坚持以人为本，树立全面、协调、可持续的发展观，促进经济社会和人的全面发展"。科学发展观全面准确深刻地回答了为谁发展、靠谁发展、实现怎么样的发展、怎样发展等重大问题。党的十六届四中全会提出了构建社会主义和谐社会的战略任务。胡锦涛总书记指出："我们所建设的社会主义和谐社会，是民主政治、公平正义、诚信友爱、充满活力、安定有序、人与自然和谐相处的社会"。作为社会主义和谐社会建设的一个重要方面，构建资源节约型、环境友好型社会这一重大目标，不仅凝聚着中国共产党对中国特色社会主义建设实践认识的重要成果,而且把新世纪的发展方向、改革开放的发展道路、新兴工业化和循环经济的发展模式融会贯通,为中国发展确立了清晰而系统的坐标。

3. 资源节约型、环境友好型社会是解决我国严峻资源环境问题的锐利武器,有利于在新阶段实现新发展。改革开放不仅使我国经济发展取得举世瞩目的伟大成就,而且使我国迎来了工业化和城镇化加快发展的重要战略机遇期。从资源禀赋看,我国是总量上的大国,人均上的贫国。人均淡水资源、耕地、石油、天然气、铁矿石、铜、铝土矿等占有量均居世界平均水平之下,资源禀赋与经济发展之间的矛盾将长期存在。同时,资源消耗强度加大将会进一步加大资源短缺的矛盾,环境污染将会更加严重。无数事实表明,高投入、高消耗、高排放、低效率的经济发展模式已经走到了尽头;否则,资源将难以支撑,环境将难以承受,经济将难以持续。建设资源节约型、环境友好型社会,对于实现经济发展模式转变,从根本上缓解资源环境约束,具有重要作用。

建设资源节约型、环境友好型社会有着丰富而深刻的内涵,就是以资源环境承载力为基础,以遵循自然规律为准则,以绿色科技为动力,以绿色消费为理念,构建经济社会环境协调发展的社会体系,实现可持续发展。

近年来,建设资源节约型、环境友好型社会,日益成为各级地方政府决策者的共识,越来越多的地方积极探索,结合当地经济发展状况、资源环境禀赋等,因地制宜地开展了符合社会实际的实践活动。2007年12月,国务院把湖北省武汉城市圈、湖南省长株潭城市群确立为"两型社会"建设的综合配套改革试验区,鼓励先行先试。以此为契机,武汉城市圈积极推动基础设施、产业布局、区域市场、城乡建设、生态建设与环境保护"五个一体化"建设,实施大东湖水网生态构建等一批重大工程,努力建设良好的自然生态、高效的经济生态、文明的社会生态。湖南省把建立健全"两型社会"的体制机制放在首位,从节约资源、保护生态环境、优化升级产业结构、统筹城乡等10个方面,进行探索创新。在长株潭城市群中心地带规划了120多平方公里的"绿心"，用于建设20个森林公园和6大湿地。全国各地制定了一系列建设"两型社会"的规划和行动方案。山西、广东、山东、厦门等省市，分别出台了具体意见和实施方案，建立了多部门联动的推进机制和相应的考核体系。

作为承担着环境保护任务的部门，在推进资源节约型、环境友好型社会建设中责无旁贷。环保系统充分发挥环境保护优化经济增长的作用，改变高消耗、高污染、低效率的经济增长方式，推动建立低消耗、少污染、高效率的生产体系；反对盲目消费、过度消费和奢侈消费，积极倡导绿色消费和合理消费，推动建立可持续消费体系；加快淘汰浪费资源、破坏环境的落后技术，开发更新替代自然资源、保护环境的绿色技术，推动建立环境友好的科技体系；大力宣传生态文明，动员社会各方面的力量依法参与和监督环境保护，将全社会生态文明的共识转变为人民群众的自觉行动，推动形成民主科学的决策体系；切实解决损害群众健康的环境问题，维护群众环境权益，妥善化解因环境问题而造成的社会矛盾，促进全社会公平正义。

三、让江河湖泊休养生息

2005年11月，松花江发生重大水污染事件，给沿江群众生产生活带来严重威胁，流域生态系统受到重大影响。在松花江流域水污染治理过程中，我们深入思考，认真总结国内外经验，于2007年5月提出严格环境准入"门槛"，淘汰落后生产能力，加强饮用水源保护，加大工业污染源治理力度，加快城镇污水处理设施建设，合理开发利用水资源等六条措施，让松花江休养生息。

胡锦涛总书记一直高度关注松花江、淮河等重点流域的水污染防治工作。2008年1月11日至14日，他在安徽视察工作时作出"让江河湖泊休养生息、恢复生机"的重要指示。胡锦涛总书记指出，发展是第一要务，但发展必须与节约能源资源、保护生态环境同步推进，否则就难以为继。要大力推进可持续发展体制机制建设,健全和落实资源有偿使用制度、生态环境补偿机制、生态环境保护考核制度等。要认真执行节能减排工作责任制,大力解决节能环保突出问题,严格落实节能减排指标,重点搞好淮河、巢湖流域环境整治,让江河湖泊得以休养生息、恢复生机。

让江河湖泊休养生息的提出,为从根本上解决水环境问题指明了方向,是新时期中国水环境乃至重要生态系统保护的指导思想,对于推动生态文明建设,促进经济社会全面协调可持续发展具有重要意义。

1. 让江河湖泊休养生息是人类文明发展进步的基础所系。水乃生命之源,世界万物之本,文明兴衰之根。人类文明进程表明,民族的强盛、社会的繁荣、文化的发展,无不与水有着紧密联系。汹涌澎湃的尼罗河孕育了璀璨的古埃及文明,幼发拉底河的荣枯消长直接影响到巴比伦王朝的盛衰兴亡,地中海沿岸优美的自然环境成为古希腊文明的摇篮,奔腾不息的黄河长江滋润着绚丽而厚重的中华文明。因水资源不合理利用造成文明兴衰的例子比比皆是,中国古代辉煌的楼兰文明已埋葬在万顷流沙之下,水草丰美的美索不达米亚、小亚细亚如今已变成不毛之地,闻名于世的地中海腓尼基文明、北非撒哈拉文明相继消亡。可以说,是水孕育了人类,人水和谐,延绵不断,支撑着人类文明的浩瀚进程。

2. 让江河湖泊休养生息是中国历史上安邦兴国成功经验的理性升华。休养生息是中国历史上安邦兴国、治国理政的客观需要,采取的减轻人民负担、安定生活、恢复社会生产力的重要政策。西汉初年,政府采取宽刑薄赋、军功授田、奴婢复民、逃者归产等措施,大大恢复了国家实力。唐代贞观年间,政府提倡节俭,轻徭薄赋,发展生产,奖励农耕,出现牛马布野、谷价低廉、路不拾遗、社会升平的昌盛景象。清王朝在明末战乱贫弱的基础上,励精图治,治河开荒,振兴经济,实施摊丁入亩等休养生息政策措施,开创了长达130多年的康乾盛世。

3. 让江河湖泊休养生息是尊重自然规律的重要体现。在粗放型经济发展模式下,经济发展速度越快,污染物排放量越大。当人们对水环境的索取大大超过其承载能力时,流域生态系统就会严重失衡,"体弱多病",不堪重负,如果继续延续下去,就会产生严重的生态灾难,甚至威胁到人类生存。正如恩格斯在《自然辩证法》中所指出的:"我们不要过分陶醉于我们人类对自然界的胜利。对于每一次这样的胜利,自然界都对我们进行报复"。让江河湖泊休养生息,就是给水环境以必要的时间和空间,充分发挥水生态系统的自我修复、自我更新功能,使生态系统得以恢复、发展,由"失衡"走向平衡,进入良性循环,实现人水和谐发展。

4. 让江河湖泊休养生息是国内外水环境治理经验教训的有益借鉴。从国外情况看,20世纪70年代,针对积重难返的环境问题,发达国家纷纷采取严厉措施保护环境、治理水污染。日本为治理琵琶湖,从20世纪70年代初开始,对污染物排放总量进行控制,实行严于全国的污染物排放标准和环境影响评价标准,大幅提高污染物排放限值,禁止含磷合成洗涤剂的使用,对家庭排水和家畜废水也提出严格处理要求。同时通过实行底泥疏浚工程,用芦苇丛进行水质净化,清理革除湖内青草等措施,促进湖泊生态修复。既改善了琵琶湖环境质量,又提升了周边地区的发展水平。

从国内情况看,江苏太湖和云南洱海水环境治理经验很有借鉴意义。2007年5月,太湖蓝藻暴发,危机过后江苏省和无锡市"痛定思痛"认识到:太湖污染在水中,根子则在岸上,打捞蓝藻是"扬汤止沸",控源截污是"釜底抽薪"。于是调整工作思路,把控制外源和内源结合起来,对15条入湖河流实行"一河一策"的严格控源截污措施。2008年,太湖湖体综合富营养化状态指数为60.2,同比下降1.5;53个国家考核断面水质达标率为67.9%,同比提高28.3个百分点。1996年9月和2003年7月,洱海先后两次发生大面积蓝藻暴发,水质急剧恶化,局部区域水质下降到地表水Ⅳ类,引发饮水安全危机。面对严峻的水环境形势,大理州政府采取有力措施,启动洱海生态修复、环湖治污和截污、城镇垃圾收集和污水处理系统建设、流域农业农村面源污染治理、流域水土保持、洱海环境教育管理等六大工程,取得明显成效。

让江河湖泊休养生息的实质是坚持以人为本,遵循自然规律,以水环境容量和承载力为基础,统筹环境与经济关系,积极主动给江河湖泊以人文关怀,采取综合手段,提高水环境的生态服务功能,促进经济社会又好又快发展和人的全面发展。通过近几年探索和实践,我们认识到,让江河湖泊休养生息,要坚持以下原则。

第一,以人为本、改善民生是核心。科学发展观的第一要义是发展,核心是以人为本。发展的最终目的是满足人民群众不断增长的物质文化需求,不断改善人民群众的生活质量。生活质量不仅包括衣食住行消费水平的提高,而且包括良好的环境和健康状况。环境保护是重大的民生工程,功在当代,利在千秋。如果经济发展了,物质生活丰富了,环境却破坏了,喝的水是不合格的,生活环境污水横流,群众健康受到严重损害,就违背了发展的目的,发展也不可持续。让江河湖泊休养生息,必须始终坚持以维护人民健康为根本出发点,协调经济发展、社会进步和环境保护的关系,把经济社会纳入全面协调可持续发展的轨道。

第二,恢复生机、提升活力是目标。休养生息不是消极无为,不是延缓停顿,更不是停滞不前,不是要不要发展的问题,而是创造发展条件,积蓄发展力量,是一个进一步察势、蓄势、扬势的过程。通过休养生息,对长期困扰中国经济发展的粗放型增长方式形成强大压力,促进发展观念的转变、发展模式的创新和发展质量的提高,从根本上缓解水环境压力,恢复水生态系统的生机和活力,提高其生态服务功能。

第三,遵循规律、道法自然是前提。江河湖泊是有生命的生态系统,具有自我调节、维持系统平衡的能力。让江河湖泊休养生息,必须遵循和把握内在规律,坚持环境优先理念,将水环境容量和承载力作为经济社会发展规模、布局和速度的基础,将环保要求作为各类经济活动的约束性条件,采取多种措施,在发展经济过程中,维持水生态系统自身平衡,促进系统良性循环。

第四,系统管理、综合治理是方法。水污染防治是一项复杂的系统工程,需要全方位防范、全面治理、全民参与。在管理方法上,涉及多个地区和多个部门,必须构建上下游相互协调、各部门密切协作,横向到边、纵向到底的合作体系,形成治污合力;在治理技术上,必须综合运用工程、技术和生态方法,加大治理力度;在治理手段上,必须充分运用法律、经济和必要的行政手段,既形成严格排放合理开发的强大压力,又形成主动治理水环境的积极动力。

第五,控源截污、转型发展是关键。粗放型经济发展模式,导致江河湖泊普遍受到污染,水生态系统遭受不同程度破坏。让江河湖泊休养生息,必须坚持全面推进重点突破,标本兼治远近结合,将控源截污作为实施休养生息的关键,既"扬汤止沸",又"釜底抽薪"。加大城镇污水处理设施等治污工程投入力度,有效开展污染治理,将污水处理在岸上,减少水体纳污负荷。制定绿色经济政策,严格环境准入,从源头上减少污染物的产生和排放。充分利用休养生息政策措施形成的倒逼机制,促进产业结构调整和发展方式转变,使原有产业"凤凰涅槃、浴火重生",新兴产业"另辟佳径、落地生根",实现水环境保护和经济社会发展的双赢。

近年来,我们对休养生息的认识不断深化,实践加速推进,措施日臻完善。多次召开环境保护部际联席会议,形成多部门齐抓共管、协力推进重点流域海域水污染防治工作的良好局面。国务院办公厅转发重点流域水污染防治专项规划实施情况考核暂行办法,建立了跨省界断面水质考核制度。"十一五"重点流域水污染防治专项规划项目完成率为87%,比"十五"期间提高22.8个百分点,累计完成投资1389亿元。2010年全国地表水国控监测断面中,I—III类水质断面比例为51.9%,劣V类水质断面比例为20.8%,分别比2005年提高14.4个百分点、下降6.6个百分点。辽宁省对辽河两岸1公里范围内的区域实施封育保护,干流及主要支流化学需氧量浓度明显下降,由中度污染变为轻度污染。松花江全流域水生态系统得到初步恢复,出境断面水质稳定达到 III 类,赢得国际环境外交主动。

四、推进环境保护历史性转变

在 2006 年 4 月召开的第六次全国环境保护大会上,温家宝总理强调,做好新形势下的环保工作,关键是要加快实现三个转变:一是从重经济增长轻环境保护转变为保护环境与经济增长并重,把加强环境保护作为调整经济结构、转变经济增长方式的重要手段,在保护环境中求发展。二是从环境保护滞后于经济发展转变为环境保护和经济发展同步,做到不欠新账,多还旧账,改变先污染后治理、边治理边破坏的状况。三是从主要用行政办法保护环境转变为综合运用法律、经济、技术和必要的行政办法解决环境问题,自觉遵循经济规律和自然规律,提高环境保护工作水平。这三个转变是方向性、战略性、历史性的转变,是我国环境保护发展史上一个新的里程碑。

"三个转变"内涵丰富,寓意深刻:

第一个转变着重强调解决思想认识问题,我们搞建设的指导思想要发生重大转变,要从重经济增长轻环境保护,转变为保护环境与经济增长并重。实现这个转变,不仅不能把保护环境与发展经济两者割裂开来,而且要把两者更加有机结合起来,把加强环境保护作为调整经济结构、转变经济发展方式的重要手段,在保护环境中求发展。这正是以环境保护优化经济发展的核心内容。

第二个转变着重强调解决目标模式问题,环境保护和经济发展要同步。早在第二次全国环保会议上,国家就制定了经济建设、城乡建设、环境建设同步规划、同步实施、同步发展的指导方针,对在工业化、城市化进程中避免环境质量急剧恶化发挥了积极作用。但是,在重经济增长轻环境保护的思想影响下,在以环境换取经济增长为主的时期,实现"同步"是难以做到的,必然出现"老账未还、又欠新账"的局面,难以从根本上摆脱"先污染后治理"的状况。只有全面落实科学发展观,坚持走以保护环境优化经济增长的路子,"同步"这个美好的愿望才能转化为现实,环保工作才能改变消极被动的事后补救状况,形成积极主动的事前预防格局。

第三个转变着重强调解决方法手段问题,运用综合手段解决环境问题。由于重经济发展轻环境保护,环保工作一直难以得到全社会的充分理解和广泛支持,从客观上也容易导致更多地采用行政办法保护环境。只有环境保护与经济增长"并重",环境保护真正成为优化经济增长的重要手段,环保工作才能得到各方面的积极呼应,才有条件更多地综合运用法律、经济、技术和必要的行政办法解决环境问题。同时,更要看到,第三个转变对环保工作提出了更高更新的要求,那就是自觉遵循经济规律和自然规律,全面提高环境保护工作水平。

从"三个转变"的关系来看,第一个转变既是核心又是途径,第二个转变既是目标又是模式,第三个转变既是手段又是保障,三者相辅相成、相得益彰,共同构成历史性转变。"三个转变"之所以是历史性转变,主要体现在三个方面:

第一,"三个转变"是对我国经济与环境关系的根本性调整。长期以来,一些地方没有正确认识和处理好经济发展与环境保护的关系,重经济增长,轻环境保护,甚至不惜以牺牲环境为代价换取经济增长。推进经济增长的力量远远大于保护环境的力量,经济发展与环保"一条腿长一条腿短"的问题十分突出,两者出现了严重失衡的状态,环境问题已经成为经济发展的"瓶颈"制约。改变这种状况,就是要"并重"、"同步",解决问题的出路是把环境保护作为调整经济结构、转变经济增长方式的重要手段,以保护环境优化经济增长,促进科学发展,实现两者的内在统一。

第二,"三个转变"是环境保护道路的重大创新。发达国家曾经走过一条"高投入、高消耗、高污染"的发展道路,环境保护经历了先污染后治理的过程。20 世纪 70 年代初,在工业化水平还不高的情况下,我国就紧跟世界环境保护的发展潮流,开始了保护环境的征程。改革开放以来,我国把环境保护作为一项基本国策,在工业化、城市化快速发展的过程中,环保工作取得了积极成效,减缓了环境恶化的趋势。但是,由于认识上没有"并重",实践中没有"同步",增长方式比较粗放,"十五"期间环境污染还在恶化,环境问题成为制约经济发展、损害群众健康、影响社会稳定的重要因素。必须通过经济发展与环境保护的同步推进,做到不欠新账,多还旧账,坚决改变先污染后治理、边治理边破坏的状况;同时,实现的途径绝不能也不可能照搬一些发达国家的现成模式,必须立足于我国正处于并将长期处于社会主义初级阶段的实际情况,积极探索更加经济有效的环境管理模式,变被动、事后、补救、消极环保为主动、事前、预防、积极环保,走出一条代价小、效益好、排放低、可持续的环保新道路。

第三,"三个转变"是优化资源配置的重大改革。既要将经济增长与环境保护并重,又要将两者有机结合起来,从资源配置的角度来看,一方面要增加环境保护的投入,另一方面,通过壮大环境保护的力量,使环境保护与经济增长处于均衡态势,在对立统一中将促使经济发展的资源配置向提高质量和效益倾斜。从经济发展的路径来看,应当由主要依赖自然资源、物质资本和劳动力扩张的传统路径,转向主要依赖教育、科技、制度、知识促进经济发展的新路径,减轻经济增长对环境的压力。长期以来,环境保护被作为只有投入、没有产出的公益事业,主要依靠行政手段保护环境,结果严重制约着资源配置的水平特别是效率的提高。自觉遵循经济规律和自然规律,要求环保工作必须实行战略重组,进一步突出重点,解决主要矛盾,在优化政府资源配置的同时,通过战略重组这个"指挥棒",将社会资源吸引到优势领域上来,做大做强环保工作;通过更多地利用法律、经济、技术手段,提高环境保护的资源配置效率。

"三个转变"的核心就是要坚决摒弃以牺牲环境换取经济增长的做法,坚持以保护环境优化经济增长,环境保护与经济发展相协调相融合。无论是从经济与环境的关系来看,还是从人与自然的关系来看,无论是从环境保护的发展模式来看,还是环境保护的资源配置来看,"三个转变"都是全局性、整体性、战略性、方向性、根本性的变化,因而统称为历史性转变。

早在 1992 年,发达国家就开始了环境保护历史性转变。1992 年 6 月在巴西里约热内卢召开的"联合国环境与发展大会",第一次把经济发展与环境保护的问题结合起来进行认识,提出可持续发展战略,通过了《里约环境与发展宣言》、《二十一世纪议程》,形成了全球环境共识。以此次会议为标志,在世界范围内启动了环境保护历史性转变。从历史上看,发达国家的历史性转变出现了三种类型:

第一类是绝处逢生型,如美国、德国。20 世纪 60 年代以前,美国处于唯经济发展时代,环境问题没有引起重视,环境污染十分严重,发生了洛杉矶光化学污染、科罗拉多州农场庄稼受有毒化学品污染等事件。20 世纪 60 年代末和 70 年代初,以《国家环境政策法》、《清洁空气法》、《清洁水法》等法规的出台为标志,美国开始告别唯经济发展的时代。美国是最早开展环境影响评价的国家。《国家环境政策法》要求一切重大行动、重大项目都要进行环境影响评价,明确提出保护环境、优化经济增长,开始实行环境保护历史性转变。到 20 世纪 90 年代,30 岁以上的人群中减少了 18.4 万例早衰死亡,急性支气管炎等其他呼吸道疾病患者比无控状态下减少 970 万。20 年间环保总收益达 22.2 万亿美元,平均每年 1.1 万亿美元。美国的例子说明,保护环境不仅不影响经济增长,而且可以优化经济增长。

再来看看德国。第二次世界大战后,德国白手起家搞建设,经济迅速发展,同时也产生了严重的环境污染,国家建设几乎进行不下去。20 世纪 70 年代开始,德国对国家战略作了重大调整,把从经济发展优先调整为经济发展环境保护相协调。到 20 世纪 90 年代,德国环境质量得到很大改善,河流清洁了,空气污染减轻了,固体废弃物和危险废弃物也得到了管理和控制。2004 年以来,德国正在实行整体性物质流管理战略,努力将垃圾流转变成资源流,在避免垃圾处理二次污染的同时,增加就业机会,实现第二次转变。人们把德国的做法称作"置之死地而后生"。

第二类是奋起直追型,如日本。日本长期遵循不妨碍经济发展情况下保护环境的战略,最后也行不通,没有能够摆脱水俣病、米糠油事件、哮喘病事件等公害事件爆发的厄运。1970年日本召开64届国会,确立健康第一、环境优先原则,实行世界上最严格的环境标准。经过二十多年时间,日本逐步实现经济与环境的高度协调,基本解决了产业污染问题,创造了世界环境保护的奇迹。循环经济的"减量化、再利用、资源化"原则,也是日本最先提出的。后来人们把日本的做法称为"知耻而后勇"。

第三类是跨越发展型,如韩国、新加坡。新加坡工业化初期,也暴露出环境问题。他们很快转变发展思路,提出工业化政策与环境政策要一体化、相一致的方针,认为越早越主动,越晚越被动。韩国开始进行新农村建设时,走了一段弯路,弄得农村没有农民,没有农副产品加工,没有养殖业。韩国及时进行纠正。现在全世界公认韩国新农村建设开展得最好。

党的十六大以来,党中央提出了树立和落实科学发展观、构建社会主义和谐社会的重大战略思想;提出建设资源节约型、环境友好型社会,加快转变经济增长方式,大力发展循环经济;要求明确不同区域的功能定位,形成各具特色的区域发展格局。这一系列战略决策表明,我国环境与发展的关系正在发生重大变化。环境保护成为现代化建设的一项重大任务,环境容量成为区域布局的重要依据,环境管理成为结构调整的重要手段,环境标准成为市场准入的重要条件,环境成本成为价格形成机制的重要因素。这些重大变化,标志着我国环保工作进入了以保护环境优化经济增长的新阶段。可以说,推进历史性转变是时代要求和人民愿望的体现。

第一,全面落实科学发展观,要求加快推进历史性转变。全面落实科学发展观,必须坚持以人为本,转变发展观念、创新发展模式、提高发展质量。我国人口基数大,人均资源相对不足,生态环境脆弱。粗放型经济增长方式不仅使经济发展质量难以提高,资源环境也不堪重负。国内外经验表明,加强环境保护是优化经济结构、转变经济增长方式的重要手段。

第二,全面建设小康社会,要求加快推进历史性转变。加强环境保护是全面建设小康社会的重要目标之一。国家将主要污染物排放总量减少作为约束性指标纳入国民经济和社会发展规划纲要,具有明确的政策导向。如果继续沿袭以牺牲环境换取经济增长的老路,不仅环保目标难以实现,还将影响经济社会发展全局。因此,我们必须加快推动历史性转变,确保全面建设小康社会目标的顺利实现。

第三,构建社会主义和谐社会,要求加快推进历史性转变。人与自然和谐发展,是和谐社会的重要组成部分。人与自然的矛盾越尖锐,环境保护在构建和谐社会中的地位就越重要。近年来,环境问题已严重影响到社会稳定。如果环境保护继续被动适应经济增长,这种状况将难以遏制,甚至有愈演愈烈之势。因此,环保工作必须加快推动历史性转变,下大力气解决涉及人民群众利益的突出环境问题,有效化解各类环境矛盾和纠纷,维护社会和谐稳定。

第四,环保事业蓬勃发展,要求加快推进历史性转变。经过30多年的努力,我国环保事业取得重要进步。随着经济规模的不断扩大,环境压力持续增加。当前和今后一个时期,我国环境问题日益严峻与增长方式转变缓慢的矛盾突出,协调经济与环境关系的难度越来越大;人民群众改善环境的迫切性与环境治理长期性的矛盾突出,环境问题成为引发社会矛盾的"焦点"问题;污染形势日益严重与国际环保要求越来越高的矛盾突出,环境与发展空间的关系受到挑战。我们必须以更高的层次、更宽的视野看待环境问题,从经济社会发展的全局准确判断环境形势,从全面建设小康社会的目标看待群众环境需求,在再生产的全过程中全面防控环境污染,加快推动历史性转变。

我们正在推动的历史性转变,是一个具有中国特色、基于中国国情、符合发展实际、融入发展全局的转变,是承上与启下相连、希望与困难同在、机遇与挑战并存时期的转变,是一项巨大的系统工程,是一项长期而艰巨的任务。要完成这一任务,我们要着重把握好五个方面的问题,一是必须正确处理经济发展和环境保护的关系,二是必须从国家战略层面来推进环境保护,三是必须从再生产的全过程来制定实施环境保护政策,四是必须让不堪重负的江河湖泊休养生息,五是必须落实全面推进、重点突破的工作思路。具体而言,各级环保部门将从以下几个方面着力:

第一,坚持预防为主、综合治理,建立和完善全方位防范污染的体系。把防范污染作为优先措施,将生产领域的"防"与流通、分配、消费领域的"防"相结合,将建设项目中的"防"与经济社会发展源头的"防"相衔接,加大经济结构调整的力度,坚决淘汰严重浪费资源、污染环境的工艺、设备和落后生产手段。大力推进清洁生产,从生产的全过程控制污染。把环境影响评价作为经济管理的一个重要手段,作为市场准入的一项重要制度,严格执行建设项目环境影响评价,认真做好规划环境影响评价,积极探索重大决策的环境影响论证,严格把好新增污染这个关口。国家出台主体功能区划,根据资源环境承载能力和发展潜力,对不同区域实行优化开发、重点开发、限制开发和禁止开发。这是防范环境问题、减轻环境压力的战略举措。将依此确定不同区域的环境"准入门槛",设置不同区域的产业淘汰和污染治理政策。使环境污染防治与生态保护建设相结合,通过生态治理,扩大环境容量,提高环境承载能力。

第二,坚持全面推进、重点突破,切实解决损害人民群众利益的突出环境问题。国务院为此提出了七项重点任务,即切实加强重金属污染防治、严格化学品环境管理、确保核与辐射安全、深化重点领域污染综合防治、大力发展环保产业、加快推进农村环境保护、加大生态环境保护力度。在落实这些重点任务的同时,要把水、大气、土壤等污染防治作为重中之重。强调污染防治绝不是回到"三废"治理的原点,而是环保工作的战略重组,是做强做大环保事业的重大举措。同时,抓重点并非只谋重点不顾全面,而是要以重点带动全局。

第三,坚持优化发展,严格控制污染物排放总量。总量控制是减少环境污染的"总闸门",也是推动以环境优化经济增长的重要力量。通过控制污染"增量",削减污染"存量",使污染"总量"保持在环境容量允许的范围内,使产业结构与区域环境容量相适应。做到"五落实":把总量控制指标落实到重点行业的结构调整中,依靠淘汰落后生产能力腾出总量;落实到重点流域、区域、城市、海域的污染治理中,依靠环保工程减排总量;落实到城市群的建设规划中,依靠优化发展降低总量;落实到重点企业的发展中,依靠清洁生产削减总量;落实到建设项目环评审批中,依靠"以新带老"消化总量。通过强化限期治理、排污收费、排污许可证等管理措施削减总量。科学合理地利用环境容量优化经济结构和产业布局,在满足环境容量、实现环境目标的同时,为经济建设提供发展空间。

第四,坚持机制体制创新,充分运用法律、经济、技术和必要的行政手段保护环境。积极配合有关部门,完善有利于环境保护的价格、税收等政策,积极促进污染外部成本内部化;坚持"污染者付费",推动落实城市污水和垃圾处理收费政策;充分发挥市场机制在污染治理中的作用,努力提高污染治理水平和资金使用效率;扩大环境信息公开范围,健全社会监督机制,鼓励公众参与。加快科技进步,提高环境管理水平,着力攻克科技难关,提高自主创新能力。依法保护环境是难度最大、效果最好的手段。切实把环境保护纳入法制化轨道。环境监测预警体系和环境执法监督体系是做好环保工作的根本保证,也是各级环保部门的立足之本。按照数据准确、代表性强、方法科学、传输及时的要求,建设先进的环境监测预警体系,做到全面反映环境质量状况和变化趋势,及时跟踪污染源变化情况,准确预警各类环境突发事件,满足环境管理需要。按照权责明确、行为规范、监督有力、运转高效的要求,建设完备的执法监督体系,不断提高环境保护能力。坚决查处环境违法行为,不管涉及谁,都要一查到底,决不手软。

第五,坚持严格考核问责,实行环境目标责任制和责任追究制。一是将环境质量、污染物排放总量、重点环保工程等各项目标和任务分解到各级政府,一级抓一级,层层抓落实,确保认识到位、责任到位、措施到位、投入到位。二是对主要污染物的削减情况进行严格考核,做到每半年公布一次,年终检查一次,五年全面验收一次。三是实行严格的环境保护问责和奖惩制。2006 年年初,监察部和原国家环保总局联合发布了《环境保护违法违纪处分暂行规定》。结合落实这个规定,对未完成任务、环境质量恶化、发生重大污染事故的责任人追究责任。通过干部环保实绩考核和责任追究,让那些不重视污染防治工作的领导干部,没有完成年度任务的领导干部,得不到提拔重用;让那些漠视环境法律法规的领导干部得到相应的惩处。

第二节　积极探索代价小、效益好、排放低、可持续的中国环保新道路

在深圳经济特区建立 30 周年庆祝大会上,胡锦涛总书记明确要求,继续加快转变经济发展方式,努力为推动科学发展探索新路。温家宝总理在西部大开发工作会议上强调指出,做好新形势下的环保工作,关键是要坚持在开发中保护,在保护中开发,实现经济社会发展与人口、资源、环境相协调,不能走“先污染后治理”的老路。2011 年 12 月,在第七次全国环境保护大会上,李克强副总理强调,要积极探索代价小、效益好、排放低、可持续的环境保护新道路,实现经济效益、社会效益、资源环境效益的多赢,促进经济长期平稳较快发展与社会和谐进步。探索新路、不走老路,昭示了环保事业发展的新方向。

一、探索环保新道路的历史进程

我国环保事业发展的 30 多年就是不懈探索环保新道路的 30 多

年。早在 1973 年,国务院就召开了第一次全国环境保护会议,就提出"全面规划、合理布局,综合利用、化害为利,依靠群众、大家动手,保护环境、造福人民"的环境保护工作 32 字方针。1983 年召开的第二次全国环境保护会议,把环境保护确立为基本国策,制定了"经济建设、城乡建设和环境建设要同步规划、同步实施、同步发展,做到经济效益、社会效益、环境效益相统一"的指导方针,明确了"预防为主、防治结合","谁污染、谁治理"和"强化环境管理"的环境保护三大政策。1989 年召开的第三次全国环境保护会议,提出"向环境污染宣战"的口号,形成了环境保护目标责任制、城市环境综合整治定量考核制、排放污染物许可证制、污染集中控制、限期治理、环境影响评价制度、"三同时"制度、排污收费制度等我国环境管理"八项制度"。1992 年,我国在世界上率先制定了环境与发展十大对策,将可持续发展作为一项国家战略。1996 年召开的第四次全国环境保护会议,明确提出"保护环境就是保护生产力",把实施主要污染物排放总量控制计划和跨世纪绿色工程规划作为改善环境质量的两大重要举措。2002 年召开的第五次全国环境保护会议,要求把环境保护工作摆上同发展生产力同样重要的位置,按照经济规律发展环保事业,走市场化和产业化的路子。2006 年召开的第六次全国环保大会,明确提出做好新形势下的环保工作,关键在于加快实现"三个转变"。这一系列重大决策部署和环保系统坚持不懈的努力,大大推进了探索环保新道路的历程,积累了比较丰富的经验。历任环保部门的老领导都是探索中国环保新道路的先行者,几代环保人都是探索中国环保新道路的实践者。

　　党的十六大以来,环境保护面临新形势、新任务、新要求,坚持继续探索环保新道路,主要基于以下几个方面的考虑。一是对环境保护的认识更加丰富深刻成熟。中央在科学发展观指导下,提出了建设生态文明、推进环境保护历史性转变、让江河湖泊休养生息等一系列战略思想、方针和任务,成为环境保护的全新指导思想。二是环境保护正处于艰难的负重爬坡阶段和优化经济增长的新阶段。近些年来,环境保护取得明显成效,局部地区环境质量有了较大改善,但是环境污染恶化的趋势总体尚未得到根本扭转。环境保护处于保护与破坏、改善与恶化相持的阶段,犹如逆水行舟、不进则退。历史性转变的提出,标志和预示着我国进入了以保护环境优化经济增长的新阶段。探寻新的对策是形势使然。三是全面推进、重点突破的总体思路加快实施。"十一五"以来,环保工作坚持全面推进、重点突破,把污染防治作为环境保护的重中之重,把确保群众饮水安全作为首要任务,把主要污染物减排作为中心工作。需要适应总体工作思路的新要求,继续对环保新道路应破解的难题进行有效探索。四是人民群众对改善环境质量有了许多新期待。需要优先解决损害群众健康、影响人民生产生活的环境问题,使人民群众在宜居的环境中生产生活。五是关注领域和治理模式日益拓展。随着我国城镇化进程的加速,城镇生活污染和农村环境问题开始凸显。传统的环境污染问题尚未解决,重金属污染、持久性有机物污染等潜在环境问题不断显现。环境保护要从根本上改变原有的被动局面,必须在遏制污染源头上主动出击,切实加强防范。六是国际压力明显加大。为积极应对全球气候变化问题,我国宣布到2020年单位国内生产总值(GDP)二氧化碳排放量比2005年降低40%—45%,将对我国未来发展中解决资源环境问题产生巨大的资金和技术需求。这就要求我们进行新的探索,既有效化解国际环境压力,又解决困扰自身长远发展难题。

　　2008年,环保系统在学习实践科学发展观过程中对探索环保新道路形成共识。中国环境宏观战略研究对其进行了理论上的阐释、提炼和归纳。在2011年10月召开的全国人大常委会第二十三次会议上,受国务院委托,环保部作关于环境保护工作情况的报告。报告指出,"十一五"时期,国家将主要污染物减排作为经济社会发展的约束性指标,提出建设生态文明、让江河湖泊休养生息、推进环境保护历史性转变、环境保护是重大民生问题、积极探索环境保护新道路等战略思想。受到人大常委会的一致认可。在2011年中国环境与发展国际合作委员会(简称"国合会")年会上,中外委员和与会专家对积极探索环保新道路的内涵和目标,给予广泛赞同。2011 年,国务院出台的《关于加强环境保护重点工作的意见》第 12 条明确提出,以改革创新为动力,积极探索代价小、效益好、排放低、可持续的环境保护新道路。国务院发布的《国家环境保护"十二五"规划》,也是积极探索环保新道路的规划。李克强副总理在第七次全国环保大会上对探索环保新道路再次予以强调和阐述。近年来,在探索环保新道路的引领下,大气污染联防联控、重点流域跨界考核、湖泊保护"一湖一策"、农村环保"以奖促治"、排污总量指标作为项目审批的前置条件、区域行业环评限批、重点行业环保核查、燃煤电厂脱硫电价、排污权交易、绿色信贷等新举措不断出台,成效明显。

随着实践的不断深入,积极探索环保新道路已不仅是环保系统的普遍共识和自觉行动,而且已经上升为国家意志和人民意志,成为全社会共同推进环境保护工作的旗帜。

二、对环保新道路的认识不断深化

人类的认识遵循实践、认识、再实践、再认识的辩证规律。近年来,我们努力在实践中探索,在探索中实践,对环保新道路的认识愈来愈全面和深刻。

1. 环保新道路的内涵是"代价小、效益好、排放低、可持续"。"代价小"就是要坚持环境保护与经济发展相协调,以尽可能小的资源环境代价支撑更大规模的经济活动。"效益好"就是要坚持环境保护与经济建设和社会建设相统筹,寻求最佳的环境效益、经济效益和社会效益。"排放低"就是坚持污染预防与环境治理相结合,将污染物排放量控制在最低水平,把经济社会活动对环境损害降低到最小程度。"可持续"就是要坚持环境保护与长远发展相融合,通过建设资源节约型、环境友好型社会,推动经济社会可持续发展。

2. 探索环保新道路的根本要求是大力推进环境保护与经济发展

的协调融合。正确处理环境保护与经济发展的关系,始终是中国社会主义现代化建设进程中的一大难题。两者既相互制约又相互促进,离开经济发展抓环境保护是"缘木求鱼",脱离环境保护搞经济发展是"竭泽而渔"。必须紧紧围绕主题主线的要求,把环境保护摆在更加重要的位置,充分发挥环境保护推动经济保持平稳较快发展的先导、扩容、增效和倒逼作用,以环境容量优化区域布局,以环境管理优化产业结构,以环境成本优化增长方式,推动创新转型和绿色发展。

3. 探索环保新道路的核心是注重保障和改善民生。创造优美的生态环境已成为社会建设的新任务,成为人民群众的新期待,成为社会文明进步的新标志。必须强化环保为民、惠民、利民的理念,集中力量优先解决重金属、化学品、危险废物和持久性有机污染物等关系民生的环境问题,严厉惩处环境违法行为,切实维护公众的环境权益,让人民群众喝上干净的水,呼吸上新鲜的空气,吃上放心的食品,在优美宜居的环境中生产生活。

探索环保新道路的目标指向是建立"六大体系":

一是与我国国情相适应的环境保护宏观战略体系。环境保护需要与基本国情及其阶段性特征相适应。要深入实施可持续发展战略,使环境保护上升到国家意志的战略高度,建设资源节约型、环境友好型社会。把环境保护与加快转变经济发展方式和经济结构调整结合起来,与国家经济社会发展统筹考虑、统一安排、同时部署。严格执行规划环境影响评价制度,对重大经济和技术政策、发展战略进行环境影响评估。

二是全面高效的污染防治体系。建立覆盖经济社会发展各个环节、各个领域和各个方面的污染防控体系,推进清洁生产,发展循环经济,对传统产业实行生态化技术改造,从生产源头和全过程减轻环境污染。建立健全区域大气污染联防联控机制,探索建立水环境保护新模式,让江河湖泊休养生息。推进污泥、垃圾、危险废物、持久性有机污染物综合治理,不断提升污染治理能力。实施主要污染物减排、重点领域环境风险防范、生态环境保护、核与辐射安全保障、环境基础设施建设等环境保护重大工程。

三是健全的环境质量评价体系。坚持以人为本,改善环境质量,是环保工作的出发点和落脚点。要对大气、水、土壤、噪声等环境质量标准进行评估和修订,增加科学合理的环境评价指标。完善环境质量监测网络,优化并增加环境监测点位,改进环境质量评价方法。

四是完善的环境保护法规政策和科技标准体系。强化环境保护,必须坚持激励与约束并举、引导与推动并重。要加强环境保护法制建设,完善环境法律法规,出台有利于环境保护的税收、价格、信贷、保险、贸易、证券等政策。实施重大环境科技工程和重点领域科技专项,在环境保护关键技术和共性技术上取得重大突破。健全以人体健康为目标的环境基准和标准。开展重点行业污染物排放标准制修订,制定重点流域和区域的污染物排放标准。

五是完备的环境管理和执法监督体系。建立环保工作综合协调和决策机制,不断完善党委领导、政府负责、环保部门统一监管、有关部门协调配合的环保工作格局。强化环境保护责任制,制定实施生态文明建设目标指标体系,并将其纳入政府绩效考核范畴,作为干部选拔任用、管理监督的重要依据。推进环境保护工作机构向乡镇、农村延伸,加强基层环境监测、监察、应急、信息能力建设,实施生态环保人才发展中长期规划。落实执法责任,健全执法程序,形成权责明确、行为规范、监督有力、高效运转的执法监督系统。

六是全民参与的社会行动体系。广大人民群众是环境保护的生力军,只有全社会广泛参与、共同建设,环境保护事业发展的动力才会持久强劲。通过有效的宣传教育和舆论引导,使绿色消费、适度消费成为全体公民的自觉行动,形成人人关心环保、参与环保、践行环保的良好氛围。

三、继续深入探索环境保护新道路

未来一段时期是我国环保事业充满希望的时期,也是攻坚克难的关键时期,做好环保工作具有许多有利条件,也面临不少挑战,主要表现为:节能减排的压力继续加大;环境质量改善的压力继续加大;防范环境风险的压力继续加大;应对全球环境问题的压力继续加大。过去几年,我国环境保护工作之所以力度最大、发展最快、效果最好,是与积极探索环保新道路的引领作用分不开的。如今,面对异常严峻的环境形势,我们更要增强忧患意识、风险意识和责任意识,采取切实措施,勇往直前,进一步深入探索环境保护新道路。

探索环保新道路,是一个勇于创新、勇于变革,永不僵化、永不停滞,不断取得新经验、新成果的历程。进入新阶段、面临新形势、针对新问题、迎接新挑战,当务之急,是要在工作中融入新理念,进行新实践,提出新要求,创造新办法,以改革创新为动力,不断进行新的探索。尤其是要坚持进行理论创新、实践创新、政策创新、制度创新、产业创新、科技创新、体制创新、机制创新等。

环保新道路是中国特色环境保护实践和理论具体的、历史的有机统一,新道路的探索既需要高水平的理论研究来丰富其内涵,又需要丰富的实践来检验其成效。因此,要把环境保护放在经济社会发展中统筹推进,既要深化认识、不断丰富,也要重视实践、知行合一,在实践中探索,在实践中推进,在实践中升华。

30多年的探索历程表明,新道路具有长期性、艰巨性、阶段性和针对性的鲜明特点。长期性就是要按照实践永无止境的要求,坚持继承与创新,一代接一代环保人坚持不懈地探索下去;艰巨性就是要充分认识解决我国压缩型、结构型、复合型环境问题的难度,不惧任何困难,不怕任何风险,始终保持清醒头脑;阶段性就是要根据工业化和城镇化进程中的不同特征,找到特定阶段的突出问题,及时调整探索重点;针对性就是要敢于面对错综复杂的局面,善于抓住主要矛盾,采取有的放矢的措施。

1. 要继续推进环境保护历史性转变。大力推进环境保护与经济发展的协调统一,坚持在发展中保护,在保护中发展,正确处理环境保护与经济发展的关系。要紧紧围绕科学发展的主题、加快转变经济发展方式的主线和提高生态文明水平的新要求,把环境保护放在与经济社会发展同等重要的位置,更加注重发挥环境保护倒逼经济发展方式转变的作用,统筹推进排污总量削减、环境质量改善、环境风险防范和城乡环境保护公共服务均等化,着力促进节约发展、清洁发展和安全发展。

2. 要全面提高环境保护监督管理水平。环保部门对环境保护工作负有统一监管职责,环境保护监督管理工作是环保部门的立足之本,是全面推进新时期环保工作的突破口,也是有效推进历史性转变的重要手段。要把强化环境管理作为环保工作的统领,加大管理力度,不断提高环境监管水平,促进环保工作全面提升。

3. 要解决影响科学发展和损害人民群众身体健康的突出环境问题。环境保护是重大的民生问题,事关群众健康和福祉。目前,重金属、持久性有机污染物、土壤污染、危险废物和化学品污染问题日益凸显,水、空气和土壤环境质量全面改善的任务非常繁重。要切实加强重金属污染防治,妥善处理历史遗留问题和突发污染事件;要严格化学品环境管理,对化学品项目布局进行梳理评估,健全全过程环境管理制度。

4. 要改革创新环境保护体制机制。体制机制具有根本性、全局性、稳定性和长期性等特点。注重制度建设,构建有效的体制机制,是新时期加强环境保护工作的一条鲜活经验。探索环保新道路,既要抓紧解决影响环保事业发展的突出现实问题,又要锲而不舍地解决深层次矛盾,创新体制、机制和制度,充分发挥地区、部门、单位、企业、家庭和个人的积极性、主动性、创造性,汇聚成全社会保护环境的强大合力。当前,要实施有利于环境保护的经济政策,不断增强环境保护能力,健全环境管理体制和工作机制,强化对环境保护工作的领导和考核。

5. 要继续弘扬光大中国环保精神。在服务科学发展和保障改善民生的环保实践中,在积极应对一系列重大环境污染事件和做好国家重大活动环境质量保障中,环保系统凝练出"忠于职守、造福人民,科学严谨、求实创新,不畏艰难、无私奉献,团结协作、众志成城"的中国环保精神。这种精神极大地激励了20万环保干部职工,整个环保系统的创新意识空前增强,工作热情空前高涨,各项作风明显改进。环保精神为积极探索环保新道路提供了精神动力和作风保证,也成为探索环保新道路的重要组成部分。随着学习贯彻党的十七届六中全会精神的深入,环保精神得到进一步升华,成为全体环保人共同的价值观和自觉的精神追求。当代环保人精神风貌的集中体现就是环保精神,已经深深熔铸在环保系统积极探索环保新道路的进程中,必将极大地激发我们迎接挑战、勇于开拓、敢于创新的昂扬斗志,创造出更加辉煌的业绩。

道路已经指明,航道已经开通。环境保护事业正在新的历史起点上向前迈进。全国环保系统将继续深化认识,继续积极创新,继续主动实践,把探索中国环保新道路的伟大事业持续推向前进。

第三节　党的十六大以来环境保护工作的基本经验

过去的十年,是我国环保投入和整治力度最大的十年,是环保领域不断拓展的十年,是环境质量逐步呈现稳中向好态势的十年,是环境保护事业大有作为的十年。十年中,我们积累了许多宝贵经验,需要深入总结、继续坚持、不断完善。

一、坚持在发展中保护、在保护中发展,以环境保护优化经济发展

李克强副总理在第七次全国环境保护大会上强调必须坚持在发展中保护、在保护中发展。在发展中保护、在保护中发展,是正确处理环境与经济关系的重要指南,也是做好环保工作必须坚持的指导思想。一方面,我国是发展中国家,发展不足的问题仍然十分突出,坚持发展第一要务绝不能动摇,这是解决一切问题的总钥匙,必须用发展的办法

去解决前进中存在的问题。另一方面,我国发展也存在转型不够的问题,不平衡、不协调、不可持续的矛盾十分突出,环境问题已成为经济发展和改善民生的瓶颈制约。这就要求我们必须坚持在发展中保护、在保护中发展。

我国已进入转方式调结构促转型的关键期,环境保护对推动经济发展方式转变具有先导、倒逼、增值、提质等综合作用,可以促进经济持久发展。"先导"就是对发展什么、鼓励什么、限制什么、禁止什么加以明确,引导地区和企业搞好经济发展。"倒逼"就是以保护环境的倒逼机制,促进产业结构调整和技术升级,推动发展方式转变。"增值"就是加大环保基础设施建设力度,发展环保产业,形成现实生产力和创造绿色物质财富。"提质"就是以环境承载力为基础,实行从严从紧的环境政策,对发展方式、产业结构及布局进行优化。通过发挥环境影响评价"控制阀"、节能减排"紧箍咒"、环境标准"催化剂"等作用,可以有力地推动产业结构调整和经济转型。

党的十六大以来,环境保护优化经济发展的作用逐步显现。"十一五"期间,我们严把节能环保关,采取综合措施淘汰落后产能,全国累计关停小火电机组7683万千瓦,相当于一个欧洲中等国家的电力装机规模,30万千瓦以上火电机组占火电装机容量比重由47%提升到71%。淘汰落后产能炼铁1.2亿吨、炼钢0.72亿吨、水泥3.7亿吨、平板玻璃4500万重量箱、造纸1130万吨。我们完成环渤海、成渝等五大区域重点产业发展战略环境影响评价,为区域重大生产力布局和项目环境准入提供决策支撑。我们严格项目环评,国家层面对不符合要求的822个项目环评文件作出不予受理、不予审批或暂缓审批等决定,涉及投资近3.2万亿元,给"两高一资"、低水平重复建设和产能过剩项目设置了不可逾越的"防火墙"。国家环保标准数量以每年100项的速度递增,《火电厂大气污染物排放标准》大幅度收紧排放限值,二氧化硫削减贡献率达18.2%,《稀土工业污染物排放标准》提高稀土工业准入门槛,有效促进了稀土产业技术升级和结构调整。

实践证明,推进环境保护工作,必须把环境保护放在经济社会发展大局中统筹考虑,大力推进环境保护与经济发展的协调统一。要坚持把优化产业结构与推进节能减排结合起来,把企业增效与节约环保结合起来,把扩大内需与发展环保产业结合起来,把生产力空间布局与生态环保要求结合起来,构建资源节约、环境友好的国民经济体系,努力实现经济效益、社会效益、环境效益的多赢,促进经济长期平稳较快发展与社会和谐进步。

二、坚持优先解决损害群众健康的突出环境问题,切实维护群众环境权益

环境保护是重大民生工程、民心工程和德政工程。搞工业化、现代化建设的根本目的是为了提高人民群众的生活水平,促进人的全面发展。我国人均国内生产总值超过5000美元,消费水平正从温饱型向全面小康型升级,人民群众对资源环境的依赖和关注程度日益提高,资源的及时有效供给和环境质量的明显改善,愈来愈成为刚性的民生需求。享有良好的生态环境是人民群众的基本权利。我国已经到了加快解决损害群众健康的突出环境问题的攻坚时期,也有能力和条件来加以解决。

"十一五"期间,我们加大饮用水水源保护力度,解决了2.15亿农村人口饮水不安全问题,超过规划目标达5500万人。探索建立大气污染联防联控机制,有效保障了北京奥运会、上海世博和广州亚运会期间的环境质量。制定实施重金属污染综合防治"十二五"规划,中央财政增设重金属污染防治专项,支持5个重点行业和138个重点区域进行综合防治。中央财政安排40亿元,实施农村环境保护"以奖促治、以奖代补",支持6600多个村镇开展农村环境综合整治和生态示范建设,带动地方投入资金80多亿元,2400多万农村人口直接受益。2006年以来,针对重金属污染、造纸企业、污水处理厂和垃圾填埋场等重点问题开展专项检查,全国共出动执法人员1065余万人次,检查企业

446 万多家次,查处环境违法企业 8 万多家次,取缔关闭违法排污企业 7293 家,停产治理企业 5981 家,限期治理企业 6432 家,挂牌督办环境违法案件 1.9 万余件,严厉打击了环境违法行为,维护了群众环境权益。"十一五"时期,环境保护部共处置突发环境事件 912 起,一批社会高度关注的重特大环境事件得到妥善处置。

实践证明,推进环境保护工作,必须充分了解和满足人民群众对于良好生态环境的新期待和新诉求,加快解决一批积重难返的环境问题,切实改善环境质量。要牢固树立环保为民的理念,努力不欠新账,尽量多还旧账,加大水、空气、土壤等污染的治理力度;坚持城乡统筹、梯次推进,加强城乡污染防治和农村环境整治;坚持预防为先、及时应对,着力消除污染隐患,妥善处置突发事件,增进人民群众的福祉,保护人民群众赖以生存的家园。

三、坚持从再生产全过程制定环境经济政策,统筹推进消费、投资、出口等方面的环保工作

马克思主义政治经济学认为,任何社会的再生产过程都是由生产、分配、流通、消费四个环节构成的。从四个环节的关系来看,消费是目的,生产是手段,分配和流通是中间环节。环境问题贯穿于这四个环节中,保护环境也必须落实到社会再生产的全过程。过去,我们的环境管理主要集中于生产领域,忽视了对分配、流通和消费领域的关注,环境利益分配不合理、灾难性交通事故频发和奢侈型消费现象滋生等问题日益严重,由此引发的环境问题日渐突出。以消费为例,生存消费、发展消费和奢侈消费是三种类型。生存消费带来的环境问题,在一定程度上讲是必须付出的代价;发展消费则是以人为本的体现;奢侈消费就是浪费,必须想办法限制,有的甚至还要禁止。

近年来,我们将环境保护政策延伸到流通、分配、消费领域,拓展到对外贸易,在建立全方位污染防控体系方面做了有益探索。在流通领域,先后制定 5 批"双高"("高污染、高环境风险")产品名录,其中近

300 种"双高"产品被财政部、税务总局取消出口退税,被商务部禁止加工贸易,努力解决相关产品出口过快增长问题;严格新车型环保标准控制,出台补贴政策加快老旧车辆淘汰,2010 年我国新车的单车排污量比 2000 年下降 90% 以上;联合中国保险监督管理委员会发布《关于环境污染责任保险的指导意见》,将运输危险化学品企业纳入绿色保险试点范围,加强相关领域环境风险防范。在分配领域,我们发布了生态补偿试点指导性文件,开展重点流域、区域生态补偿试点,各地涌现出异地开发区建设补偿、饮用水源地保护补偿等新模式。在消费方面,我们配合财政部出台了环境标志产品政府采购实施意见,绿色产品在政府采购中的比例不断提高;国家通过对木制一次性筷子、实木地板征收消费税,提高大排量汽车税率,将环境管理进一步向消费领域延伸,用经济政策引导公众可持续消费,取得了良好效果。

实践证明,推进环境保护工作,必须坚持从生产、流通、分配、消费的再生产全过程系统防范环境污染和生态破坏,努力促进发展方式和消费模式加快转型。要构建低消耗、少污染的现代生产体系,推进产业结构优化升级,大力发展服务业和战略性新兴产业,加快改造传统产业,推行清洁生产,鼓励节能降耗,防范和应对污染事故。要实行有利于环境保护的流通方式,积极治理铁路、水运等运输污染,保障危险化学品运输和储存安全,限制高污染产品贸易,完善资源再生回收利用,建立清洁、安全的现代物流体系。要大力提倡环境友好的消费方式,实行环境标识、环境认证、绿色采购和生产者责任延伸等制度,推行垃圾分类和消费品回收,建立绿色、节约的消费体系。

四、坚持促进人与自然和谐相处,让江河湖泊等重要生态系统休养生息

人与自然和谐相处是生态文明的本质特征。人与自然处于共同发展、共同变化、共同进步的过程。人与自然的关系反映着人类文明和自然演化的相互作用及其结果,人类的生存和发展依赖于自然,同时文明的进步也影响着自然的结构、功能和演化。人与自然关系要克服片面，走向全面；克服对立，走向和谐。任何时候都不能以牺牲生态环境为代价换取人类的一时发展。保护环境就是化解人与自然之间不和谐的因素，改善环境就是不断提升人与自然和谐相处的水平。

2008 年初，胡锦涛总书记发出"让江河湖泊休养生息"的号召，成为新时期中国水环境乃至重要生态系统保护的指导思想。我们认真贯彻落实，不断创新政策举措，水污染防治工作扎实推进。黑龙江、吉林、内蒙古三省（区）团结奋战，松花江流域综合整治取得明显进展。江苏省率先实行"河长制"，太湖水质有所改善。山东省采取"治、用、保"方式，省控重点污染河流全部恢复鱼类生长。国务院成立中国生物多样性保护国家委员会，批准了《中国生物多样性保护战略与行动计划（2011—2030 年）》；国务院办公厅印发了《关于做好自然保护区管理有关工作的通知》。"十一五"期间，全国综合治理水土流失面积 23 万平方公里，完成造林 2529 万公顷，森林覆盖率达到 20.36%。截至2011 年底，全国已建立各种自然保护区 2640 个，占国土面积的 14.9%。

实践证明，推进环境保护工作，必须采取最严格的环境保护措施，让不堪重负的自然生态系统休养生息。要给以人文关怀，加大污染治理和生态修复力度，早日恢复和提高生态系统服务功能，为科学发展提供更有力的支撑。要在重要生态功能区、陆地和海洋环境敏感区、脆弱区等区域划定生态红线。对重要的生态系统，实行强制性保护，特别是在污染物排放已超过环境容量的江河湖泊、草原、湿地，下决心退出一部分人口和产业，在某些特定区域实现部分产品或者行业的整体性退出。

五、坚持动员全社会力量，建立最广泛的环保统一战线

环境保护是全社会共同参与共同建设共同享有的神圣事业。保护环境不仅要靠法律、制度、规章等外在的规范约束来进行，也要靠生态

道德、生态意识等内在的自觉自律来开展。

近年来,我们畅通公众参与渠道,发布《环境影响评价公众参与暂行办法》和《环境信息公开办法(试行)》等规范性文件,通过政府网站、《中国环境报》等媒介,主动公布地表水水质自动监测数据、重点城市空气质量数据、全国重点流域断面水质数据等与民生密切相关的环境信息,发布重点排污企业和违法排污企业名单,回应公众关切,切实保障公众对环境的知情权、参与权和监督权。我们围绕建设生态文明、推进历史性转变、探索环保新道路等理念和主题,依托北京奥运会、上海世博会、“六·五”世界环境日等大事和热点,加强环保宣传工作,积极引导社会舆论,使绿色环保的观念深入人心,全社会关心支持和参与环保的氛围更加浓郁。一方面,各级党委、政府和广大领导干部的环境责任意识明显增强。很多地方党委、政府更加重视,切实把环境保护放在全局工作的突出位置,坚持并完善责任制,确定环境保护的目标任务,及时研究解决环境保护的重大问题。另一方面,公众环保意识显著增强。选择公共交通的“弃车族”日益庞大;购物使用环保袋已经成为一种时尚;“把空调温度调高一度”从口号变成实际行动;废旧物品在群众丰富的创造力下被再次利用。绿色生活方式正在成为百姓日常生活行动。

实践证明,推进环境保护工作,必须充分调动一切因素,动员全社会力量共同参与。要进一步健全公众参与机制,充分发挥社会团体的作用,为各种社会力量参与环境保护搭建平台,鼓励公众检举揭发各种环境违法行为,推动环境公益诉讼。要通过有效的宣传教育和舆论引导,让生态意识成为大众文化意识,让绿色消费、适度消费成为全体公民的自觉行动。全社会牢固树立生态文明意识之时,就是我国生态环境全面改善之日。

第二章　环境保护规划与财务

规划财务工作是促进和保障环保事业发展、提升工作水平的一项重要基础性工作,对于科学谋划战略蓝图,明晰工作目标和任务,巩固和加强环保能力具有十分重要意义。党的十六大以来,全国环保系统围绕统筹协调、谋划长远、有效保障三大基本职能,全面推进规划财务各项工作,初步建立起规划编制与实施、项目谋划与资金保障、制度管理与绩效评估、人才队伍与政策设计等工作机制,取得了显著成绩。

第一节　环保规划基础导向作用更加突出

环保规划是环境保护各项工作的行动纲领。近年来,我们下大气力提升环保规划编制水平,主要指标和任务均纳入国民经济和社会发展规划纲要,减排指标还成为约束性指标。国家环境保护"十一五"规划、"十二五"规划由国务院印发各地各部门执行,环保工作推进力度达到历史最好水平。

一、国家环保规划首次由国务院发布

2007年,《国家环境保护"十一五"规划》首次以国务院文件印发,这是我国环保历史上的一件大事。"十一五"环保规划内容丰富,内涵深刻,全面体现了《国民经济和社会发展"十一五"规划纲要》、《国务院关于落实科学发展观加强环境保护的决定》和第六次全国环保大会精

神和要求,是"十一五"环保工作的纲领性文件。

　　与"十五"环境保护计划相比,"十一五"环境保护规划具有以下特点:一是指标少而精,约束性更强。按照环境保护突出重点、少而精和可检测统计、能定量考核的原则,"十一五"规划主要指标由"十五"的27项减少到5项,其中总量控制指标2项,环境质量指标3项。指标任务由国家分解到地方政府并进行量化考核,保障了规划的可操作性。二是重点工程明确、环保投资有保障。规划明确了资金渠道,既突出了与污染减排密切相关的4大工程,又兼顾了关系规划完成的其他工程,特别是首次强化了环境监管能力建设。三是规划首次增加了气候变化的内容,以更加积极的姿态参与全球环境保护。四是强调实施与考核,以保证规划的严肃性和科学性。建立了评估考核机制,每半年公布主要污染物排放情况,并对规划执行情况开展中期评估和终期考核。五是规划任务重点突出,统筹兼顾。提出污染防治是重中之重,饮水安全是首要任务,围绕实现主要污染物排放控制目标,提出了8个重点领域和36项主要任务。

二、国家环保规划体系更加完备

　　为保障国家环境保护规划目标的实现,"十一五"期间国务院批复了《"十一五"期间全国主要污染物排放总量控制计划》、《松花江流域水污染防治规划(2006—2010)》、《三峡库区及其上游水污染防治规划(修订本)》、《国家酸雨和二氧化硫污染防治"十一五"规划》、《淮河、海河、辽河、巢湖、滇池、黄河中上游等重点流域水污染防治规划(2006—2010)》、《全国生物物种资源保护与利用规划纲要》、《核安全与放射性污染防治规划(2006—2020)》等专项规划。其中,《"十一五"期间全国主要污染物排放总量控制计划》中提出的二氧化硫和化学需氧量两项指标,成为国家"十一五"计划纲要的指标中第一个分解到省的约束性指标,要求各省(区、市)将确定的主要污染物总量控制指标纳入本地区经济社会发展"十一五"规划和年度计划。

环保部门还发布了一系列自身发展规划,如国家环境监管能力建设"十一五"规划、"十一五"全国环境保护法规建设规划、"十一五"国家环境保护标准规划、国家环境保护"十一五"科技发展规划、国家环境技术管理体系建设规划等。其中国家环境监管能力建设"十一五"规划由环境保护部会同财政部和发改委联合批复,促进了"十一五"期间环境监管能力建设的大发展。

三、首次开展国家环保规划中期评估和终期考核

根据《国务院关于印发国家环境保护"十一五"规划的通知》(国发〔2007〕37 号)的要求,2008 年年底和 2010 年年底,环境保护部联合国家发展改革委员会开展了"十一五"环保规划中期评估和终期考核,国务院常务会议专题审议了中期评估报告,督促各地各部门加大实施力度。评估考核结果表明,"十一五"环保规划确定的各项指标、任务圆满完成,成为执行情况最好的五年环保综合规划。

从主要污染物排放总量减排指标来看,在"十一五"期间国民经济以年均 11.2% 的增速和能源消费总量超过预期的情况下,2010 年全国二氧化硫和化学需氧量排放分别比 2005 年下降 14.29% 和 12.45%,污染减排任务超额完成。其中北京、辽宁、吉林、上海、江苏、浙江、山东、河南、湖北、广东、重庆、云南、陕西等 13 个省(市)完成化学需氧量减排量超过国家下达任务指标的 15% 以上;北京、天津、河北、山西、辽宁、吉林、黑龙江、上海、江苏、浙江、安徽、福建、江西、山东、河南、湖北、湖南、广东、广西、重庆、陕西等 21 个省(区、市)完成二氧化硫减排量超过国家下达任务指标的 15% 以上。

从环境质量指标来看,2010 年,全国七大水系国控断面好于Ⅲ类水质的比例由 2005 年的 41% 提高到 59.9%,超过规划目标(43%)16.9 个百分点;地表水国控断面劣Ⅴ类水质比例由 2005 年的 26.1% 下降到 20.8%,比规划目标(22%)多减少了 1.2 个百分点;重点城市空气质量好于Ⅱ级标准天数超过 292 天的城市比例为 95.6%,比 2005

年提高了 26.2 个百分点,超过规划目标(75%)20.6 个百分点。

从各省规划实施考核情况评分结果看,各地"十一五"环保规划实施情况总体较好,考核结果均在良好以上,其中,北京、天津、河北、山西、内蒙古、辽宁、黑龙江、上海、江苏、浙江、福建、山东、河南、湖北、广东、重庆、西藏、甘肃、宁夏等 19 个省(区、市)考核结果为优秀;吉林、安徽、江西、湖南、广西、海南、四川、贵州、云南、陕西、青海、新疆等 12 个省(区)考核结果为良好。

四、国家环境保护"十二五"规划正式发布

自 2008 年起,环境保护部在组织"十一五"环保规划中期评估基础上,开展《国家环境保护"十二五"规划》编制工作,充分吸收三大基础性战略性工程(中国环境宏观战略研究、第一次全国污染源普查、水体污染控制与治理科技重大专项)研究成果,经深入开展重大专题研究、反复征求意见、充分沟通衔接,历时三年,顺利完成报批。2011 年 12 月,在第七次全国环保大会召开前夕,国务院印发了国家环境保护"十二五"规划。

实施这一规划,是落实科学发展观、加快转变经济发展方式的重大举措。国民经济和社会发展"十二五"规划的主题是科学发展、主线是加快转变经济发展方式,促进经济结构战略性调整。"十二五"环保规划是国家"十二五"规划的重要组成部分,推进实施规划,努力建设资源节约型、环境友好型社会,提高生态文明水平,不仅仅是国家环境保护战略,更是支撑科学发展、促进发展方式转变的重大举措,对于实现国家"十二五"战略目标具有重大意义。

"十二五"环保规划是推动"坚持在发展中保护、在保护中发展,积极探索环保新道路"的重要文件,是在全面建设小康社会和构建社会主义和谐社会历史进程中推动环保工作的重要文件。相比以前规划和计划,"十二五"环保规划在编制技术选择、文本结构和编制的组织方式上,有很多创新与突破。

　　"十二五"环保规划指出,要切实解决影响科学发展和损害群众健康的突出环境问题,加强体制机制创新和能力建设,深化主要污染物总量减排,努力改善环境质量,防范环境风险,全面推进环境保护历史性转变,积极探索代价小、效益好、排放低、可持续的环保新道路,加快建设资源节约型、环境友好型社会。

　　"十二五"环保规划的主要目标是,到2015年,主要污染物排放总量显著减少,实现化学需氧量、二氧化硫排放总量在2010年基础上削减8%,氨氮、氮氧化物排放总量削减10%;城乡饮用水水源地环境安全得到有效保障,水质大幅提高,地表水国控断面劣Ⅴ类水质的比例控制在15%以内,七大水系国控断面水质好于Ⅲ类的比例达到60%,地级以上城市空气质量达到二级标准以上的比例达到80%以上;重金属污染得到有效控制,持久性有机污染物、危险化学品、危险废物等污染防治成效明显;城镇环境基础设施建设和运行水平得到提升;生态环境恶化趋势得到扭转;核与辐射安全监管能力明显增强,核与辐射安全水平进一步提高;环境监管体系得到健全。与"十一五"相比,约束性指标增加了,减排压力加大了,对环境质量改善的要求提高了。

　　"十二五"环保规划明确了六大任务,在强调推进主要污染物减排、切实解决突出环境问题、实施重大环保工程、完善政策措施的同时,首次将"加强重点领域环境风险防控"、"完善环境保护基本公共服务体系"作为重点任务纳入规划:

　　针对我国环境风险凸显、环境污染事故多发高发的形势,"十二五"环保规划提出加强重点领域环境风险防控,旨在通过完善制度政策,健全防范、预警、应对、处置和恢复体系,着力解决工业化过程中环境安全保障问题。一是加强环境风险防控的基本制度建设。开展全国环境风险调查与评估,深化环境风险管理措施,强化环境风险管理基础,完善全防全控保障体系。二是将重金属、化学品等纳入风险防控重点。加强重点行业、重点区域重金属污染防治,加大有毒有害化学品淘汰力度,严格化学品环境监管,加强化学品风险防控。三是全面加强核与辐射安全工作。大力提升核与辐射安全水平,提高核能与核技术利用安全水平,加强核与辐射安全监管和放射性污染防治。四是从防范危险废物环境风险角度大力推进固体废物处理处置。全面推进危险废物污染防治,加大工业固体废物污染防治力度,提高生活垃圾处理水平。

在第七次全国环保大会上,李克强副总理明确指出,基本的环境质量是一种公共产品,是政府必须确保的公共服务。"十二五"环保规划体现了这一要求,将"完善环境基本公共服务体系"作为一项重点任务,通过促进区域间环境保护协调发展、提高农村环境保护水平、加强环境监管能力,努力缩小区域、城乡之间污水、垃圾无害化处理能力和环境监测评估能力等环境基本公共服务水平的差距,切实保障城乡饮用水水源地安全,使全体公民不论地域、民族、性别、收入差异,都能获得与经济社会发展水平相适应、结果大致均等的环境基本公共服务。这是环境保护理念和政策的重大突破,也是基本公共服务体系的完善与纵深发展。

五、探索编制环境功能区划

我国地域辽阔、资源环境条件和社会经济发展水平存在显著的空间差异。开展环境功能区划,制定保障区域生态环境安全、促进生态建设与环境保护的措施,对协调自然、社会、经济相互作用关系,实现生态环境与经济协调发展,构建和谐社会具有重要意义。

按照国务院"三定"方案中关于加强环境保护部"组织编制环境功能区划"的职能要求,结合全国主体功能区规划编制工作,从2008年起,环境保护部组织开展了环境功能区划前期研究,提出了系统的环境功能区划工作方案,形成了《国家环境功能区划研究报告》、《国家环境区划工作方案》、《国家环境保护功能区划技术指南》等一系列研究成果和技术文件。同时,环境保护部会同国务院有关部门成立了跨部门的环境功能区划编制领导小组和专家委员会。积极推进浙江、吉林、黑龙江、宁夏、新疆等省（区）环境功能区划前期研究试点，新疆维吾尔自治区在全国率先编制完成省级环境功能区划。

有关研究成果在《青藏高原区域生态建设与环境保护规划（2011—2030 年）》（以下简称《青藏高原规划》）中进行了试点应用，取得了良好成效。2011 年 5 月，国务院印发《青藏高原规划》，规划目标分三个阶段：近期（2011—2015 年）主要目标是着力解决重点地区生态退化和环境污染问题，使生态环境进一步改善，部分地区环境质量明显好转；中期（2016—2020 年）主要目标是已有治理成果得到巩固，生态屏障建设取得明显成效，达到全面建成小康社会环境要求；远期（2021—2030 年）目标是自然生态系统趋于良性循环，城乡环境清洁优美，人与自然和谐相处。为实现规划目标，《青藏高原规划》将青藏高原区域划分为生态安全保育区、城镇环境安全维护区、农牧业环境安全保障区和其他地区等四类环境功能区，并提出了四项主要任务：一是加强生态保护与建设，确保生态环境良好。二是加强环境污染防治，解决损害群众健康的突出环境问题，切实维护群众环境权益。三是提高生态环境监管和科研能力。四是发展环境友好型产业，引导自然资源科学合理有序开发，促进经济发展方式转变。

该规划的制定和实施，是实行分区管理、分类指导环境管理思路的一次重要探索，有利于加强青藏高原生态建设与环境保护，对于维护国家生态安全，促进边疆稳定和民族团结，全面建设小康社会，具有重要意义。

六、开展城市环境总体规划编制试点

随着城市化、工业化快速发展，整个社会在创造巨大物质财富的同时，环境风险有所加剧，城市生态安全受到威胁，基于污染防治的环境保护规划难以保障城市生态环境安全。为促进城市可持续发展，按照"十二五"环保规划要求，环境保护部适时启动了城市环境总体规划编制相关工作。一是加强前期基础研究，制定《城市环境总体规划编制技术要求(暂行)》,拟订《关于开展城市环境总体规划编制试点工作的意见》。二是积极开展试点,大连、成都等城市先行先试,积累了一些经验,在此基础上,环境保护部从 2012 年进一步扩大试点范围,启动10 个城市试点工作。通过编制实施城市环境总体规划,城市人民政府以当地自然环境、资源条件为基础,以保障辖区环境安全、维护生态系统健康为根本,统筹城市经济社会发展目标,合理开发利用土地资源,优化城市经济社会发展空间布局,确保实现城市可持续发展。

第二节　促进区域协调发展取得新进展

　　2002 年以来,环境保护部主动贯彻落实国家区域发展规划和政策,积极探索统筹区域经济和环境协调发展的新路子,扎实推进西部开发、中部崛起、东北振兴、援疆援藏等工作,先后与宁夏、湖北、湖南、陕西、广东、福建、安徽、广西、山东、新疆、内蒙古、云南、甘肃、吉林、山西、贵州等省(区)人民政府签署了部省合作协议,采取了一系列有针对性的创新举措,为区域协调发展增添了新内涵。

一、加强西部大开发中的环境保护

　　自国家实施西部大开发战略以来,环境保护部把西部地区环境保护放在环保事业发展的优先位置推进,西部地区环境保护各项工作取得积极进展。一是主要污染物减排取得明显成效。2010 年西部地区化学需氧量和二氧化硫两项主要污染物排放量比 2005 年分别下降7.42% 和 8.85%,污染物排放总量进一步增长的态势得到基本遏制。二是局部地区环境质量有所改善。2010 年,216 个地表水国控断面中,劣 V 类比例为 13.4%,低于全国平均水平 7.2 个百分点;大气环境质量恶化趋势得到缓解。三是环境基础设施明显增强。从环境治理投资看,呈快速增长态势,"十一五"期间,西部地区环保投资 3734.6 亿元,比"十五"增加了 196.6%,年均增长率 46.49%,超过东部地区 18 个百分点。四是环境保护基础能力得到提升。西部地区生态环境现状调查、污染源普查、土壤调查等基础性、战略性工作顺利完成,环境监管能力建设显著增强。五是生态保护工作全面推进。国家级自然保护区占西部地区国土面积的18%以上,重要生态功能区保护初见成效,生物多样性得到基本保护,重点领域生态补偿机制初步建立。

二、加强振兴东北地区等老工业基地中的环境保护

为深入实施东北地区等老工业基地振兴战略,环境保护部围绕振兴东北地区等老工业基地总体目标,统筹现实与长远发展需求,以解决影响可持续发展和损害群众健康的突出环境问题为重点,扎实推进总量减排、污染防治和生态保护,环境监管能力不断提升,环保各项工作取得了积极进展。一是支持东北地区等老工业基地经济发展。将辽宁省沿渤海区域纳入五大区域重点产业战略环评范围,加强规划环评和建设项目环评,促进区域产业与资源环境协调发展。二是狠抓东北地区等老工业基地污染减排。在经济增速和能源消费总量均超过规划预期的情况下,均超额完成了"十一五"减排任务,国务院对成绩突出的辽宁省人民政府予以通报表扬。三是扎实推进东北地区等老工业基地污染治理。组织实施了松花江流域水污染防治"十一五"规划以及补充规划、辽河流域水污染防治"十五"、"十一五"规划,松花江和辽河流域水质明显好转。四是加强东北地区等老工业基地生态保护。新建了一批国家级自然保护区,把辽宁、吉林、黑龙江纳入全国农村环境综合整治示范省。五是全面提升东北地区等老工业基地环境监管能力。在环境监测、监察、应急、污染源监控、业务用房建设等方面实现跨越。

三、加强促进中部地区崛起中的环境保护

为深入贯彻落实促进中部地区崛起战略,环境保护部统筹中部地区环境保护和经济发展,着力解决突出环境问题,扎实推进总量减排、污染防治和生态保护,积极防范环境风险,大力提升环境监管能力和水

平,环保各项工作取得积极进展。一是深化环评管理,促进中部地区发展方式转变。"十一五"以来,先后审批近700个建设项目,审查规划环评35个,对"两高一资"、低水平重复建设和产能过剩项目设置"高压线",同时通过严格把关,提高新建项目治理水平,加大老企业治理力度。二是狠抓污染减排,推动中部地区环境质量改善。在经济增速和能源消费超预期的情况下,均超额完成了减排任务,国务院对成绩突出的河南省予以通报表扬;中部六省地级以上城市空气质量均好于环境空气质量二级标准,地表水总体为轻度污染。三是深化污染治理,遏制重金属等突出环境问题。大力推进长江、黄河、淮河、巢湖等重点流域水污染防治,积极推进武汉及其周边、长株潭城市群、山西中北部城市群大气污染防治,把瓦埠湖、梁子湖等一批湖泊纳入全国湖泊生态环境保护试点,把河南、湖北、湖南、江西纳入重金属污染防治重点省份予以支持。四是加强生态保护,切实提高农村环境保护水平。新建国家级自然保护区20个,各类自然保护区总面积占地区国土面积的5.56%;把河南、湖北、安徽、湖南纳入全国农村环境连片整治示范。五是强化能力建设,全面提升环境管理能力。"十一五"以来,累计安排中部六省环境监管能力建设资金超过20亿元。

四、环保援疆工作成效显著

为深入贯彻落实《国务院关于进一步促进新疆经济社会发展的若干意见》(国发[2007]32号)精神,2008年9月27日,环境保护部与新疆维吾尔自治区人民政府签署了关于促进新疆环境保护工作合作协议。环境保护部多次组织深入新疆开展专题调研,研究制定支持新疆经济社会发展的政策措施。为贯彻落实中央新疆工作座谈会和第一、二、三次全国对口支援新疆工作会议精神,2011年6月27—28日,环境保护部在新疆组织召开全国环保系统对口援疆工作会议、部长专题会议、与自治区人民政府签署部区合作协议、环境形势报告会等系列援疆活动,对环保援疆工作作出了全面部署,并为自治区和兵团各办十件实事。会后,印发了《全国环保系统"十二五"对口援疆规划》。从调度情况看,新疆立足自我发展,强化主动协调,相关省市环保厅局、机关各部门及直属单位积极采取措施,全方位支持新疆大建设、大开发、大发展,环保援疆工作成效显著。

一是支持重大项目建设和发展方式转变。把新疆列为西部大开发重点区域和行业发展战略环境影响评价主要区域,先后审批了艾维尔沟矿区等一批规划环评和22个重大建设项目。二是支持主要污染物减排。充分考虑新疆经济社会发展合理需求,允许新疆四项主要污染物总量指标适度增长。三是支持综合污染治理。把乌鲁木齐市纳入《重点区域大气污染防治规划(2011—2015年)》,累计安排治理资金近2亿元;把博斯腾湖纳入全国湖泊生态环境保护试点。四是支持生态保护和农村环保。连续滚动支持罗布泊、阿尔金山和天山三个国家级自然保护区建设,把新疆列为全国农村环境连片整治示范省(区),三年安排6.5亿元,对1000个村庄进行环境治理。五是支持环保能力建设。把新疆98个地州市、县市区和54个师、重点团场环保监测执法业务用房纳入"十二五"支持新疆经济社会发展规划建设项目方案,支持监测、监察标准化建设等。六是支持人才培训和交流。开展技术援疆,举办新疆少数民族干部考察培训班,联合举办地县党政领导干部环保培训班,专项业务培训向新疆倾斜。

五、环保援藏工作不断走向深入

2002年以来,全国环保系统认真贯彻落实中央关于西藏工作的方针政策,紧密结合西藏实际,不断创新援藏机制,落实《全国环保系统"十一五"对口援藏规划》、《全国环保系统"十二五"对口援藏规划》,逐步加大政策、资金、人才援藏力度,圆满完成了各项援藏任务。

一是环境监管能力大幅提升。帮助西藏落实环境监管能力建设资金超过1.4亿元,为各级环境监测机构配备了环境监测仪器设备700多台套,为各级环境监察机构配备了环境监察执法车辆136台、取证设备1480台套。对口援助省市环境保护厅（局）援助西藏环保系统专项资金2255万元，帮助西藏各地市环保局改善办公条件。二是环保队伍工作能力不断增强。全国环保系统共选派13名援藏干部、2名博士服务团成员和22名技术援藏人员，到自治区和地市环保部门帮助开展工作，组织开展一系列专项业务培训。三是各项环保重点工作全面开展。帮助西藏完成了土壤污染状况调查、第一次污染源普查等工作，加强了珠穆朗玛峰、拉鲁湿地国家级自然保护区示范建设，实施了农村环境综合整治、重点污染治理和饮用水水源地环境保护工程，推进危险废物、医疗废物处置设施建设。按照特事特办的原则，先后审批了拉日铁路、藏木水电站等一批改善民生和扶持优势产业发展的重点建设项目。

第三节　环保投资保障水平进一步提升

1981年至今，环境污染治理投资总量呈持续递增趋势，从"十五"开始递增趋势较明显，环境污染治理投资占国内生产总值的比重出现波动但总体亦呈递增趋势。"十一五"期间，环境污染治理投资总量达21620亿元，比"十五"增长157.4%，环境污染防治投资占国内生产总值的比重达1.44%，较"十五"增长0.26个百分点，超出规划需求41%，有力促进了规划任务圆满完成。其中，环境保护部参与分配的中央环保投资从2002年的近2亿元增长到2012年的超过200亿元，增长了近100倍，中央环保投资渠道进一步理顺，有效带动了环境污染治理投资增长。

一、中央环保专项

2004—2011年，中央环保专项累计安排资金109.6亿元，带动社会和地方环境保护投资近400亿元，有力推动了环境治理和环保监管能力建设。

一是推动解决重大环境问题。对党中央国务院领导同志高度关心和人民群众反映强烈的突出环境问题,高度重视,认真落实,安排重大项目和资金,专项开展综合整治,务求得到有效治理和妥善解决。如,支持甘肃省8个重灾县(区)恢复重建环境综合整治,湖南、贵州、重庆三省(市)交界的"锰三角"地区环境综合整治等。

二是支持革命老区和少数民族等贫困地区的环境综合整治。在安排资金时,对革命老区、少数民族地区、边疆地区、贫困地区等予以倾斜,帮助解决这些地区的环境问题,起到了"雪中送炭"的作用,改善了当地的环境状况。如,支持湖北黄冈市长河流域环境综合整治,拉萨—林芝区域环境综合整治,江西兴国县长冈水库流域水源地污染防治等。

三是为重大国际活动保驾护航。对举办重大国际活动地区的环境治理项目给予支持,为重大国际活动的顺利举办保驾护航。如,支持北京奥运会大气环境质量保障,2010年上海世博会环境空气质量保障,广东第16届亚运会环境质量保障以及2011年西安世界园艺博览会环境质量保障等。

四是发挥了显著环境效益。通过项目实施,促进环境保护新技术、新工艺的应用和示范,削减二氧化硫和化学需氧量等主要污染物,对实现"十一五"减排目标、改善区域环境质量发挥了重要作用。如内蒙古美利北辰浆纸股份有限公司碱回收环保节能项目、浙江北仑发电有限公司3、4、5号机组烟气脱硫工程、白银公司污染治理等。

二、危废医废规划

2003年,国务院批复实施《全国危险废物和医疗废物处置设施建设规划》,要求建设334个危险废物和医疗废物集中处置项目,其中,省级和区域性危险废物集中处置中心57个,地市级医疗废物处置中心277个;建设7个区域性的国家二噁英监测中心;4个危险废物处置技术工程研发中心;31个省(区、市)固体废物管理中心。

2005—2011年,中央预算内投资(含国债)累计安排50.52亿元,支持规划项目建设。334个处置设施建设项目中,投运和基本建成的项目 237 个,占项目总数的 71%。277 个医疗废物集中处置项目中,215 个已投运和基本建成,形成医疗废物集中处置能力 1329 吨/日,与 2003 年相比处置能力增加 9.9 倍。57 个危险废物集中处置项目中,23 个已投运和基本建成,形成危险废物集中处置能力 98.41 万吨/年,与 2003 年相比处置能力增加 3.2 倍。在能力建设方面,华东(浙江)、华南(广东)、东北(辽宁)、西南(重庆)等四个国家二噁英监测中心已建成,华北(北京)、西北(陕西)、华中(湖北)等三个二噁英监测中心正在建设中。危险废物处置技术工程研发(沈阳)中心已建成,福建中心、重庆中心和天津中心正在建设过程中。31 个省级固体废物管理中心全部成立,同时建立了 67 个市级固体废物管理中心,危险废物和医疗废物的监管体系初步建立。

三、中央财政农村环保专项

2008 年 7 月,全国农村环境保护工作电视电话会议召开,李克强副总理提出"以奖促治"和"以奖代补"政策措施,要求全面加强农村环境综合整治工作。为落实会议有关精神,中央财政设立了农村环保专项,以支持农村环保工作,加快解决突出农村环境问题。截至 2011 年,中央农村环保专项累计安排资金 80 亿元,有效带动地方配套投入、整合相关涉农资金和吸引社会资金,累计投入约 200 亿元,支持约 1.7 万个村庄实施治理,约 4000 万人口直接受益。

为确保资金使用效益,财政部、环境保护部制定了《中央农村环境保护专项资金管理暂行办法》、《中央农村环境保护专项资金环境综合整治项目管理暂行办法》和项目申报指南,建立规范的专项资金管理制度。同时,为推动国家"十二五"环保规划实施,财政部、环境保护部共同印发《关于加强"十二五"中央农村环境保护专项资金管理的指导意见》,环境保护部发布《农村环境综合整治"以奖促治"项目环境成效评估办法(试行)》和《全国农村环境连片整治工作指南(试行)》,开展农村环境综合整治目标责任制试点工作,制订考核指标体系和核算细则,并对3省9市进行了试点评估。

连片整治是农村环境综合整治的重要模式。2010年,财政部、环境保护部组织开展农村环境连片整治示范工作,与辽宁、重庆、宁夏、湖北、湖南、福建、浙江、江苏等8省(市)签署农村环境连片整治示范协议,确定2010—2012年共安排中央财政资金62亿元支持8省市开展农村环境连片整治示范工作。2011年,财政部、环境保护部将山东、河南、安徽、山西、甘肃、青海、新疆、吉林、广西9个省(区)纳入第二批农村环境连片整治示范省份,中央财政投入67.5亿元。2012年,财政部、环境保护部又将河北、黑龙江、四川、陕西、青岛、大连6个省(市)纳入第三批农村环境连片整治示范省份,中央财政投入40亿元。

中央农村环保专项资金的设立,有力地推动了农村环境治理项目建设,提升了农村环境保护设施服务均等化水平,解决了部分农村地区突出的饮用水水源地、畜禽养殖、生活污水和垃圾等问题,为推进重点流域、区域污染防治,改善部分地区环境质量发挥了举足轻重的作用。

四、国家级自然保护区建设专项

国家级自然保护区建设专项于1998年设立,经过十多年的发展,专项资金规模从最初的1000万元,增加到1.8亿元,截至目前累计安排资金9.7亿元,共支持了200多个保护区。其中,2002—2012年共安排8.9亿元,支持近80个保护区开展管护能力建设,取得了积极成效。一是全面提高了保护区管护、科研监测和宣传教育等建设和管理能力;二是有效保护了野生动植物、自然生态系统和自然资源,恢复发展了一些濒危物种种群;三是推进一批生态恢复工程实施,部分重要区域的生态系统结构与功能得到恢复,同时还提升了区域的整体生态环境质量,如锡林郭勒草原国家级自然保护区通过实施重点区域的"围封转移"工程,不但保护和逐渐恢复了脆弱区域的草原生态系统结构与功能,还极大提升了本区域对京津风沙的固定与消减能力;四是推动了国际合作项目的顺利开展,如中—加生物多样性保护和社区发展项目(内蒙古达里诺尔等国家级自然保护区)、新疆罗布泊自然保护区生物多样性保护项目。

五、中央财政重金属污染防治专项

2010年,中央财政设立重金属污染防治专项,对带动全社会加大投入、促进污染治理、有效缓解影响群众生产生活的重金属污染事件发生,发挥了重大作用,一些治理项目的环境效益初步显现。

2010—2012年,中央财政累计安排专项资金75亿元,支持26个省区重金属污染防治工作。"十二五"期间,中央财政将逐年加大投入,重点支持《重金属污染综合防治规划(2010—2015)》确定的138个重点区域,集中资金,逐年推进,连续支持,力争干一个,完一个,确保完成"十二五"重金属污染防治规划目标任务。

六、湖泊生态环境保护试点专项

开展水质良好湖泊生态环境保护,对落实"让江河湖泊休养生息"战略,实现湖泊污染治理与生态环境保护并重,避免一些水质良好的湖泊再走"先污染、后治理"的老路,具有重要意义。

从2010年开始,财政部联合环境保护部开展水质较好湖泊生态环境保护试点,2010年和2011年中央财政合计安排资金9.5亿元,支持云南抚仙湖、洱海,湖北梁子湖,山东南四湖,安徽瓦埠湖,辽宁大伙房水库,吉林松花湖和新疆博斯腾湖等8个湖泊生态环境保护。2011年,经国务院批准,中央财政增设湖泊生态环境保护专项资金,2012年计划安排资金15亿元,"十二五"期间中央财政安排资金达到100亿元,引导地方投入不低于100亿元,带动社会投入共形成500亿元左右的资金规模,按照突出重点、择优保护、一湖一策、绩效管理的原则,完成30个湖泊生态环境保护任务。预计再经过"十三五"的努力,将形成累计 1000 亿元以上的投入规模,把我国面积在 50 平方公里以上的优质生态湖泊都保护起来。

各地高度重视这项工作,获得专项资金支持的地方迅速组织编制湖泊保护总体方案和年度实施方案,加快项目实施,严格项目监管,完善长效机制,资金效益正在不断显现。

第四节 环境监管能力建设实现新跨越

加强环境监管能力建设是提升环境监管水平的基础。过去十年,我们紧紧围绕国家环境保护战略目标,依靠科技进步与体制创新,以建立完善污染减排指标、监测和考核体系为重点,全面建设环境监测预警和执法监督两大体系,改善环境管理基础设施和条件,环境监管能力的现代化、标准化和信息化水平明显提高。

一、《国家环境监管能力建设"十一五"规划》实施成效显著

为确保实现"十一五"环保目标,环境保护部编制了《国家环境监管能力建设"十一五"规划》,这是我国环境保护史上第一个自身建设规划。2008 年 3 月,国家发改委、财政部联合审批规划并以发改投资〔2008〕639 号文印发全国。

"十一五"能力建设规划总投资 149.59 亿元,其中中央投资 78.47亿元,共安排重点项目 50 个,确定建设任务 13 项:完善环境质量监测网络、加强污染源监督性监测能力、提高应急监测能力、加强核与辐射环境监测能力、推进环境监察机构标准化建设、建设国控重点污染源自动监控系统、提高核与辐射监管水平、加强固体废物监管能力、提高自然保护区管护能力、改善国家级环保机构基础设施和基本工作条件、整合建设重大科研平台、推进环境宣教机构标准化建设、加快环境信息与统计能力建设。

在各有关部门和各省(区、市)的共同努力下,"十一五"能力建设

规划实际完成投资近 300 亿元,其中中央投资约 120 亿元,实施成效显著。

一是环境监管体系基本建立。"十一五"期间,全国初步建成国家和地方环境监测网,形成由国家、省、地(市)和县(区)级环境监测站组成的环境监测体系。建成全国六大区域环保督查中心,形成由国家、省、地(市)和县(区)级环境监察机构组成的环境监察执法体系。环境监测管理、应急管理、核与辐射监管、环境信息、宣传教育等机构基本建立。

专栏 2—1:环境监管体系建设成效

环境监测监控:形成国控、省控、市控三级环境质量监测网。在全国十大水系布设了 759 个国控监测断面,在近岸海域布设 301 个水质监测点位。形成了由 113 个环保重点城市 661 个空气自动监测站点、440 个酸雨监测点位和 82 个沙尘暴监测站组成的环境空气质量监测网。基本建成 14 个国家空气背景站、31 个农村区域站、31 个温室气体监测站和 3 个温室气体区域监测站等。全国共建成省、地市级污染源监控中心 306 个,12665 家企业安装了自动监控设备,其中国控重点监控企业 8956 家。国家核与辐射环境监测网络初步形成。

环境监管机构:全国已建立各级环境监测站 2587 个。建成环境保护部卫星环境应用中心,31 个省级辐射环境监测站。建立各级环境监察机构 3157 个。部分省市建立专门的环境应急管理机构和统计机构。初步形成国家、省、市三级环境信息技术支撑和管理体系。核与辐射监管体系基本建立。

二是环境监管装备水平显著提高。环保部门加大对基层环境监测站能力建设的支持力度,重点加强了中西部地区和边境地区的监测能力。国家级水质自动监测站、地表水集中式饮用水源地水质全分析、国家空气背景监测、温室气体监测和农村空气监测能力得到加强。环境监察执法车辆及仪器设备配置实现跨越式发展,标准化装备水平显著提高。核与辐射监测仪器设备配置大幅加强,省级放射性废物暂存库及配套实验室基本建成。环境应急装备有效提升,环境监管基础设施和条件明显改善。

专栏 2—2：环境监管装备配置情况

环境监测：中央财政补助支持 1072 个县（区）级环境监测站装备标准化建设，占全国县级站总数的 52%，其中支持中西部地区县（区）级监测站 857 个，大大提升了基层环境监测能力。加强地表水集中式饮用水源地水质全分析能力，在七大水系、重点湖库的省界断面、入海口及边境河流上建成 150 个国家级水质自动监测站。

环境监察：共 1357 个环境监察机构通过标准化验收，其中中西部县（区）级环境监察机构基本实现装备标准化。全国环境监察机构共配备执法车辆 10176 辆，执法仪器设备 64301 台套。

核与辐射安全监管：各级辐射监测机构配备了常规辐射监测、应急监测、监督执法取证等仪器设备。在重点区域建设了 100 个辐射连续自动监测子站。基本完成 31 个省（区、市）放射性废物暂存库及配套实验室建设。

环境预警应急：2008 年，环境一号卫星成功发射，为建立"天—空—地"一体化环境监测、预警、评估、应急指挥提供了重要平台。各级环境应急机构、环境监测站配备了必要的应急指挥装备、监测设备和防护装备等。

环境信息：建成国家、省、市、县四级环境保护专网，基本具备了网络通讯和数据传输能力。建立国家、省两级综合数据库，建成建设项目管理和环境统计等应用系统，环境信息管理支撑能力初步形成。

三是环境监管运行保障水平有效提升。环境监测、监察、应急、信息、统计等管理制度逐步完善，环境监管能力建设与运行经费得到基本保障，为加强环境监管、规范监管行为、提高监管效率发挥了重要作用。环境监管队伍建设全面推进，通过开展定期培训、轮训以及专业技能竞赛、应急演练等活动，环保人员技术水平有了较大提高。

专栏 2—3：环境监管队伍技能水平

"十一五"期间，通过开展多种形式的培训，培训各类环境管理人员 16 万人次，有效保障了环保事业的快速发展。

环境监测：实施持证上岗考核制度，共发放环境监测人员技术考核合格证 56800 份，组织开展了第一届全国环境监测专业技术人员大比武活动，涉及环境监测系统 50000 余名干部职工，基层环境监测队伍的技术水平有了较大提高。

环境监察：培训环境监察人员近 6.3 万人次，基本实现环境监察人员轮训一次。

环境应急：培训环境应急人员近 3000 人次，环境应急人员管理、技术水平有较大提高。

续表

> 环境统计与信息:培训各级环境统计人员 6000 多人次,环境统计与信息人员水平有效提升。

二、主要污染物减排统计、监测及考核体系基本建立

到 2010 年主要污染物排放总量减少 10%,是《国民经济和社会发展"十一五"规划纲要》提出的约束性指标之一。建立科学、完整、统一的减排统计、监测和考核体系,是实现主要污染物减排目标的重要基础。2007 年年初,温家宝总理批示:要充分论证,周密制定建设方案,既要吸收借鉴世界先进经验,又要勇于创新,务必使污染减排指标、监测和考核体系达到国际一流水平。

为建设好、运行好减排"三大体系",中央财政设立主要污染物减排专项资金。2007—2010 年,中央财政主要污染物减排专项累计投入68.09 亿元,其中,环境监测 434457 万元,环境监察 214664 万元,核安全 27547 万元,环境统计 3382 万元,项目管理与绩效考核 889 万元。

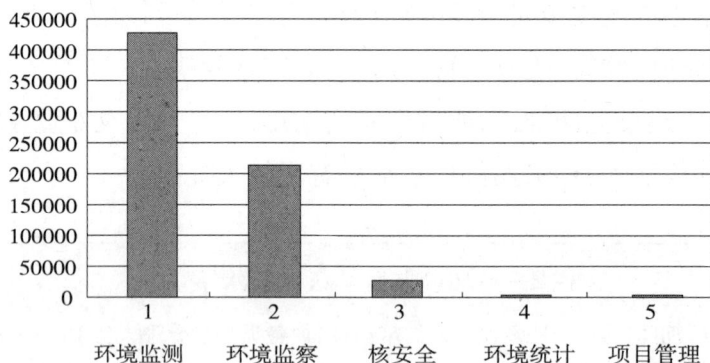

图 2—1   2007—2010 年中央财政主要污染物减排专项投入

经过不懈努力,过去环保系统一些基层单位"废气靠闻、废水靠看、噪声靠听"的状况有了很大改观,科学统一的减排"三大体系"基本建立,全国环境监管能力迈上了新台阶,实现了跨越式发展和提升。

一是测不了的,可以测了。重点支持 31 个省(区、市)和新疆建设兵团的 1072 个县区级环境监测站装备标准化建设,占全国县级站总数的 52%,基层环境监测能力得到大幅提升。全国共建成省、市级污染源监控中心 306 个,全国 12665 家企业安装了自动监控设备。建设 100 个辐射连续自动监测子站,建设全国辐射连续自动监测站监测数据汇总中心和 31 个省级辐射连续自动站监测数据汇总中心,取得了全国辐射环境本底基础数据,初步实现了对重点核设施和核技术应用单位的有效监控。

二是测不全的,能测全了。在全国 113 个环保重点城市和省级环境监测站,开展地表水集中式饮用水源地水质全分析能力建设,由原来水质全分析只能监测 29 项指标提升到能监测 109 项指标,大大增加了对饮用水源的监管能力,为确保人民群众饮水安全奠定了基础,提供了保障。

三是测不准的,能测准了。在 31 个省级监测中心(站)配置空气监测质控装备,具备了对 113 个重点城市空气自动监测数据的准确性、可靠性、可比性进行监督检查的能力,可以全量程有效地消除误差和减少不确定度,提高了我国环境空气质量自动监测数据准确性,保障了我国各级监测数据的可靠性与完整性。

四是去不了的,可以去了。对地方省、市、县三级环境监察机构标准化建设予以大力支持,尤其是中西部地区、边境地区和地震灾区,新增配备执法车 6936 辆,全面提升了地方环境监察执法能力。

五是没有能力取证的,能够取证了。对环境保护部环境应急与事故调查中心和东北、西北、华东、华南、西南 5 个督查中心全面进行标准化建设,使其具备减排督察能力。为全国各级环境监察机构配备执法仪器设备 86351 台(套),并支持组织 132 期环境监察执法相关培训班,培训人数近 1.5 万人次,全面提升国家和地方环境监察执法能力和水平,基本具备了国家重点流域和区域环境监察执法能力。

六是响应不及时的,能及时响应了。在 113 个环保重点城市、35

个有关敏感城市及四川、甘肃等地震灾区地级城市,开展应急监测能力建设,初步建立了国家环境应急监测网络主体,提高了国家突发环境事件应对能力,在重大突发环境事件中经受住了严峻考验。

七是说不清的,能初步说清了。在 31 个省(区、市)各建立 1 个试点性农村空气自动监测子站,实现对农村地区的二氧化硫(SO_2)、二氧化氮(NO_2)、可吸入颗粒物(PM_{10})监测。根据国家环境管理和环境外交的需要,在关键代表性背景区域,试点新建 14 个国家空气背景站;在 31 个省(区、市)各选 1 个空气自动监测子站试点性增加温室气体监测能力;选取北京、上海、天津、重庆、青岛、沈阳和广东省等 7 个城市和地区作为臭氧试点基地,初步选取 18 个点位进行试点监测。

三、基层监测执法业务用房建设实现突破

针对基层环保硬件装备条件有所改善但业务用房严重不足的现状,环境保护部从 2008 年开始谋划基层监测执法业务用房建设项目,从组织项目申报到审核、评审,历时三年多,在全国环保系统"几上几下",在中央领导的高度重视和关心下,在有关部门的大力支持下,靠一股子韧劲最终实现突破。2010 年,国家发展改革委批复了《基层环保监测和执法基础能力建设项目可行性研究报告》,这是中央财政第一次大规模对环保系统基层基本建设给予支持,是基层能力建设的"牛鼻子"、"台柱子"工程,受到全系统的高度关注、期待和拥护。2010年、2011 年国家发展改革委分两批共下达中央预算内投资 10.8959 亿元,补助了 28 个省区(含新疆兵团)的 565 个县市环保监测执法业务用房建设,覆盖了全国超过 1/4 的县。各级地方党委、政府对此高度重视,从土地、配套资金等诸多方面予以支持,加快项目实施。截至目前,全部项目开工率达 86%,有 247 个项目已建成投用。

四、环境信息化工作快速推进

信息化是时代发展的特征。党的十六大以来,各级环保部门对环

境信息化工作重要性的认识逐步提高,资金投入逐年增加,建设进程逐年加快。特别是"十一五"期间,全国环保信息化工作按照历史性转变、探索环保新道路、推动环保工作科学发展的要求,以污染减排、信息公开及提高公共服务和环境监管水平为重点,发挥技术支持、基础能力和管理创新的作用,在机构队伍建设、基础能力和业务应用等方面取得长足发展,为实现"数字环保"奠定了良好基础。

一是环境信息化发展战略及目标逐步确立。为加快推进环境信息化建设,环境保护部加强环境信息化发展战略研究,先后制定环境信息化"十五"指导意见、"十一五"发展规划等文件,明确了"加强领导,统一规划;归口管理,协调一致;需求主导,突出重点;整合资源,协同共享;统一标准,保障安全"的发展思路,提出了"信息强环保"战略,确立了"数字环保"总体目标。山东、福建、深圳等省、市进行"数字环保"探索实践,率先开展"数字环保"工程建设,通过建立环境管理业务数字化模型和环境信息综合应用平台,逐步向数字化环境管理转变。

二是环境信息化组织管理体系初步建立。环境保护部和一些省级环保部门成立了信息化建设领导小组和信息化办公室,不断加强各级环境信息中心建设,基本建成了国家、省、重点城市的三级架构,形成了以环境保护部信息中心为中枢、省级环境信息中心为骨干、地市级环境信息中心为基础的技术支撑和管理体系。

三是环境信息化基础设施建设稳步推进。全国环保系统网络基础设施建设稳步推进,内网、外网建设已初具规模。环境保护部机关、部分直属单位、各省以及大部分地市环保部门均建成了内部局域网络系统。近年来,通过国家环境信息与统计能力建设,建成了"三层四级"环境保护业务专网,实现环保电子政务专网全覆盖,实现了大气、水质自动监测和污染源在线监测数据采集站点联网。同时,信息采集设施逐步完善。"十一五"以来,通过国控重点污染源自动监控项目建设,在全国范围内建设了8000多个污染源信息采集点,在5000多个废水排放口、3000多个废气排放口安装了污染源信息采集设备、自动监控设备,对7800多家企业实施污染源自动监控。2008年9月,环境与灾害监测小卫星成功发射,使环境信息采集进入了由"平面"向"立体"发展的新阶段,成为环境信息化水平显著提升的重要标志。

四是业务信息化应用不断深入。环境保护部通过组织一系列建设项目的实施,陆续开展了环境质量自动监测数据管理、卫星遥感监测、环境统计、建设项目环境影响评价管理、排污申报与收费、污染源在线监测管理、生物多样性管理、自然保护区管理、核电厂在线监测管理、环境应急管理、固体废弃物管理等业务应用系统的建设工作。国控重点污染源自动监控系统建设已经形成了能力,固体废弃物管理实现了与海关互连进行数据交换,全国固体废弃物管理信息系统完成一期建设。信息化支撑污染源普查活动。利用信息技术,完成了普查数据采集、核查、汇总、分析,建成了重点污染源空间数据库及管理平台,建立了重点污染源档案和数据库,为综合利用普查成果、制定完善环境管理政策提供了基本依据。

五是环保电子政务建设成效显著。政府门户网站建设有声有色,环境保护部和30个省级环境保护厅(局)建立了政府门户网站。环境保护部政府网站的信息量、时效性、功能性不断增强,社会公众认可度不断提高,2004年以来,多次在各种社会性评选、评奖活动中获得奖项,位居国务院部门网站先进行列。自2007年开始,环境保护部连续五年组织实施省级环保部门政府网站绩效评估,以评促建、以评促用,涌现了一批信息公开透明、在线办事方便、互动交流顺畅的优秀网站,北京、广东等9省(市)实现了行政许可事项百分百网上申报、查询和公示,极大地方便了企业和公众办事,实现了服务型政府建设的重大突破。

机关办公自动化程度不断提高。环境保护部机关公文运转、信息处理普遍实现了信息化、网络化。通过政务信息交换平台,实现了环境保护部与地方环保部门之间的政务信息交流与共享,建成了非涉密文档传输系统,实现了环保公文、简报等政务类信息的网络传输和交换。

通过电子政务综合平台，实现了政府办公、应用集成、数据共享和信息服务一体化，综合平台被评为全国"办公自动化典型应用系统"。部分省、市级环保部门以实现办公自动化和环保行政审批工作的网络化、电子化为核心，也陆续开展了环保电子政务综合平台建设，对各类环境保护行政审批业务流程进行集成管理，促进了环保行政管理工作的规范和高效。

环保视频会议系统建设与应用富有实效。全国环保视频会议系统已建成37个接入点，覆盖了31个省级环境保护厅（局）、新疆生产建设兵团环境保护局和5个计划单列市环境保护局，北京、天津、浙江等省（市）已将视频会议系统逐步扩展到所属市、区、县。环境保护部以及地方环保部门以此为载体多次召开全国性、地方性环保工作会议，大大降低了环保行政成本，提高了工作效率和处理环境应急事件的能力。

第三章　环境保护政策法制建设

党的十六大以来,环境政策法制工作紧紧围绕科学发展的主题、加快转变经济发展方式的主线和提高生态文明水平的新要求,加强环境宏观战略研究,不断健全和完善环境政策法规体系,务实创新,积极探索,为推动从主要用行政办法保护环境到综合运用法律、经济、技术和必要的行政办法解决环境问题的转变,探索环保新道路提供了有力保障。

第一节　中国环境宏观战略研究成果丰硕

一、研究开展情况

中国环境宏观战略研究是在我国环境保护与经济社会发展矛盾日益尖锐、经济社会发展处于重要转型时期的历史背景下,经国务院批准开展的环保领域的基础性、前瞻性和战略性工程,2007 年 3 月正式启动,历时三年多时间。在国务院领导同志亲切关怀和有力指导下,中国工程院和环境保护部组织 50 多位两院院士和数百位专家参与的科研团队,按照"总结过去、指导现在、谋划未来"的总体要求,围绕环保领域重大战略问题,进行多部门、多领域、多学科合作的深入系统研究,形成了对国家综合决策和科学发展有影响的成果和 600 多万字的研究报告,数字、资料翔实,堪称环境保护的百科全书、跨部门跨行业跨学科合作的典范。

研究成果得到中央领导同志的高度重视和肯定。2010 年 12 月 28
日,温家宝总理做出重要批示:"要重视研究成果的利用。制定'十二
五'规划,要认真参考这份报告。《报告》可发发改委和有关部门。"同
年 12 月 20 日,李克强副总理主持召开研究成果应用座谈会,对研究提
出的积极探索代价小、效益好、排放低、可持续的环境保护新道路这个
重大命题表示赞成,要求有关方面高度重视研究提出的意见,在编制
"十二五"规划中认真吸收,转化为推动环境保护的新举措和新政策。

为保证这项工作组织得力、落实到位、高效运行,合理统筹优势资
源,加强部门间的协调与配合,中国工程院、环境保护部牵头成立了由
全国人大、全国政协和国务院有关部门领导组成的项目领导小组,共有
19 个单位参加。同时,还成立了专家领导小组和项目办公室,设立总
论、环境要素保护战略、主要环境领域保护战略和战略保障 4 大课题,
下设 29 个专题,确定了课题组长全面指导、专题责任专家组织保证、首
席专家业务负责相结合的责任制度。课题组、专题组突破专业界限,积
极吸纳环境、经济、社会、法律、贸易、技术和外交等多领域的专家参与
研究。本着"以省为主,自愿申报,统一组织,跟踪指导,适当支持"的
原则,启动 7 个省(区、市)地方环境战略研究,形成上下互动的研究局
面,促进了理论与实际、整体与局部的结合。

二、主要研究成果

这次战略研究从国家宏观战略层面出发,系统回顾了我国 30 多年
环保工作历程,在对当前我国环境形势审慎评价、对我国环境成因深入
分析的基础上,认真总结我国环境保护工作的经验和教训,提出了环境
保护的战略思想、方针、目标、任务和措施。

研究认为,我国当前环境形势可概括为"局部有所改善,总体尚未
遏制,形势十分严峻,压力继续加大"。我国环境面临的压力比世界上
任何国家都大,环境资源问题比任何国家都突出,解决起来也比任何国
家都要困难。环境保护的战略思想,概括起来就是"以人为本、优化发

展、环境安全、生态文明"。其中,以人为本是宗旨,优化发展是途径,
环境安全是目标,生态文明是目的。关于战略方针,报告提出了"预防
为主、防治结合;系统管理、综合整治;民生为先、分级负责;政府主导、
公众参与"的 32 字方针。关于战略目标,报告提出三个阶段目标:到
2020 年,主要污染物排放得到有效控制,环境安全得到有效保障;到
2030 年,污染物排放总量得到全面控制,环境质量全面改善;到 2050
年,环境质量与人民群众日益提高的物质生活水平相适应,与现代化社
会主义强国相适应。

这次研究的标志性成果,是提出"要积极探索代价小、效益好、排
放低、可持续的中国环境保护新道路"。继续探索环保新道路,已经成
为环保系统的广泛共识和自觉行动,成为环保事业发展改革创新、攻坚
克难的锋利武器。

三、研究成果特点

研究成果集中体现出以下特点:

一是思想新、立意高。战略研究从国家战略高度提出了以全面落
实科学发展观和生态文明建设为主线的环境宏观战略研究思路,总结
了"先污染后治理,先破坏后恢复"发展道路的惨痛教训,提出了积极
探索代价小、效益好、排放低、可持续的中国环境保护新道路的重大命
题,明确了内涵,形成了正确处理六大关系和建设六大体系为主要内容
的框架体系。

二是站位高、视角广。开展环境宏观战略研究在中国环境保护史
上还是第一次。整个研究以全方位、多视角、多层次来深刻揭示和剖析
长期困扰环境保护事业发展的全局性、根本性、深层次矛盾和问题,从
国家层面综合考虑经济、社会、政治、国际等各领域发展和需求,提出解
决"十二五"和未来一段时期我国环境与发展问题的宏观战略思路和
建议。

三是层面多、内涵深。环境宏观战略研究包括水、大气、噪声、固体

废物、土壤、生态保护、物种资源、核与辐射等环境要素战略研究,城市、农村、工业、能源与温室气体、环境与健康等领域环境战略研究,涉及法制、体制、区划、投入、环境经济政策、公众参与等保障战略以及七个省(区、市)环境战略研究。研究了各领域、各部门面临的环境保护战略性问题,有针对性地提出战略思想、战略目标、战略重点、战略对策和战略保障,提出了一系列具有创新性和前瞻性的重要建议。这些成果对于更好地协调我国经济社会与资源环境的关系,实现可持续发展,具有积极指导作用。

四是基础牢固、科学务实。战略研究坚持宏观与微观相结合、理论与实践相结合、历史经验与现实问题相结合、国内研究与国际研究成果相结合,针对当前环境保护的重点、热点、难点问题,充分讨论、反复论证。参与这项研究的专家学者以科学的态度对待每个观点、每个数据,确保研究成果内容丰富、基础扎实、资料翔实,使成果具有较高的可参考性和可操作性。

在新的形势下,环境保护的任务紧迫而繁重,需要创新理念、思路和方式。中国环境宏观战略研究从国家战略层面提出的一系列研究成果,对环境形势、战略方针、目标任务、实施路径、政策措施等都有新的认识、新的突破,对"十二五"乃至更长一段时间的环境保护工作将产生重要影响。

第二节 环境法制建设迈上新台阶

一、环境立法工作切实加强

2002 年至今,在全国人大和国务院有关部门的大力支持下,环境保护部以建立健全环境保护法律法规体系作为工作重点,环境立法工作取得了较大进展,共制修订环保法律 6 件,行政法规 16 件,部门规章 43 件,基本形成了较为完善的环境保护法律法规体系,为积极探索中国环境保护新道路提供了法制保障。

（一）不断完善环境保护法律体系

通过全力配合全国人大常委会和国务院法制办修订现有法律和制定新法，从法律上、制度上推动中央重大决策部署的贯彻落实，解决环保事业发展中带有根本性、全局性、稳定性和长期性的问题。

一是推动制定了《放射性污染防治法》、《环境影响评价法》、《循环经济促进法》、《清洁生产促进法》，修订了《固体废物污染环境防治法》、《水污染防治法》等法律，在这些法律中建立了"总量控制"、"区域限批"、"生态补偿"、"饮用水源保护"、"环境信息统一发布"等一系列重要环境法律制度。

二是全力推动修改《环境保护法》。现行《环境保护法》自1989年颁布以来，对推动我国环保事业的发展发挥了重要作用。随着我国经济社会快速发展，该法有关规定与经济社会发展现状出现诸多不适应的情况。修改环境保护法也是社会各界高度关注的大事，自1995年以来，四届全国人大共有2474名代表提出修改《环境保护法》的议案79件。在环境保护部积极推动下，《环境保护法》修改被列入全国人大常委会2011年和2012年立法工作计划。环境保护部针对环境保护法实施过程中存在的突出问题，在《环境保护法》修订草案中，吸收实践证明行之有效的环境管理制度和措施，提出了加强政府环境责任、完善环保统一监管制度、环境经济政策法制化、跨行政区域的污染防治协调、统一发布环境信息、保障公众环境权益、推动环境公益诉讼以及加大处罚力度等方面的修改建议。2011年7月，环境保护部向全国人大环资委正式报送了修订草案建议稿。

三是建立核与辐射安全法律保障体系。推动制定了《放射性污染防治法》、《放射性同位素与射线装置安全和防护条例》、《放射性物品运输安全管理条例》、《放射性废物安全管理条例》、《民用核安全设备监督管理条例》等法律法规，制定了《放射性同位素与射线装置安全许可管理办法》、《放射性物品运输安全许可管理办法》、《放射性同位素与射线装置安全和防护管理办法》等多部环保部门规章，核与辐射安全法律保障体系基本建立。

四是做好相关法律法规草案的研究、起草和论证工作。环境保护部积极配合最高人民法院和最高人民检察院分别做出了关于惩治环境犯罪的司法解释,积极支持和配合全国人大有关委员会对《刑法》第338条"重大环境污染事故罪"扩展适用范围,修改犯罪构成要件,降低入罪门槛,极大地增强了威慑力。推动在《民事诉讼法》修订草案中明确提出"环境公益诉讼"。

五是抓紧研究填补环境立法空白。积极开展核安全、土壤污染防治、生物遗传资源获取与惠益分享、饮用水安全、污染事故应急等方面立法的必要性、可行性等前期论证和研究。

(二)有力推动环保行政法规出台

一是根据环境保护工作实践经验,将有利于提高行政管理效能、有效解决环境保护实际问题的管理制度,上升为环保行政法规,如《全国污染源普查条例》、《排污费征收使用管理条例》以及《规划环境影响评价条例》等。

二是依法及时制定现行环保法律需要配套的行政法规,保障环保法律的有效实施,增强环保法律的可操作性。如《废弃电器电子产品回收处理管理条例》、《危险废物经营许可证管理办法》、《医疗废物管理条例》等。

三是积极推进环境经济政策法制化。及时评估和总结环境公共财政、绿色金融、环境税费改革、绿色贸易、生态补偿、排污权有偿使用和交易、环境价格政策等环境经济政策的实施效果,有计划、有重点地将实践证明成熟的环境经济政策上升为法律法规,充分发挥环境经济政策对于环境保护工作的规范和引导作用。如《太湖流域管理条例》中首次为"环境污染责任保险"制度的执行提供了法规基础。

四是制定我国缔结或者参加的国际公约的相关配套法规,切实履行国际条约规定的义务,如《消耗臭氧层物质管理条例》。

五是积极参与环境保护相关领域行政法规的立法工作。如生态补偿条例、城镇排水与污水处理条例、南水北调供用水管理条例等,认真研究,积极提出环境保护方面的意见和建议,推动相关立法顺利开展。

（三）加强地方性法规建设

各地紧扣解决损害群众健康的环境保护问题,结合本地区实际情况,不断加强地方性法规建设。自 2010 年以来,安徽、新疆制定或修订了《环境保护条例》。宁夏制定了我国第一部《环境教育条例》。山西制定了《减少污染物排放条例》,贵州制定了《主要污染物总量减排管理办法》,天津、山东、广东、重庆、南京、杭州、厦门等地制定或修订了《机动车排气污染防治管理办法》,山东制定了《畜禽养殖管理办法》,河南制定了《水污染防治条例》和《固体废物污染环境防治条例》,江苏修订了《太湖水污染防治条例》,北京修订了《北京市水污染防治条例》,四川制定了《饮用水水源保护管理条例》,福建制定了《固体废物污染环境防治若干规定》和《流域水环境保护条例》。

（四）切实加强部门规章制定工作

在环境保护规章制定中,注重牢牢把握环保工作的难点、重点、热点问题,基本构建了一个较为完备的环保部门规章体系,为强化环境管理和执法提供了坚实的法律保障。

一是通过制定并发布《污染源自动监控管理办法》、《污染源自动监控设施现场监督检查办法》、《环境监测管理办法》、《环境统计管理办法》、《环境污染治理设施运营资质许可管理办法》,推动环境保护监督管理手段与方式的规范化、制度化和法制化,为解决环境管理工作面临的新情况、新问题提供依据。

二是通过制定并发布《环保举报热线工作管理办法》、《环境信息公开办法》、《环境信访办法》、《突发环境事件信息报告办法》、《固体废物进口管理办法》、《废弃危险化学品污染环境防治办法》、《新化学物质环境管理办法》等,解决损害群众健康的突出环境问题,保障公众的环境权益。

三是通过制定并发布《环境行政处罚办法》、《环境行政执法后督察办法》、《医疗废物管理行政处罚办法》以及《限期治理管理办法（试行）》等部门规章，对环境行政执法予以规范，兼顾环境执法的公平与效率。

（五）认真做好法规清理和环境立法后评估工作

法规清理的目的是在通盘研究的基础上，对不同时期制定的内容相近的法律法规以及规范性文件，进行适度整合修改，以消除法律规范之间存在的不协调现象，维护法制统一性。2010 年，环境保护部专门对包括原城乡建设环境保护部、国家环境保护局、国家环境保护总局制定的所有规章和规范性文件进行了梳理，对不适应环境管理要求的 32件部门规章和规范性文件予以废止，其中部门规章 2 件，规范性文件30 件；对 6 件部门规章中明显不适应经济社会发展要求或者与上位法规定不一致的部分条款进行了修改，发布了《关于公布现行有效的国家环保部门规章目录的公告》和《关于公布继续有效的国家环保部门规范性文件目录的公告》。

结合经济社会发展和环境管理工作的实际需求，积极开展对《环境保护法》、《水污染防治法》、《环境影响评价法》以及《建设项目环境保护管理条例》等法律法规的立法后评估工作，对环境法律制度的科学性、立法技术的规范性、法律规定的可操作性、法规之间的协调性、法律执行的有效性等做出客观评价，为进一步修订完善这些法律法规，改进环境法律法规的执行效果，提供理论基础和实践依据。

（六）创新立法模式，保障公众环境权益

在立法论证项目的选择上，注重保护公众环境权益，以解决重金属、细颗粒物（$PM_{2.5}$）、化学品、土壤污染等损害群众健康的突出环境问题为重点，以保护人民群众生产生活环境为目标，注重保障公众的环境知情权、参与权和监督权。

在立法起草论证过程中，注重保障公众的立法参与权，积极推进科学立法、民主立法，不断扩大公民对环境立法的有序参与，通过公布法律法规草案和举行立法座谈会、论证会、听证会等多种形式，认真听取各方面意见尤其是基层群众的意见,广泛征求国务院各部门、地方各级政府和管理相对人的意见,切实做到集思广益、凝聚共识,增强环保法律法规贯彻实施的群众基础。

二、环境行政复议与应诉工作机制不断健全

近年来,在我国经济社会转型时期各种不稳定、不确定因素增多,社会呈现开放化、多元化和信息化,行政争议更加复杂的大形势下,环境行政复议与应诉案件呈现急剧增长态势。党的十六大以来,环境保护部共办理环境行政复议与应诉案件500余件。2004年以前年均1—3件,2005年以后开始快速增加,2010年首次逾百件大关,其中复议案件97件,应诉案件立案调解7件;2011年,复议案件189件,应诉案件一审15件、二审13件。面对复议案件不断增长的压力,环境保护部以机制创新为重点,以维护公众环境权益为目标,有效防止和纠正环境违法或不当行政行为,为维护群众合法权益、化解社会矛盾发挥了重要作用。

(一)领导高度重视,切实加强能力建设

环境保护部历来高度重视行政复议与应诉工作。对一些复杂疑难的群体性复议案件,部领导亲自组织办案,推动案件妥善解决。将环境行政复议工作在部机关"三定"实施方案工作分工中单独列出,明确了各相关部门的主要复议职责。同时,加强环境复议队伍能力建设,配备办案设备,设立专门办公场所作为行政复议接待室,行政复议与应诉能力建设得到切实加强。

(二)创新行政复议机制,促进社会和谐稳定

在办案定位上,从内部监督向权利救济转变,突出对公民环境权益的保护和稳定社会秩序的构建;在办案方法上,从注重个案处理向制度化建设转变,注重以制度创新加大行政复议规范力度;在办案导向上,从单一追求法律效果向政治效果、法律效果和社会效果相统一转变,重视运用调解协调手段化解社会矛盾。

（三）创造性地开展工作，提升办案质量和效果

一是对可能危害群众健康的，注重解决实际问题。如福建省佳龙石化纺纤公司复议案，本不属于复议范围，但对群众担心的化工企业污染问题，依法进行了查处。

二是对法律问题复杂的，注重专家合议、多方"会诊"。如针对案件办理过程中出现的利害关系如何界定、环境公益诉讼是否可行等有争议的法律问题，邀请最高人民法院、国务院法制办、北京市第一中级人民法院及地方环保部门的专家进行专题研讨，用各领域权威意见指导办案。

三是对社会关注度高的，注重社会效果。如紫金矿业行政复议案，本应作出驳回复议申请的决定，但为防止媒体断章取义做负面炒作，对公众关注的问题，也以告知书的形式作出解释并在环境保护部网站和环境报做全文刊登，以正视听。

四是对涉及群体性事件的，注重第一时间快速反应。如河北秦皇岛西部生活垃圾焚烧厂环评批复案，约有 4 万人联名反对该项目建设。在案件办理过程中，除运用常规复议意见书外，在发现群访苗头的第一时间以信访转送单的方式通报地方政府早做工作，避免群体性事件的发生。

三、环境污染损害鉴定评估工作稳步推进

环境污染损害鉴定评估是综合运用经济、法律、技术等手段，对环境污染导致的损害范围、程度等进行合理鉴定、测算，出具鉴定意见和评估报告，为环境管理、环境司法等提供服务的活动。

自 2006 年开始，环境保护部组织环境规划院、最高人民法院应用法学研究所、中国政法大学等单位就环境污染损害评估和建立环境污染赔偿救济机制等主题开展专项研究，对欧美和日本等国在环境风险预防、环境损害评估、环境损害赔偿、环境污染修复、生态环境恢复等方面的理论体系、技术方法、法律法规、管理制度、工作机制进行了系统梳

理。

在开展前期研究工作的基础上,环境保护部以建立队伍机制技术三大体系为核心,以初步形成工作能力为目标,扎实推进环境污染损害鉴定评估工作,取得了开创性进展。

(一)印发指导意见,建立领导机构

2011年5月,环境保护部印发了《关于开展环境污染损害鉴定评估工作的若干意见》和《环境污染损害数额计算推荐方法》,为全面开展环境污染损害鉴定评估工作提供了纲领性文件和参考性技术指南。2011年10月,成立环境污染损害鉴定评估工作领导小组及办公室,以进一步指导地方试点工作,推进环境污染损害鉴定评估工作顺利开展。

(二)成立两个中心,大力推动试点工作

2010年,在环境规划院成立环境风险与损害鉴定评估研究中心,主要负责为环境保护部开展环境风险评估与管理、污染损害鉴定评估、污染损害赔偿与污染场地修复等工作提供技术、制度与政策支持。在中国环境监测总站成立环境污染损害鉴定中心,主要负责与环境损害鉴定、经济损失评估有关的技术支持,开展有关鉴定工作。

为推进试点工作的顺利开展,2011年8月,环境保护部印发《环境污染损害鉴定评估试点工作方案》,正式启动试点工作。按照自愿参与的原则,选取河北省、江苏省、山东省、河南省、湖南省、重庆市、昆明市环境保护厅(局)作为环境保护部开展环境污染损害鉴定评估工作的试点单位。各试点单位高度重视,相继成立环境污染损害鉴定评估工作领导小组,正在逐步组建专业鉴定评估机构。各试点单位建立工作机制,并切实有效开展相关工作,取得积极成效。

(三)积极进行实践探索,选取典型案例进行评估测算

以严重影响可持续发展、损害群众健康的突发水环境事件和重金属环境事件为突破口,开展湖南临武县、宜章县锑浓度异常事件,杭州新安江苯酚泄露事件的环境风险与污染损害评估测算,形成了2个案例的环境风险与损害鉴定评估报告。开展山东垦利县医药生产废水倾

倒事件的环境损害评估工作和河北省廊坊市固安县部分群众金属超标事件的环境损害鉴定预评估工作,昆明市开展了云灿石油化工涉嫌投放危险物质案的污染损害鉴定评估工作。

（四）深入调查研究,开展技术规范前期研究论证

探索环境损害鉴定评估与应急处置同步机制,组织编制《突发环境事件环境污染损害鉴定评估工作规程》,初步提出了包括技术规范体系、工作运行体系和法规建设体系在内的环境损害鉴定评估基础支撑框架体系。就国内外环境损害鉴定评估现场勘查和监测工作的程序、规范和文献资料进行初步调研。开展环境污染损害鉴定评估技术规范化研究工作,进行基础数据库平台开发以及案例资料分析,取得积极进展。

四、依法行政水平得到切实提高

以加强法治政府建设为基石,以审批制度改革为抓手,不断提高依法行政水平。

（一）全面推进依法行政,切实加强环保部门法治政府建设

2004 年 3 月国务院印发《全面推进依法行政实施纲要》(以下简称《纲要》)以来,环境保护部加强领导,全面组织部署环保系统依法行政工作。一是成立全面推进依法行政工作领导小组,负责组织协调全面推进依法行政的有关工作。领导小组下设办公室,负责推进依法行政的日常工作。二是先后印发《关于贯彻落实〈全面推进依法行政实施纲要〉的通知》、《关于贯彻全国依法行政工作电视电话会议精神做好推进依法行政建设法治政府工作的通知》以及《关于在环保系统贯彻实施〈全面推进依法行政实施纲要〉的五年规划》,确保依法行政工作的顺利开展。2011 年,又印发《环境保护部关于贯彻落实国务院加强法治政府建设意见的实施意见》,对当前和今后一个时期加强法治政府建设的各项工作作出部署。经过上下共同努力,环保系统干部职工依法行政的观念和能力得到明显提高,依法行政工作取得重要进展,正

朝着建设法治政府的目标稳步推进。

（二）清理调整环境行政审批项目，深入开展行政审批制度改革工作

环保部门2001年原有环境行政许可项目55项，经国务院五批取消和调整后，取消18项，转移管理职能5项，共保留32项（包括下放管理层级2项）。加上2008年以后新设立的5项，目前环保部门行政许可项目共计37项。其中，由环境保护部直接实施的行政许可项目27项，已在部官方网站上向社会公布。根据监察部2011年有关取消或调整行政审批项目的最新工作部署，环境保护部于2011年12月以《关于有关行政审批事项处理意见的复函》向监察部提出了取消2项、下放5项、合并2项的建议。

第三节　环境经济政策彰显威力

环境经济政策是指按照市场经济规律的要求，运用价格、税收、财政、信贷、收费、保险和贸易等经济手段，调节或影响市场主体的行为，以实现经济建设与环境保护协调发展的政策手段。它以内化环境行为的外部性为原则，对各类市场主体进行基于环境资源利益的调整，从而建立保护和可持续利用资源环境的激励和约束机制。

研究制定环境经济政策是环保部门参与国家宏观经济决策的重要突破口。过去十年，社会主义市场经济建设在稳步推进，环境经济政策的适用环境逐渐具备，制定和实施环境经济政策越来越受到重视，在"十一五"时期这种趋势尤其明显。2006年4月，温家宝总理在第六次全国环境保护大会上明确提出实现环境保护"三个转变"，要求"从主要用行政办法保护环境转变为综合运用法律、经济、技术和必要的行政办法解决环境问题"。李克强副总理在2011年12月第七次全国环保大会上的讲话中指出"市场机制在环境保护中的作用更加显现"。国务院2011年以来先后发布的《关于加强环境保护重点工作的意见》、

《国家环境保护"十二五"规划》、《节能减排综合性工作方案》和关于深化经济体制改革意见等多部重要文件,都对加快制定和实施环境经济政策,建立有利于环境保护的激励和约束机制,提出了明确的工作要求。

环保部门主动协调和配合经济综合部门,全面启动环境经济政策的制定和实施。环境经济政策制定和出台的数量逐年持续增加,环境经济政策的试点工作正由点到面逐步推开,国家环境经济政策体系框架已初步搭建,环境经济政策在整体环境管理政策中的地位不断提升,在节能减排和生态环境保护工作中发挥着越来越重要的作用。

一、强力出台环境经济政策

据不完全统计,"十一五"期间,国家层面共计出台有关环境保护的政策文件 180 余件。同时,地方层面共计出台政策文件 450 多件。

在绿色信贷方面,环境保护部联合中国人民银行、中国银行业监督管理委员会发布《关于落实环保政策法规防范信贷风险的意见》、《关于全面落实绿色信贷政策进一步完善信息共享工作的通知》等文件,并与中国银行业监督管理委员会签订环境信息交流与共享协议。

在环境污染责任保险方面,联合中国保险监督管理委员会发布《关于环境污染责任保险工作的指导意见》。

在绿色电价方面,配合国家发展和改革委员会等部门出台《燃煤发电机组脱硫电价及脱硫设施运行管理办法》、《节能环保发电调度办法(试行)》等。

在生态补偿方面,环境保护部印发《关于开展生态补偿试点工作的指导意见》,并确定首批 6 个省为生态补偿试点地区;联合财政部、国土资源部下发《关于逐步建立矿山环境治理和生态恢复责任机制的指导意见》。

在绿色贸易方面,积极组织工业行业协会等单位,先后制定 5 批"双高"产品名录,其中近 300 种"双高"产品被财政部、税务总局取消出口退税,被商务部禁止加工贸易。

在推动有利于环保的税收优惠政策的落实方面,环境保护部积极支持和配合财政部、税务总局制定《环境保护、节能节水项目企业所得税优惠目录(试行)》、《环境保护专用设备企业所得税优惠目录》,以及多项有关资源综合利用项目企业所得税、增值税优惠政策文件。

值得特别指出的是,2008年修订的《水污染防治法》,首次以法律的形式对水环境生态保护补偿机制做出明确规定,标志着环境经济政策立法取得重要突破。2011年9月,国务院发布的《太湖流域管理条例》规定"鼓励太湖流域排放水污染物的企业投保环境污染责任保险",首次以国务院行政法规的形式,确立了环境污染责任保险制度。

二、积极开展环境经济政策试点

在环境保护部和有关部门的指导和推动下,环境经济政策试点力度之大前所未有,"自上而下"和"自下而上"相结合的"双向"试点探索模式在快速推进,积累了不少环境经济政策应用的鲜活经验。

全国已有20多个省、市出台绿色信贷政策实施性文件。河北省、山西省创新绿色信贷评审机制,启动对银行机构绿色信贷实施效果的评估工作,并将评估效果作为银行评优等方面的重要依据。四川省研究提出钒钛钢铁行业绿色信贷指南。江苏、广东等地开展企业环境行为信用评价。

上海、重庆、辽宁、云南、广东、湖南、湖北、江苏、浙江、四川、河北、河南、内蒙古、山西等14个省(区、市)已经在全省(区、市)或者部分地区积极开展环境污染责任保险试点,并结合当地实际制定了实施意见。据不完全统计,截至2011年底,全国已有1800余家企业投保环境污染责任保险,保费总额达到1.02亿元,保险限额174.30亿元。广西、湖南、河北、江苏等地区已开始实施高环境风险强制环境污染责任保险试点,探索构建高环境风险行业企业环境管理长效机制。

江苏、浙江、天津、湖北、湖南、山西、内蒙古、河南、重庆、陕西等18

个省(区、市)开展了排污权交易政策试点,一些地区已尝试将排污指标有偿使用纳入环境管理工作。河北、河南、江苏、山东、辽宁、陕西、四川等地推进重点流域、重要生态功能区和矿产开发生态补偿试点,取得积极进展。广东、江苏、湖北、湖南等地开展排污费改革,提高化学需氧量和二氧化硫排污费收费标准。各地根据国家要求,相继制定并实施地方城市污水处理收费政策,明确了收费标准和计征方式。

三、凸显环境经济政策作用

环境经济政策的制定和实施对环境保护工作产生了深远影响。

中央财政政府预算支出科目新增加"211 环境保护"科目,首次就环境保护的财政资金来源渠道予以明确规定,标志着环境保护开始在财政预算科目上正式有了"户头"。

绿色信贷在控制"两高一资"新建项目方面发挥重要作用。环保部门将 4 万余条企业环境违法信息、超过 7000 条环境审批信息等信息纳入人民银行征信系统,银行机构对环境违法企业的贷款实行限制、暂缓,甚至收回已发放的贷款,有力地从资金源头遏制了高污染企业的无序发展。

环境污染责任保险试点取得积极成效,利用市场手段防范环境风险、维护污染受害群众利益的新机制正在形成。湖南省投保企业中已有 54 家企业发生环境污染事故后获得保险公司的服务和理赔,已赔付金额达 481.2 万元。由于及时对污染受害者进行补偿,这些事故都没有引发群体性事件。

有利于环境保护的税收政策,如环保专用设备、环保项目、资源综合利用等方面的税收优惠政策,对企业加大环境保护投资起到了明显的推进和引导作用。近 300 种"双高"产品已经被取消出口退税,并被禁止加工贸易,优化了贸易结构,有力抑制了"污染留在国内,产品出口国外"的不合理现象。

燃煤发电机组脱硫电价政策,即如果火电厂发电机组安装了脱硫设施的,每度电加收 1.5 分电价,专门用于补贴脱硫设施的运行成本,对于脱硫设施的建设和运行发挥了"四两拨千斤"的重要作用,有力促进了电力行业节能减排。"十一五"期间,全国累计建成 5.78 亿千瓦燃煤脱硫机组,脱硫机组比例从 12% 提高到 82.6%。

回顾过去十年我国环境经济政策实践,有以下四点基本经验值得总结:

一是环境经济政策实践探索应与社会经济发展阶段和市场化进程紧密结合。社会主义市场经济制度的不断建立健全为环境经济政策的制定和实施提供了良好的外部环境,这是我国近年来环境经济政策实践取得较大进展的根本原因。同时,不同经济发展水平的地区间环境经济政策实践进展有较大差别。经济相对发达的东部地区,环境经济政策探索先行意识较强,出台的环境经济政策数量较多。这表明,相对而言,经济发展水平高的地区对创新应用环境经济政策的需求更大。这在一定程度上也说明,出台环境经济政策既"快不得",也"慢不得",关键是要紧密结合我国社会主义市场经济制度建设进展以及经济发展阶段和水平,抓住有利时机,适时促进有关政策出台。

二是环保部门与有关经济部门之间的协调配合是推行环境经济政策的重要基础。环保、发改、财政、税收、贸易等有关部门结合部门职责,合理定位,加强配合协作,对有效推进环境经济政策的制定、出台、实施都至关重要。由于环保部门最了解环境形势以及环境治理的政策需求,在环境经济政策的制定和出台过程中,环保部门发挥支持、配合甚至引导功能,使得制定的有关政策较好地体现了促进环境保护这一根本目标。

三是"自上而下"和"自下而上"相结合的"双向"模式是深入推进环境经济政策试点探索的有效方式。在环境经济政策试点过程中,不仅需要国家有关部门的重视,更要加强国家层面和地方层面的互动。国家要发挥好指导和规范作用,积极出台政策法规和技术指南等,为地方试点与实践提供保障和指引。地方试点工作也需要加强与国家有关部门的对接,紧密结合国家需求,在一些关键问题上率先探索和突破,这对促进环境经济政策试点探索由点到面发展,以及国家出台有关政策法规具有至关重要作用。

四是打好环境经济政策的"组合拳"是有效发挥环境经济政策功能的关键。不同的环境经济政策调控的社会经济链条节点不同,发挥的作用也有很大不同。充分发挥好不同政策手段的各自作用,促进政策间的协同,是推行环境经济政策过程中需要特别注意的问题。我国已经基本搭建好环境经济政策体系框架,要进一步从生产、流通、分配、消费的再生产全过程制定和实施环境经济政策,促进环境保护与经济发展逐步走向高度融合。对于绿色税收、绿色贸易、环境污染责任保险、绿色资本市场、生态补偿、排污权交易、环境收费等政策手段在实施过程中要统筹考虑,理顺政策手段之间的关系,发挥组合效应,避免政策间出现冲突,是环境经济政策体系建设得以顺利推进的关键。

"十二五"时期,环境政策法制工作将认真贯彻落实第七次全国环境保护大会精神,坚持改革创新和前瞻性谋划,强化综合宏观职能,以修改环境保护法为龙头,全面构建环境法律法规框架,推进环境保护法律法规、政策制度建设。本着"健全法规、完善政策,统筹规划、系统协调,联系实际、注重创新,突出重点、整体推进"的原则,加快修订现有环境法律法规和制定新法,积极推进环境经济政策的研究、制定和实施工作,到2015年形成比较完善的、促进生态文明建设的环境保护法规和环境经济政策框架体系。

第四章　环境影响评价

党的十六大特别是十七大以来,环境影响评价日益成为科学发展的"调节器"、不欠新账的"控制闸"和维护群众环境权益的"杀手锏"。环评管理坚持围绕国家发展大局,准确把握经济社会发展和环境保护的新要求,科学确定环评工作的方向和目标;坚持开拓创新,准确把握环境保护优化经济发展的突破口,大胆谋划"保红线,严标准,优布局,调结构,控规模"的思路和举措;坚持科学把关,准确把握亟待解决的突出环境问题,合理确定不同阶段环评工作的重点、力度和要求;坚持保障民生,准确把握事关公众环境权益、损害群众健康的环境隐患,积极推动政务公开和公众参与;坚持强化基础,准确把握环评制度发展的规律和特点,扎实推进队伍建设。在参与综合决策、加强宏观调控、促进污染减排、防治生态破坏和维护群众环境权益等方面下功夫、做文章,环评工作取得了显著成效。

第一节　环境影响评价制度体系逐步完备

一、环评立法获得重大突破

(一)《环境影响评价法》颁布实施

2002 年 10 月,第九届全国人大常委会第三十次会议审议通过了《中华人民共和国环境影响评价法》(以下简称《环评法》),自 2003 年 9 月 1 日起正式实施。这是环境立法领域的重大突破,《环评法》不仅进一步规范了项目环评,并且确立了规划环评制度,把可能对环境造成更加巨大和持久影响的规划纳入了环境影响评价的范畴,标志着我国规划环评的发端。2008 年,全国人大常委会组织开展了《环评法》执法检查,检查报告指出,"自 2003 年环评法实施以来,国务院及其有关部门深入学习、宣传和贯彻实施环评法,促进了产业结构的优化,推动了资源节约型、环境友好型社会的建设",充分肯定了《环评法》实施取得的成效。

（二）战略和规划环评得到拓展和加强

2005 年 12 月,国务院颁布《关于落实科学发展观加强环境保护的决定》（国发〔2005〕39 号）,提出"必须依照国家规定对各类开发建设规划进行环境影响评价。对环境有重大影响的决策,应当进行环境影响论证",从而将战略环评引入环境影响评价工作中。2009 年 8 月,国务院颁布《规划环境影响评价条例》,标志着环境保护参与综合决策进入了新的阶段。《规划环境影响条例》针对《环评法》规定的规划环评审查主体不够明确、审查程序不够具体等不足,着力进行细化和规范,取得了一系列重要突破。

（三）地方立法稳步推进

很多地方结合实际,出台了与环评法相配套的地方性法规和规章。山东、陕西、内蒙古、上海等地人大常委会或政府颁布了本地区的《实施〈中华人民共和国环境影响评价法〉办法》,细化了环评法的有关管理要求。深圳市人大常委会修订《深圳经济特区环境保护条例》,创设了地方性政策环境影响评价制度。重庆市人大常委会修订《重庆市环境保护条例》,规定了环境保护设施设计图说的备案制度,并对有关违法行为规定了按日计罚的制度。河南、安徽、大连等地人大常委会制订或修订本地区的《环境保护条例》,规定了试生产许可等制度,强化了"三同时"管理。辽宁、湖北等 10 多个省（区、市）人大或政府分别制定了规划环评的实施办法。天津、浙江、江西、贵州等地政府制定了相关管理规定,完善了配套制度。

二、环境影响评价体系建设显著增强

（一）建成较为完备的规章制度体系

2002 年至 2008 年,原国家环保总局相继发布《环境影响评价审查专家库管理办法》(总局令第 16 号)、《专项规划环境影响报告书审查办法》(总局令第 18 号)、《建设项目环境影响评价资质管理办法》(总局令第 26 号)、《国家环境保护总局建设项目环境影响评价审批程序规定》(总局令第 29 号)、《建设项目环境影响评价行为准则与廉政规定》(总局令第 30 号)等部门规章,并报请国务院批准印发了《编制环境影响报告书的规划的具体范围(试行)》和《编制环境影响篇章或说明的规划的具体范围(试行)》(环发〔2004〕98 号)。2008 年环境保护部成立以来,又修订通过《建设项目环境影响评价分类管理名录》(部令第 2 号),《建设项目环境影响评价分级审批规定》(部令第 5 号),制定了《环境保护部直接审批环境影响评价文件的建设项目目录(2009 年本)》及《环境保护部委托省级环境保护部门审批环境影响评价文件的建设项目目录(2009 年本)》。这一系列规章制度的制定实施,大大提升了环评管理的针对性和有效性。

（二）建成较为有力的队伍支撑体系

加强环评管理队伍建设。通过开展业务培训,提高业务素质,加强环评管理人员对宏观经济、法规标准和环评技术导则等知识的学习和掌握。按照"工作高效率、服务高质量、对自己高标准"的"三高要求",打造出一支"思想好、作风正、业务精、会管理"的环评管理队伍。为全社会树立了一个严格管理热情服务的新形象。

加强评估机构建设。全国环境影响评价技术评估机构"国家、省、地市"三级网络基本形成。截至 2011 年年底,全国已成立国家级评估中心 1 家,省级评估机构 28 家,地市级评估机构 115 家。成立 1 家全军环境影响评估中心,11 家军口评估中心。国家和省、地市三级评估机构从业人员已达 2000 余人。

着力加强环评机构和从业人员队伍建设。2004 年,人事部会同原国家环保总局发布了《环境影响评价工程师职业资格制度暂行规定》，建立了环评工程师职业资格制度。从 2005 年开始，全国每年举行一次环评工程师职业资格考试。不断完善环评工程师职业资格制度，保持队伍活力，打造一支关键时刻能"拉得出、顶得上、打得赢"的环评技术队伍。"十一五"期间，环境保护部发布《环境影响评价从业人员职业道德规范（试行）》，面向全国环评技术人员开展环评基础知识、环评工程师继续教育等多种类、多层次培训，共培训人员 5.1 万人次。"十一五"末，全国环评机构和技术人员分别较"十五"末增长 9.3% 和 67.4%。截至 2011 年 5 月底，全国共有环评机构 1164 家（其中甲级资质机构 191 家，乙级资质机构 973 家），环评技术人员 34000 余人（其中环评工程师 11000 多人，持上岗证人员 23000 余人），总体上基本可以满足工作需要。

　　严格环评机构管理。加大对环评机构的监督检查力度。通过日常检查、抽查、定期考核等多种方式，加强对环评机构工作质量和工作能力的监督管理，强化责任追究，初步建立国家和地方环保部门上下联动的管理机制。对工作质量差或存在违规问题的环评机构予以全国通报批评或责令整改，有效提升了从业人员的责任意识。"十一五"期间，对 100 余家工作质量差、管理混乱的环评机构及 40 余名相关环评人员进行严肃查处。2011 年以来，对环评编制弄虚作假的江苏绿岛环保科技有限公司予以吊销资质，对工作质量差的 17 家单位予以限期整改，11 家单位予以通报批评。自 2011 年开始，又对全国所有环评机构开展以"资质、人员、质量"为重点的三年专项执法检查，目前正在按计划推进。福建、湖南等地和新疆生产建设兵团在网站上公布对环评机构的日常考核结果，安徽、黑龙江等地抓好对环评文件编制质量的监督，进一步加强了行业管理。重庆市开展环评管理质量年活动，组织业务技能大比武，形成了"学业务、比质量、争先进"的良好氛围。

　　有序推进事业单位环评机构体制改革试点。2008 年全国人大《环境影响评价法》执法检查报告中提出，要"结合国家事业单位改革，逐步推进环评机构与审批部门脱钩"。环境保护部就事业单位环评体制改革工作组织开展了广泛调研,确定了先行开展试点、逐步有序推进的总体思路。2010年1月,环境保护部党组会议审议并原则通过了改革试点的有关安排。2010年10月,确定第一批18家试点单位,其中包括环境保护部四家直属单位。2011年,启动了由79家单位参加的第二批试点,其中包括11家省级环科院所,绝大多数省(区、市)参加了试点,总体上达到了"全覆盖"的要求。截至2012年5月底,第一批和第二批试点单位中分别有7家单位已完成改革,取得了良好的社会反响。

（三）建成较为科学的技术规范体系

2002年以来,相继发布17项环境影响评价技术导则和15项环保验收技术规范,有力提升了环评的科学化水平。先后组织编辑出版了五辑《战略环境影响评价案例讲评》,为提升规划环评管理人员能力和水平提供了教材和参考。开展环评基础数据库建设,完成国家审批的4000多个项目的建库工作,建成基础地理信息平台,已收集入库全国范围内国家级自然保护区、风景名胜区、生态功能保护区、水土流失重点防治区、地质公园、世界遗产地等19类共69000余项环评可能涉及的环境敏感区的地理信息,为下一步的数据共享打好了基础。建设四级环保部门联网的建设项目管理系统,在北京、江西、河北等6家省级环保部门进行试点的基础上,已完成了32个省级节点的系统部署。

（四）建成较为完善的公众参与和政务公开体系

不断深化公众参与。2006年,原国家环保总局在国家部委中率先发布了规范公众参与公共事务的规范性文件——《环境影响评价公众参与暂行办法》(以下简称《暂行办法》),对环评信息公开、征求公众意见、公众参与组织形式等作出了具体规定,为公众有序参与环评提供了制度保障,在公众参与及民主决策等方面走在了前列。几年来,环境保护部督促指导全国环保部门认真落实《暂行办法》,深入推进环评公众参与,保障公众的合理意见得到尊重和落实。如在办理部分群众关于新建铁路成都至重庆客运专线环评公众参与的信访过程中,协调四川省环保厅认真监督项目建设单位通过座谈会、发放宣传单、接受公众问询等形式,依法开展公众参与工作,满足了群众的合理诉求。

严格按程序做好环评信息公开。环境保护部利用政府网站平台,对受理环评和验收的建设项目、拟批准环评资质的单位一律公示,对已批准环评和验收的建设项目、已批准环评资质的单位一律公告。对和公众环境权益直接相关的项目环评,受理后不仅公示项目名称、建设地点、建设单位和受理日期,还公示建设单位联系人和联系方式,方便社会公众监督。对已通过环评和验收审批的项目,每个月在《中国环境报》和《环境保护部公报》上向全社会集中公告一次。环境保护部还建立了全国环境影响评价资质管理系统,向社会公布并及时更新全国所有环评机构的基本信息和奖惩情况。天津、江苏、深圳等地积极推进环评政务公开,建设单位可在网上实时查询项目受理和办理情况,方便了社会监督。

（五）建成较为严格的审批管理监控体系

建立健全权力运行监控机制,细化权力运行流程,认真梳理廉政风险点,有针对性地提出了防控措施。严格执行集体研究决策的会议制度,所有项目环评、项目验收和环评资质申请事项一律由会议讨论、集体研究决定,做到相互把关,加强监督。将公众参与情况作为项目审查的基本依据之一,每个项目都要说明公众参与情况。每月第一个周一定为"司长接待日",由司领导班子轮流在受理大厅接待相关业务。逐步建立健全对地方环评审批进行监督指导的机制,推动相关地方环保部门解决重审批、轻监管、轻验收的问题。江西省环保厅在送达所有建设项目环评批复时,都请建设单位填写送达回证,并发放廉政监督卡,建设单位如有意见可直接反馈给省监察厅驻环保厅监察室。内蒙古自治区环保厅在环评审批完成后书面征求建设单位意见,对环评管理人员的依法行政效能和廉洁行政行为进行后督察。大庆市环保局建立了"三段式、一条龙"的管理模式,项目环评、试生产和验收均成立由局长担任组长、分管副局长任副组长的审批小组,每个环节都做到集体决策,避免了因自由裁量权过大而可能引发的廉政风险。

第二节　参与综合决策实现突破

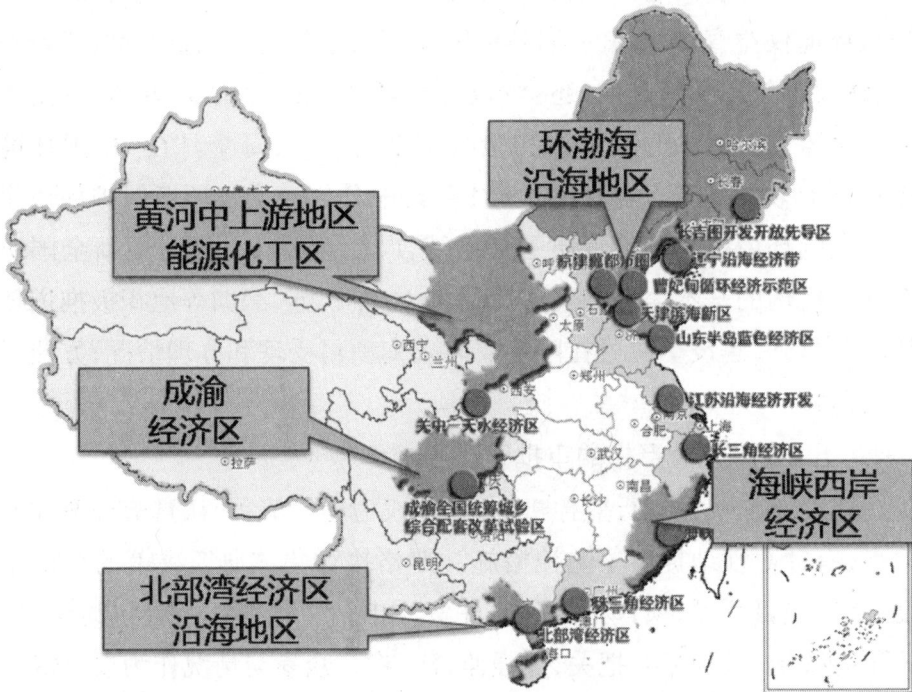

图4—1　五大区域战略环评范围示意图

一、努力探索战略环评

（一）组织五大区域战略环评

环渤海沿海地区、海峡西岸经济区、北部湾经济区沿海地区、成渝经济区和黄河中上游能源化工区等五大区域战略环境评价,是战略环评理念引入我国以来地域最大、行业最广、层级最高、效果最好的一次生动实践。五大区域在经济发展和环境保护上的地位重要。在经济发展上,五大区域在国家区域发展战略的推动下,正在发展成为国家宏观经济战略的重要指向区域和新的经济增长极；在环境保护上，"十一五"期间五大区域主要污染物 SO_2 和化学需氧量（COD）减排任务分别占全国的 75% 和 64%，同时拥有占全国 1/3 的生物多样性保护重要功能区，直接关系到我国中长期生态环境安全。处理好五大区域重点产业发展与生态环境保护的关系，对加快推进经济发展方式转变具有突出的示范作用，对我国中长期生态环境的战略性保护具有重大意义。

五大区域战略环境评价历时近三年，涵盖 15 个省（区、市）的 67 个地级市和 37 个县（区），关系石化、能源、冶金、装备制造等 10 多个重点行业，涉及国家、省、市等层面的发改、财政、国土、建设、环保等多个部门，汇集环境、生态、经济、地理等多学科近 100 家技术牵头、协作单位的集体智慧。五大区域战略环境评价在全面分析资源环境禀赋和承载能力的基础上，系统评估了重点产业发展可能带来的中长期环境影响和生态风险，提出了重点产业优化发展调控建议和环境保护战略对策，研究了在决策阶段和宏观布局层面预防布局性环境风险、确保区域生态环境安全的新思路和新机制。其最终报告是多学科集成的成果，堪称"环保教科书"，是战略环境评价的力作，已经成为制定国家重大区域战略的重要参考，成为编制"十二五"规划、制定地方环保政策的重要支撑，也成为相关地区火电、化工、石化、钢铁等行业环境准入的重要依据。五大区域战略环境评价拓展了环境保护参与综合决策的广度和深度，构建了从源头防范布局性环境风险的重要平台，探索了破解区域资源环境约束的有效途径，是环保部门参与综合决策，探索代价小、效益好、排放低、可持续的环境保护新道路的重大创新和突破。

（二）抓好战略环评成果应用

依据五大区域战略环评成果，分别就引导重化工业合理布局和防范化工石化环境风险等向国务院作出报告，温家宝总理两次作出重要批示；分别制定了五个区域重点产业与资源环境协调发展的指导意见，为重庆、广西、福建、天津等地谋划"十二五"发展思路提供了重要参考，为区域重大生产力布局和项目环境准入提供了科学支撑。福建省结合海峡西岸经济区战略环评的结论,开展环湄洲湾区域发展规划环评,取消了原计划布设的东吴石化基地。

在五大区域战略环评成功实践的基础上,为进一步贯彻"在发展中保护,在保护中发展"的战略思想,不断拓展和深化区域性战略环评,2012年环境保护部又启动了西部大开发战略环评工作,将为西部大开发战略的深入实施提供科学参考和决策依据。

二、全面推进规划环评

(一)组织好规划环评试点

从2005年8月起,原国家环保总局相继开展了内蒙古、大连、武汉等10个典型行政区,石化、铝业、铁路3个重点行业,宁东能源化工基地等10个重要专项规划等一系列规划环评试点。试点起到了"积累经验,典型引路"的作用,激发了地方开展规划环评工作的积极性和主动性。

鄂尔多斯市是我国西北地区新兴的资源型城市,能源重化工业的发展带动了经济的飞速发展,也导致了严重的资源浪费、环境污染和生态破坏,与毗邻地区形成了东西两个"黑三角"。面对发展困境,环境保护部推动鄂尔多斯市于2007年开展了主导产业与重点区域发展规划环境影响评价,使鄂尔多斯逐渐走出了一条重点产业与生态环境协调发展的路子。根据鄂尔多斯市最初的发展考虑,到"十一五"期末,全市电力装机总容量将达到1950万千瓦,"十二五"期间将达到2500万千瓦,是2006年的2.8倍。煤炭产业规划到2010年开采量将达到2.46亿吨,是2006年的1.4倍。煤化工产品生产能力将达到2300万吨,主要煤化工产品均大幅度增加。此种发展模式将使全市"十一五"末的化学需氧量(COD)排放量达到2.92万吨、SO_2新增排放量13.2万吨,远远超过污染减排的硬约束,而且将不可避免对城市环境和草原生态造成严重危害。

在环境保护部的大力支持和指导下,规划环评以优化主导产业和重点区域的发展目标、规模、结构和布局为手段,努力从源头参与综合决策。通过对国家产业政策、区域工业基础和资源优势、主导产业布局的累积生态影响等方面的分析,在全面评价资源环境承载力和生态适宜性的基础上,规划环评指出了以"加大淘汰落后产能、加大节能减排力度、积极推进水权置换"这三大任务为前提,并通过配套建设脱硫设施等措施,力争"十一五"期间完成 23.8 万吨 SO_2 削减量,为规划提供充足的资源环境保障的发展出路。提出必须要腾出环境容量、必须要上最先进的技术手段、必须要节水和水权转换、必须合理确定煤炭开采规模、必须确保发展目标环境能够承载、修正产业和区域发展思路等原则要求。根据规划环评提出的意见和建议,鄂尔多斯市积极调整产业结构,将"十一五"末煤炭、电力、煤化工的比例由原有的 71∶20∶9 调整为 35∶18∶47,将"十一五"煤制油规模由 500 万吨调整为 200 万吨,二甲醚规模由远期的 1540 万吨调整到 1000 万吨,电力装机由 2500 万千瓦调整为 2200 万千瓦,使主导产业从目前的以煤炭和电力发展为主向近期的多元化发展转变,并提出稳步发展煤炭产业,适度发展焦炭和电力行业,优化发展煤化工产业,加速发展低排放、低水耗的特色产业。同时,加大淘汰落后产能的力度,"关小上大",使主导产业集中、集约、集群发展,集中打造九大工业园区,对年生产能力 20 万吨以下的机焦企业全部关闭,淘汰时间比国家规定提前了两年,集中上 5 家生产能力在 60 万吨以上的机焦大企业,一举淘汰落后产能 250 万吨/年;取缔关闭兰炭企业 189 家 291 台炉,淘汰产能 1100 万吨/年;除在鄂托克旗棋盘井、准格尔旗沙圪堵、薛家湾友谊 3 个工业园区集中发展电石硅铁等高载能行业外,其他旗区不再保留和发展电石铁合金等高载能行业,可淘汰落后产能 50 万吨,削减 SO_2 4.9 万吨,万元国内生产总值能耗下降 5%,为鄂尔多斯经济发展腾出了环境容量。同时,规划环评进一步优化园区的定位、规模和布局,鼓励发展循环经济产业链,推动工业园区逐渐形成了煤—电—冶金—建材、煤—电—化等循环经济产业链。

按照规划环评要求,鄂尔多斯市在发展实践中不仅实现了经济的持续快速增长和产业结构升级,而且污染物减排取得突破性进展,荣获了中华宝钢环境优秀奖。鄂尔多斯开展规划环评的有益实践还被写入了第三批全国干部学习培训教材(全国干部培训科学发展主题案例教材)中,成为生态文明建设与可持续发展的成功典型。

内蒙古自治区继"十一五"规划纲要战略环评试点完成后,主动开展了盟市发展战略、重点行业等规划环评工作。根据"十一五"战略环评成效,目前正在深入推进内蒙古"十二五"战略环评的研究和编制。辽宁省开展了营口沿海产业基地规划环评,推动布局优化和产业结构调整,在投资额年均递增 84.2% 的发展形势下,实现了近岸二类海域水质不变,环境空气质量不降低。江苏省成立了省规划环评试点工作联席会议,协调各部门共同推进规划环评工作,相继开展了沿海发展规划、"十一五"高速公路网规划、农药发展规划、"十一五"铁路发展规划等一批重点规划环评工作。

(二)做好国家层面重大发展规划的环评工作

汶川特大地震发生后,环保部门立即组织灾后重建规划环评工作。短短1个月内,集中20余家单位的技术力量攻关完成了《灾后恢复重建总体规划》、《生产力布局和产业调整专项规划》等 7 项规划的环境影响评价工作,使生态环境承载能力成为确定灾区重建定位、布局、规模等的重要参考依据。环境保护部紧密结合国家粮食安全重大战略的要求,在国家和地方两个层面组织开展粮食安全重大规划环评工作,完成《全国新增 1000 亿斤粮食生产能力规划》的环境影响评价和环境保护专题报告,促进了粮食增产与环境保护相协调。

(三)推进重点领域规划环评

"十一五"以来,规划环评扭转了认识不足、开展不力的被动局面,领域不断扩展、数量逐年递增,环境保护部共计完成 158 项重点领域规划环评的审查工作,各地完成超过 2300 项规划环评审查。基本完成了全国沿海各港口规划环评审查,航道和内河港口规划环评工作正在全面开展。印发《关于金沙江下游河段水电梯级开发环境影响有关问题意见的函》,标志着金沙江水电基地分段实现了全流域的规划环评。七大流域综合规划环评进展顺利,各流域主要支流规划正按环保部门要求开展规划环境影响评价工作。大力推进城市总体规划环评试点开展,组织完成了呼和浩特等城市总体规划环评的专家论证,推动探索了环评与规划编制同步开展、全过程互动反馈的城市规划环评管理模式。河南省2006至2008年连续3年将工业园区规划环评列入政府考核目标,山东梳理"十二五"规划编制任务,推进了规划环评和规划编制同步开展。安徽把开发区作为推进规划环评的突破口,全省89个省级以上开发区(工业园区)均完成了规划环评工作。新疆在支出需求大、财政资金相对紧张的情况下,专门安排3500万元用于17个重点行业规划环评,强化了资金保障。规划环评的稳步推进,为规范重点行业发展、优化产业和城市布局提供了指导。

四川大渡河流域开发规划通过环评对水电开发布局进行重大调整,减少淹没耕地2.8万亩,减少淹没县城2座,减少搬迁人口8.5万人,有效保护了珍稀濒危动植物,维护了流域社会稳定和生态系统的健康。长江干线航道建设规划(2011—2015年)涉及云南、四川、重庆、湖北、湖南、江西、安徽、江苏、上海七省二市,全长2718千米,是我国长江流域综合运输体系的主骨架,规划重点建设项目21项。通过规划环评与规划编制的全过程互动,暂缓了水富至宜宾30千米江段航道整治工程的实施,有效保护了长江上游珍稀特有鱼类国家级自然保护区的生态功能。优化了宜昌—昌门溪段施工方案、南京—镇江段和畅洲前缘切滩方案,减缓了对江豚等动物的影响。提出了严格的施工和运行的生态环境保护要求,实现航运发展与水生生物保护的双赢。

(四)加快完善管理机制

环境保护部将规划环评结论作为规划所包含建设项目环评的重要依据,逐步建立起规划环评和项目环评的联动机制,在《关于进一步加

强环境影响评价管理防范环境风险的通知》和《关于进一步加强水电
建设环境保护工作的通知》等文件中进一步明确了规划环评对相关项
目环评的前置指导作用。把规划环评作为相关行业项目受理的前提条
件,对未进行环境影响评价的规划所包含的具体项目,不予受理其环评
文件。环保部门以冀东水泥黑龙江有限公司7200吨/天熟料新型干法
水泥生产线项目、扬子石化三轮乙烯改造项目等项目环评受理审查为
契机,推动哈尔滨市开展了水泥工业"十二五"发展规划环评和南京化
工园区开展"十二五"发展规划环评。在镇海炼化项目环评审查中发
现,该项目建设与宁波化工区总体规划环评在项目布局、产品结构、热
电站建设等方面存在需要进一步衔接的地方,为此督促建设单位根据
规划环评意见优化了项目建设方案。

　　不断加强规划环评管理。在"十一五"规划环评发展经验规律总
结的基础上,抓住"十二五"开局的关键时间点,环境保护部印发了《关
于做好"十二五"时期规划环境影响评价工作的通知》,要求各级环境
保护部门从宏观战略层面更加重视规划环评工作,进一步明确了"十
二五"时期规划环评工作的总体要求、基本原则、主要任务、长效机制
建设和近期工作安排。环境保护部印发了《关于加强产业园区规划环
境影响评价有关工作的通知》,明确了产业园区规划环评的审查程序、
技术要点、规划与项目联动、跟踪评价、园区环境保护综合管理等方面
的要求,为"十二五"期间推进产业园区与区域经济的协调可持续发展
奠定了坚实的基础。

　　强化部门沟通协调。环境保护部联合国家发改委印发了《关于进
一步加强规划环境影响评价工作的通知》,对贯彻落实《规划环境影响
评价条例》,发挥规划环评在规划编制和审批决策中的作用,促进经济
社会全面协调可持续发展具有重要意义。环境保护部联合国家发改委
印发了《河流水电规划报告及规划环境影响报告书审查暂行办法》,对
推进贯彻"生态优先、统筹考虑、适度开发、确保底线"原则,从源头预
防水电开发可能造成的生态环境影响具有深远意义。环境保护部与交

通运输部联合印发《关于进一步加强公路水路交通运输规划环境影响评价工作的通知》,细化了公路水路交通运输规划环评的有关要求和审查程序。广西、福建等地通过汇总规划目录,明确开列开展环评的规划范围和环评类别,细化了规划环评审查和管理相关规定。厦门将规划环评作为土地开发准入条件,规定未开展规划环评的土地不得招拍挂。新疆、重庆等地环保部门积极与财政部门协调,将规划环评经费纳入财政预算,确保重点专项规划环评工作顺利开展。

第三节　服务宏观调控取得明显成效

一、把好项目准入关口

（一）明确准入要求

在 2008 年全国环评工作会议上,环境保护部把历年实施的环评准入要求明确为"四个不批、三个严格":对于国家明令淘汰、禁止建设、不符合国家产业政策的项目一律不批;对于环境污染严重,高能耗、高物耗、高水耗、污染物不能达标排放的项目一律不批;对于环境质量不能满足环境功能区要求、没有总量指标的项目一律不批;对于位于自然保护区核心区、缓冲区内的项目一律不批。严格限制审批涉及饮用水水源保护区、自然保护区、风景名胜区、重要生态功能区等环境敏感区的项目;严格限制审批能耗物耗高、污染物排放量大的项目,坚决杜绝已被淘汰的项目以所谓技术改造、拉动内需等名义重新上马;严格按照总量控制的要求,把污染物排放总量指标作为区域、行业、企业发展的约束条件。2009 年以来,环境保护部落实国务院关于抑制部分行业产能过剩和重复建设的要求,加强对钢铁、水泥、平板玻璃、多晶硅、煤化工等产能过剩、重复建设行业的环境管理工作,对相关行业扩大产能的项目不予受理和审批。

（二）严格准入管理

从严控制不符合准入要求的项目,为"两高一资"等项目设置一道不可逾越的防火墙。"十一五"期间,环境保护部对不符合要求的822个重大项目环评文件作出不予受理、暂缓审批或不予审批等决定,涉及投资3.18万亿元。江苏省继"十一五"否决4000多个项目之后,2011年又否决了总投资200亿元的550个不符合环保要求的项目。山西省环保厅联合发改部门制定加强项目环境管理的专门规定,提高了煤炭、火电、钢铁、焦化等重点行业的环境准入门槛。四川、山东等地将重金属污染防治规划作为受理项目环评的前提,促使各地市加快编制和实施规划,加强了涉重金属行业的环境管理。广东推动电镀、化学制浆等重污染行业的统一规划、统一定点,从布局源头上把好了准入关口。这些举措不仅遏制了产能过剩、易出现重复建设相关行业的盲目无序发展,而且对从整体上防范和化解经济运行中不健康因素,保障经济平稳运行发挥了重要作用。

(三)加强行业环评管理

努力推进能源行业规模化开发,强化资源综合利用和生态环境恢复治理,保障生态服务功能不退化。研究制定原材料行业环评审批原则,合理调控生产规模,加强国家和地方联合监管,清理整顿环评违法行为,提高资源能源利用效率,加强环境风险防范,保障污染排放总量不突破。推动污染严重的轻工行业产业升级改造,建立健全新建项目与污染物减排、落后产能淘汰相衔接的审批机制,保障资源环境不超载。优化交通运输行业选址选线,避让敏感保护区,最大限度地保护生态、节约土地,避免对重要生态功能区和生物多样性保护优先区产生不良扰动。

积极稳妥推进水电环评管理,《国民经济和社会发展第十二个五年规划纲要》提出要"在做好生态保护和移民安置的前提下积极发展水电",突出强调了做好生态保护工作对于水电可持续发展的极端重要性。环境保护部通过组织金沙江上游、澜沧江干流水电开发环境保护工作调研,进一步梳理了我国水电开发与环境保护的总体情况,形成了"生态优先、统筹考虑、适度开发、确保底线"等原则共识,明确了我国水电开发环境管理的重点工作。生态优先，一是在开发理念上做到生态保护优先，二是在制定开发规划时做到生态优先，三是在决策过程中体现生态优先。要保留必要的生态空间，避让重要的生态敏感区，科学、合理、有序地推进水电项目的建设。统筹考虑，一要统筹考虑经济效益和生态效益、局部利益和整体利益、当前利益和长远利益，二要统筹考虑干支流、上下游的水电开发与生态保护问题，三要统筹考虑单个电站环境影响和流域水电开发累积环境影响。适度开发，一是把握好流域水电开发的强度，二是把握好流域水电开发的尺度，三是把握好流域水电开发的速度，要保留充足和必要的天然河段，防止"吃干榨尽"式的开发，避免干流、支流水电项目遍地开花的现象。确保底线，一是坚持法律政策的底线，二是坚持公众环境权益的底线，三是坚持流域生态系统健康的底线，要维护河流生态系统功能的整体性和河流健康稳定。为强化水电开发环境管理，落实水电开发的生态保护工作。环保部门积极做好流域水电开发规划环评的管理，推动有关部门和地方搭建流域综合规划平台，发挥规划环评对流域水电开发规划的指导作用；以流域水电开发规划和规划环评为依据，做好水电建设项目环评文件审批；加强水电项目建设全过程监管，制定并落实施工期环境监理计划，研究制定电站优化运行方式，积极推进建立重点流域水电开发生态环境保护机构和管理制度；深入开展水电开发环境影响的基础研究，为流域后续规划实施和优化开发提供经验借鉴，持续改进水电开发的环境管理。

　　大力清理整顿钢铁行业"未批先建"等违法行为，加强落后产能淘汰力度，提高环境准入标准，推行二氧化硫排放总量控制，加强二噁英等持久性有机污染物防治。推动有色金属行业工艺改造升级，提高资源综合利用水平，强化项目选址和污染防治措施，严格居民搬迁落实，实施"以新带老"，严密防范重金属和二噁英污染。控制新建火电电源点，优化火电发展布局和规模，研究确定新建项目污染减排区域控制指标，推动汞排放和重点水域温排水环境影响控制。提高煤炭开采环保措施与生态保护方案的有效性,促进矿井水、煤矸石和煤层气等的资源化利用和综合治理;严格控制新建稀土开发项目,实施更加严格的保护性开采,实行"等量淘汰"或"减量淘汰",推动形成稀土行业持续健康发展格局;落实矿山生态保护与治理恢复方案和矿产资源开发的生态补偿方案,推进解决长期开采导致的水土流失、地表沉陷等遗留问题。加强化工石化行业项目特征污染物环境影响评价,合理确定防护距离,要求新改扩建项目必须在化工石化产业园区内建设,优化项目布局和选址选线,实现集聚集约发展,推进化学需氧量和氨氮排放总量控制,采取最严格的污染防治和风险防范措施;改扩建项目落实"以新带老",提高清洁生产水平,通过区域环境整治改善环境质量,强化环境风险防范措施,通过规划控制调整、居民搬迁等降低现有工程环境风险。严格煤化工行业环境准入,加快淘汰落后产能;传统煤化工实施"上大压小"、"产能置换",新型煤化工推进集中布局、有序发展。结合区域资源环境承载能力,进一步强化造纸、印染等行业项目选址和环境污染防治措施的论证,推进化学需氧量和氨氮排放总量控制,已无环境容量重点区域停止新建单纯扩大产能项目的环评审批,重点流域江河源头停止新建项目的环评审批。交通运输行业严格执行环境功能区噪声标准,建立健全重大交通建设项目环境监理机制,加强水运环境风险评价管理,规范环境敏感区的油气管道项目环评管理。

二、着力贯彻国家重大战略部署

(一)开展专项清查

2004年,在国务院部署的固定资产投资清理整顿中,全国各级环保部门对5.5万个项目的环评执行情况进行了全面清查,共清查出不符合环保要求的项目1190个,总投资达1700多亿元;在落实国务院制止钢铁等行业盲目投资精神的过程中,对江苏铁本、浙江建龙等项目进行现场核查并提出处理建议,成为国务院决策的主要依据之一。2006年,根据国务院关于清理新开工项目的工作安排,对全国9097个新开工项目开展了环保专项清查,对其中不符合环评管理要求的1194个项目依法予以了严肃处理。

（二）服务汶川抗震救灾等工作

2008年"5·12"汶川特大地震发生后,环境保护部加强灾民过渡性安置区建设期间的环境管理工作,切实做好全程指导和服务;对东方汽轮机厂异地迁建项目、四川电网等灾后重建项目特事特办,尽快办理环评审批手续,为三年重建项目两年基本完成作出了贡献;研究提出了固体废物处置、环境风险防范等方面的建议,并在抗震救灾工作中被采纳。

（三）落实扩大内需战略

扩大内需是有效应对国际金融危机的根本举措,是加快转变经济发展方式的基本要求和首要任务,是保持经济长期平稳较快发展的必由之路。近年来,环评工作始终把落实扩大内需战略作为一项重要任务认真贯彻。特别是2008年以来,中央出台了关于应对国际金融危机、扩大内需促进经济增长的十项措施,环境保护部及时对环评审批工作进行了调整,集中清理了各地和有关企业报来的环评项目,积极转变作风,强化服务意识,认真兑现七项承诺。一是便民高效,缩短办理时间。建设项目受理后公示时间由原来的五天缩短至两天,审议项目会议次数由原来一月一次调整为一月两次。二是分类评估,简化流程。在保证环评评估质量的前提下,按环境影响的大小分类评估,分类审查,分类确定时限。对"两高一资"项目,严格执行环境准入条件,从源头上控制其过快增长,其他类项目简化评估。三是分级审查,减少程序。根据项目的不同类型,采取不同的审查程序。如有重大国家项目需要审议的,及时召开部常务会议进行讨论。对不符合条件的项目,及时向业主作出解释,说明不予审批的原因和理由。针对铁路建设投资加快的新情况,主动与铁道部进行沟通,探索建立现场评估、联合审查的机制,加快项目审批进度。妥善处理好把关和服务、当前和长远、效率和质量、宏观和微观等环评工作中的辩证关系。2006年以来,环保系统共批复项目环评文件超过 200 万个,总投资超过 12.3 万亿元,其中基础设施和民生工程项目投资占到近一半。北京市不断完善联网审批系统,实现市、区县两级环保部门之间双向的信息实时沟通,进一步提高了工作效率。河北省环保厅定期将项目环评审批情况以《环境要情》报送省四套班子领导,为领导正确判断经济与环境形势、科学决策提供参考。重庆、江苏等地环保部门与经济部门建立联动机制,在第一时间掌握重点建设项目动态信息,及时提出环保方面的指导意见,充分发挥了环评源头预防的作用。

(四)落实中央关于深入实施西部大开发战略的决策部署

在西部大开发战略实施之初,环境保护部印发关于西部大开发中加强建设项目环境保护管理的意见,要求西部开发建设活动中的环境保护管理工作必须坚持预防为主、保护优先、防治结合的原则。同时针对西部地区地域自然条件差异明显,生态系统脆弱,珍稀濒危动、植物和自然保护区分布比较集中的特点,结合建设项目的行业特点,进行分区分类指导,明确保护重点和具体措施。随着西部大开发战略的深入实施,为进一步加大对西部地区的支持力度,2011 年又下发了《关于加强西部地区环境影响评价工作的通知》,突出了对西部地区的战略和规划环境影响评价的要求,明确了西部地区煤炭、石油天然气、水电、火电、煤化工、有色、冶金、建材等行业的环境准入要求,强化了其建设项目环境监管,并将部分基础设施、社会发展类等建设项目的环评审批权限委托给西部地区省级环保部门。为促进西藏的跨越式发展,加快环评审批进度,考虑西藏地区的特殊性及其建设项目的特点,专门制定了委托西藏自治区审批环评文件的项目目录。

三、加大对违法违规行为的处罚力度

(一)进行集中处罚

2005 年,环境保护部对总投资 1100 多亿元的 30 个违法开工建设的重大项目进行集中处罚,责令停止建设并公开曝光。这是《环评法》

实施后第一次大规模公开查处违法建设项目,社会反响非常强烈。2006 年,对总投资约 290 亿元的 10 个违反"三同时"制度的建设项目予以查处,有效强化了"三同时"制度的法律效力。

(二)实施"区域限批"

2007 年 1 月,原国家环保总局对环境问题突出的 10 市、2 县、5 区、4 个电力集团实施了"限批",有力地推进了区域经济发展模式的转变,也使一些过去遗留的违法问题得以解决。河北省唐山市制订科学发展规划,70 多家布局分散、规模小、工艺落后、污染严重的钢铁企业得到调整;山西省吕梁市依法关停了污染严重、能耗物耗高、不符合产业政策的 88 家焦化企业,产能达 843 万吨/年;安徽省蚌埠市开展城市环境综合整治工作,解决了多年存在的饮用水污染问题。国务院领导同志对此给予了充分肯定。2009 年 6 月,环境保护部暂停审批金沙江中游水电开发项目、华能集团和华电集团建设项目、山东省钢铁行业建设项目环境影响评价,在遏制违法建设及"两高一资"重复建设项目方面再次取得了较好效果。山东省将此作为促进全省钢铁行业健康发展和产业结构调整的契机,迅速开展环保专项检查,加大了对全省违法违规项目的检查和清理力度。2010 年,环境保护部对神华公司实行"限批",促使该公司进一步建立健全内部环境保护管理制度,在集团公司设立独立的环境保护管理部门,各子(分)公司也相应设立专门机构,形成了较为完善的环境保护管理目标责任体系。2010 年以来,针对一些地方血铅超标事件频发的态势,为敦促有关地方吸取教训,认真落实整改措施,切实保障群众健康,环境保护部先后对安徽省安庆市、浙江省湖州市、广东省河源市、广西壮族自治区河池市实施了区域限批,促使当地对涉重金属企业开展全面检查,落实整改要求,有力地推动了重金属污染防治工作的开展。

山西、辽宁、上海、广东、四川、浙江等地环保部门也相继采取"区域限批"手段,推动解决了一大批环评违法和人民群众反映强烈的突出环境问题,促进了区域的产业结构调整和环境质量改善。经过几年来的成功实践,"区域限批"已经成为一项重要的管理制度,《水污染防治法》、《规划环境影响评价条例》、《太湖流域管理条例》、《国务院关于落实科学发展观加强环境保护的决定》、《"十一五"节能减排综合性工作方案》、《"十二五"节能减排综合性工作方案》、《国务院关于加强环境保护重点工作的意见》等法律、法规和国务院重要文件分别对"区域限批"作出了明确规定。江苏、浙江、河北等地区也陆续出台了关于"区域限批"的规范性文件。

四、开展工程建设领域突出环境保护问题专项治理

(一)深化工程专项治理

根据中央统一部署,环境保护部从 2009 年开始组织全国环保系统开展了工程专项治理工作,以人民群众反映强烈的突出环境问题为切入点,认真梳理环评审批、"三同时"执行、竣工验收、公众参与、后续监管等重点领域和关键环节的突出问题,坚持"边排查、边整改、边规范"的原则,解决了一批重点难点问题。截至 2011 年年底,全国环保系统共排查建设项目 121230 个,发现问题项目 16640 个,其中,"未批先建"问题项目 13696 个,占问题项目总数的 82.3%;"未验先投"问题项目 2344 个,占问题项目的 14.1%;还有一些项目存在"三同时"不落实及擅自变更等问题。针对工程建设领域突出环境保护问题专项治理所发现的问题,坚持"边排查、边整改"的原则,要求各地及时查纠,及时处罚。同时,开展了针对"未批先建"、"未验先投"违法违规问题的"两整治"工作,加大重点问题项目的督查督办和处罚力度,有力地推进了整改工作的落实。截至 2011 年年底,已有 15861 个项目完成整改,整改率达到了 95.3%。对工程专项治理工作中发现的地方环保部门越级审批的中石化茂名分公司油品质量升级改造工程等四个项目,责令地方撤销环评批复,明确要求在整改工作完成前,项目不得开工建设,已开工的项目立即停止建设。此后,中石化将环评文件报环境保护部重新审核。通过重新审核,四个项目共增加环保投资约 40 亿元,增加环

境保护措施 35 项,增加搬迁人口 32071 人。

（二）组织为期三年的环评审批专项执法检查

为加强对各地环评审批工作的指导,环境保护部会同监察部,从 2009 年开始,用三年时间,对 30 个省(区、市,不含西藏自治区)和新疆生产建设兵团的环评审批进行了专项执法检查。各地也采取多种形式严格监督检查,河南省建立了问题项目台账,每月对各市的问题整改情况开展调度,进行动态监管,并实行整改销号制,已经整改到位的需由上一级环保部门核实后才能销号。进一步促进了环评审批依法、规范、高效运行。

第四节　推动源头防治开创新局面

一、着力促进污染减排

（一）强化"以新带老"、区域削减等措施

2003 年至 2011 年,全国环保部门审批项目环评数达到了 302 万个,环境保护部(国家环保总局)审批项目环评 4400 多个。其中,"十一五"期间全国环保部门审批的 168 万个项目,在相关措施落实后,共可削减二氧化硫排放量 184.4 万吨/年,削减化学需氧量排放量 142.9 万吨/年。为推进电力行业减排,细化了火电行业环评管理要求,要求所有新上火电厂必须建设脱硫装置,此外还必须设置脱硝设施并取消旁路烟道,以确保脱硫脱硝装置与发电一体化运行。浙江强化产业集聚区环评管理,按照重点污染物新增量和削减量不低于 1∶1.5 的原则,对化工、造纸、火电、钢铁等行业严格环评审查,切实推进了减排工作。佛山、苏州等地对产业政策鼓励类项目污染物排放实施"减一增一",对其他类项目实施"减二增一",形成了环评审批与总量控制的有效联动。

（二）推动落后产能淘汰

通过"区域限批",促使河北省唐山市淘汰了 7 家钢铁企业的落后设备,依法取缔了7家小钢铁、小焦化企业,对143家产能落后、污染严重的企业实施了搬迁和改造;山西省襄汾县提前淘汰80万吨机焦、180万吨生铁、800万吨洗煤、80万吨精矿粉、7万吨再生纸和10万吨化工产品;陕西省渭南市淘汰关闭了127家水泥、洗煤、焦化等高耗能、高排放企业,有力地促进了区域内污染物总量控制和污染物减排。在湛江钢铁项目的环评审查中,推动项目建设结合广东省等量淘汰一千万余吨的落后产能和广钢搬迁,可以实现污染物排放的大幅度削减,改善广州等区域的环境质量。

二、切实加强生态保护

（一）加强生态影响较大区域和行业环评管理

环境保护部与建设部、文化部、文物局加强沟通,联合下发文件,加强对涉及自然保护区、风景名胜区、文物保护单位等环境敏感区的影视拍摄和大型实景演艺活动的管理,规定在自然保护区核心区和缓冲区、风景名胜区核心景区内,禁止进行影视拍摄和大型实景演艺活动;在自然保护区实验区、风景名胜区核心景区以外范围、各级文物保护单位保护范围内,严格限制影视拍摄和大型实景演艺活动。自2005年后,对直接影响水生生物生境的水电开发项目,全都提出了鱼类保护措施,大大减缓了水电开发对水生生态的影响。对可能对重点保护野生动物或植物的生存环境产生不良影响的公路、铁路等线性工程,严格要求采取相应的生物技术和工程技术措施,保护动植物的生境条件。黑龙江省为防止大规模风电建设造成生态破坏,开展了全省风电专项检查,督促存在问题的项目进行整改。

（二）一批重大项目严格落实生态保护措施取得良好效果

青藏铁路（格尔木至拉萨段）线路全长1142公里,全部处于3000米以上的高海拔地区,其中,海拔4000米以上地段960千米,穿越连续多年冻土区550千米,沿线高寒、高原生态环境十分敏感、脆弱。该项目在中国铁路工程建设史上首次引入环境监理制度并建立了"四位一体"的环保管理模式;首次为野生动物大规模修建迁徙通道;首次成功在青藏高原进行了植被恢复与再造科学试验并在工程中实施;首次与铁路所经省区签订环保责任书。通过上述措施,有效保护了铁路沿线野生动物迁徙条件、高原高寒植被、湿地生态系统、多年冻土环境、江河源水质和铁路两侧的自然景观,实现了工程建设与自然环境的和谐。内蒙古银宏能源开发有限公司泊江海子矿井部分井田位于国家级遗鸥自然保护区范围内,通过环评论证,项目调整了井田开采边界,将开采区域调出保护区外,并将开采规模从 500 万吨/年降为 300 万吨/年。成兰铁路、西气东输工程等一批重大工程项目创新生态保护措施,起到了示范作用。

三、深化全过程监管

(一)完善环保竣工验收体制机制

环境保护部对"三同时"和验收管理职责划分做了调整,确定了各环境保护督查中心受委托承担国家审批的建设项目"三同时"现场监督检查工作,参与建设项目竣工环境保护验收。各督查中心相继成立了"三同时"验收监管机构。目前,各省的机构改革正在进行中,相当一部分省级环保部门加强了"三同时"验收的职能、机构和编制,成立了专职验收处,为强化"三同时"验收管理奠定了体制基础。为进一步完善验收管理机制,强化项目全过程监管,制定了国家审批的建设项目"三同时"监督检查和验收管理规程。先后颁布了水利水电、石油炼制等 12 个行业的验收技术规范,进一步完善了验收监测和调查技术审查环节,建立了验收技术队伍的考核和培训机制,初步形成了验收技术体系。为了更有效地对项目实施跟踪监管,许多地区建立了"三同时"验收监管档案和管理信息系统。

(二)提升环保竣工验收管理水平

环境保护部对 2001 年以来审批与验收项目进行汇总分析,并印发给各环保督查中心和省级环保部门,为项目环境监管做到"有的放矢"

提供了重要的基础信息。环境保护部认真落实相关管理规程,加强与各督查中心和地方环保部门的沟通协调,提高了监管效率。湖南省逐步推广"三同时"保证金制度,促使企业严格按照环评要求强化项目管理。云南省建立"三同时"和验收承诺制度,促使建设单位切实提升了环保责任意识。在"三同时"验收监管中引入卫星遥感监测、无人机等先进技术,为后续验收管理工作提供了客观、真实的判断依据。在武广客运专线验收调查工作中,无人机与卫星遥感技术提供了工程沿线声环境敏感点准确、客观、高时效性的影像数据,实现了对工程全线的影像覆盖,构建了该工程及沿线敏感点信息数据库,有力提升了对验收管理的支撑。

（三）加大了验收执法力度

一是强化试生产管理。目前所有省级环保部门均已建立了试生产检查机制,保障了项目环保设施与主体工程同步投运,大大提高了验收管理的有效性。二是充分运用限期改正手段。对一大批违法建设项目下达了限期改正要求,使违法行为得到有效整改。三是通过集中清查,解决历史遗留问题。通过几次大范围的建设项目专项检查,并结合区域限批这一强有力的措施,对一大批"三同时"违法建设项目进行了查处。各地也陆续开展了对"十五"以来审批项目的全面清查,河北省通过专项行动,对"十五"期间审批的 1788 个项目进行集中检查,对违规项目分类处理,对超期试生产的 126 个项目限期办理验收手续,对 21 个"三同时"落实不到位的项目限期整改,并对 53 个严重违规项目进行立案查处,有力地打击了环境违法行为。

（四）推进环境监理

组织西气东输管道工程、尼尔基水利枢纽工程等 13 个重大项目开展环境监理试点,并把辽宁、江苏作为试点省,推动监理工作不断深化。内蒙古将环境监理纳入地方性法规,陕西制订专门管理办法,深化了监理制度建设。河南将环境监理作为重点行业项目试生产和环保验收的前提条件,强化了联动管理。环境监理在促进"三同时"制度落实、防范施工期环境污染和生态破坏等方面,发挥了越来越重要的作用。上海国际航运中心洋山深水港区计划分四期建设,一、二、三期工程已陆续建成并通过环保验收投入使用,是我国第一、世界第二大集装箱港。该项目在建设过程中,开展了一、二、三期工程全过程环境监理,通过合理安排,爆破、炸礁、疏浚等施工作业时间避开了鱼类的产卵期和索饵期,并采取了较为完善的水污染防治措施和环境风险事故防范与应急措施,生态环境保护的效果十分显著。

(五)组织开展环境影响后评价

督促指导一批重大项目开展了环境影响后评价。洛阳香江万基铝业有限公司120万吨/年氧化铝项目一期40万吨/年新建工程和二期一阶段40万吨/年氧化铝工程通过开展后评价审查工作,对锅炉烟气、煤气脱硫工艺和酚水处理方式变化、赤泥堆场卫生防护距离等问题提出了相应管理要求,推动完善了环保措施。

四、切实维护群众环境权益

(一)严格环境风险防范

以化工石化项目为重点,加强环评管理,防范环境风险。2006年,全国环保部门对总投资近10152亿元的7555个化工石化建设项目进行了"回头看"式的环境风险排查,其中原国家环保总局直接排查了20个重大敏感项目。针对排查中暴露出来的布局性、结构性的环境风险,分别对3794家企业提出了整改要求,要求49家存在严重风险的企业实施搬迁。排查后7555个项目新增环境风险投资140.5亿元,其中原国家环保总局直接排查的20个项目新增20.1亿元,得到了国务院领导同志的充分肯定。进一步规范化工石化项目管理,从2011年9月起,环境保护部停止受理在工业园区外新(改、扩)建的危险化学品生产、储存项目。阿穆尔—黑河边境油品储运与炼化综合体项目原计划以二次接力定向钻穿越黑龙江,经过环评论证,建设单位优化建设方案,最终采取了盾构穿越方案,从根本上消除了管道穿越黑龙江的溢油风险。杭州富春江冶炼有限公司年产 10 万吨粗铜搬迁改造和 27 万吨电解铜项目原建设方案拟保留现有工程的 9 万吨铜电解系统及废水处理总站,仍然沿用位于集中式生活饮用水源二级保护区内的排污口,经过环评论证,建设单位优化建设方案,彻底关闭现有工程和现有废水排放口,降低了环境风险。

(二)严格督促落实搬迁等措施

环境保护部在办理中国石油广西石化公司 1000 万吨/年炼油工程方案调整环评手续时,发现当地政府未完全兑现厂界外 1200 米范围内环境敏感建筑物的搬迁承诺,使得项目所在区域的环境风险加大。为避免项目建设对城市建设、居民生活等造成不利影响,环境保护部督促当地政府落实搬迁资金来源,立即对防护距离内的环境敏感目标实施搬迁。广西壮族自治区、钦州市政府及建设单位为此成立工作组,历时半年多,筹措资金 12 亿元,建设了 1300 多套总面积 5 万多平方米的过渡房,对防护距离内 6430 位居民进行了安置,且每年支付搬迁群众生活补助 3000 万元,下一阶段将建设永久性安置房,妥善解决搬迁问题。在辽阳石化分公司启用 350 万吨/年常减压装置加工俄油节能减排措施完善项目的审查过程中,针对现有工程环保问题,要求企业将污水场恶臭气体治理、热电厂锅炉低氮燃烧等多项环保整改措施纳入项目组成,使项目环保投资由原来的 1120 万元提高到 2.54 亿元,环保投资比例由 11.2% 提升至 71.8%,促使企业还清环保"旧账",推动了区域环境质量的改善。上海外环线工程噪声严重扰民,环境保护部为此多次现场督察,督促地方投入资金 1.6 亿元建成 16000 米隔声屏障,降噪效果达 10 分贝,属国内城市快速线最大的噪声整治工程,受益居民达 2.8 万人。

第五章　污染物排放总量控制

改革开放以来,我国经济社会发展迅速,在各项建设取得巨大成就的同时,也付出了巨大的资源和环境代价,经济发展与资源环境矛盾日趋尖锐,群众对环境污染问题反应强烈。面对严峻的环境形势,党中央、国务院审时度势,把污染减排提上重要议事日程,环境保护部门创新机制、狠抓落实,出台一系列有力措施,遏制住了主要污染物排放量的上升趋势,取得了重大突破。

第一节　国家大力开展污染减排

一、国家设置主要污染物减排约束性指标

从"六五"规划开始,环境保护一直是历次国民经济和社会发展五年规划的重要内容,相应制定了各种环境保护的专项规划和行动计划。特别是从20世纪90年代以来,有关环境保护的规划目标、指标和规划措施越来越具体明确。从规划制定和规划内容的总体安排来看,环境保护发展规划基本做到了与国民经济规划相"同步"。但是,从"六五"到"十五"均未全面完成过环境保护指标,这与高速的经济增长和年年超额完成预定计划指标形成鲜明对照。进入新世纪,主要污染物排放总量指标明确纳入了国家五年计划,在"十一五"时期,全国主要污染物排放总量减排首次作为经济社会发展的约束性指标写入规划,对污染减排工作作出了重大的战略部署。各地、各部门认真贯彻落实,把污

染减排作为环保中心任务,变压力为动力,切实加大工作力度,逐步打开了污染减排工作的新局面,"十一五"时期污染减排任务取得了超额完成的可喜成果,这是从来没有过的。

二、开展第一次全国污染源普查

作为污染减排的基础性工作,全国污染源普查于 2006 年启动。各地区、各有关部门和广大普查人员团结协作,扎实苦干,高质量完成任务,获得大量翔实数据,为全面判断我国环境形势、推进污染减排工作打下了坚实基础。

(一)普查开展情况

开展污染源普查,是党中央、国务院立足我国经济社会发展全局作出的一项重大决策。温家宝总理签署第 508 号国务院令,公布施行《全国污染源普查条例》,国务院办公厅印发《第一次全国污染源普查方案》。国务院成立了普查领导小组,李克强副总理、曾培炎副总理担任组长,领导普查的组织和实施工作。普查实施期间,国务院多次召开会议进行研究部署。2010 年 1 月,温家宝总理主持召开国务院第 99 次常务会议,专门听取第一次全国污染源普查情况汇报,对普查工作和成果给予充分肯定。党中央、国务院的正确领导,为普查工作顺利有序开展指明了方向。

普查的标准时点为 2007 年 12 月 31 日,时期为 2007 年度。普查对象是我国境内排放污染物的工业污染源(以下简称"工业源")、农业污染源(以下简称"农业源")、生活污染源(以下简称"生活源")和集中式污染治理设施。普查内容包括各类污染源的基本情况、主要污染物的产生和排放数量、污染治理情况等。

各级普查机构从环保、农业系统及有关单位抽调精兵强将和业务骨干,组成 57 万多名普查员和普查指导员,进行规模空前的入户登记、调查、核实,获得各类污染源第一手环境污染数据 11 亿个,总信息量 310 万兆字节,建立全国污染源普查数据库,形成以数据为主、文字为辅、形象图表三位一体的普查技术报告,综合反映各类污染源的污染现状和污染防治情况。

（二）普查基本数据

第一次全国污染源普查共对 592.6 万个各类污染源开展了普查,包括工业源 157.6 万个,农业源 289.9 万个,生活源 144.6 万个,集中式污染治理设施 4790 个。全国各类源废水排放总量 2092.81 亿吨,废气排放总量 637203.69 亿立方米。主要污染物排放总量包括,化学需氧量 3028.96 万吨,氨氮 172.91 万吨,石油类 78.21 万吨,重金属(镉、铬、砷、汞、铅,下同)0.09 万吨,总磷 42.32 万吨,总氮 472.89 万吨,二氧化硫 2320.00 万吨,烟尘 1166.64 万吨,氮氧化物 1797.70 万吨。

工业源普查对象为 1575504 家,从地域上看,浙江、广东、江苏、山东和河北省普查对象数量居前 5 位,分别占全国工业源总数的 19.9%、17.1%、11.8%、6.1% 和 5.1%;从行业上看,非金属矿物制品业 183845 个、通用设备制造业 140222 个、金属制品业 123274 个、纺织业 107673 个、塑料制品业 88087 个、农副食品加工业 82654 个、纺织服装鞋帽制造业 81909 个,7 个行业合计占全国工业源普查对象总数的 51.3%。全国工业源废水产生量 738.33 亿吨,排放量 236.73 亿吨;工业企业废水处理设施 140652 套,设计处理能力 2.35 亿吨/日,废水年处理量 458.52 亿吨。工业废水中主要污染物产生量包括,化学需氧量 3145.35 万吨,氨氮 201.67 万吨,石油类 54.15 万吨,挥发酚 12.38 万吨,重金属 2.43 万吨。主要污染物厂区排放口排放量包括,化学需氧量 715.1 万吨,氨氮 30.4 万吨,石油类 6.64 万吨,挥发酚 0.75 万吨,重金属 0.21 万吨;厂区排放后,再经城镇污水处理厂及工业废水集中处理设施削减,实际排入环境水体的污染物排放量包括,化学需氧量 564.36 万吨,氨氮 20.76 万吨,石油类 5.54 万吨,挥发酚 0.70 万吨,重金属 0.09 万吨。全国工业源废气产生和排放量均为 612275.17 亿立方米;工业企业废气处理设施 244641 套,设计处理能力 172.43 亿立方米/时,废气年处理量 401513.33 亿立方米。工业废气中主要污染物产生量包括,二氧化硫 4345.42 万吨,烟尘 48927.22 万吨,氮氧化物 1223.97 万吨,粉尘 14731.49 万吨;工业废气中主要污染物排放量包括,二氧化硫 2119.75 万吨,烟尘 982.01 万吨,氮氧化物 1188.44 万吨,粉尘 764.68 万吨。

农业源普查对象为 2899638 个,其中种植业 38239 个,畜禽养殖业 1963624 个,水产养殖业 883891 个,典型地区(指巢湖、太湖、滇池和三峡库区 4 个流域)农村生活源 13884 个。农业源(不包括典型地区农村生活源)中主要水污染物排放(流失)量包括,化学需氧量 1324.09 万吨,总氮 270.46 万吨,总磷 28.47 万吨,铜 2452.09 吨,锌 4862.58 吨。

生活源普查对象为 1445644 个,其中住宿业 100084 个,餐饮业 749023 个,洗染服务业 10363 个,理发及美容保健服务业 339911 个,洗浴服务业 65198 个,摄影扩印服务业 9848 个,汽车摩托车维护与保养业 61232 个;医院 32000 个;独立燃烧设施 56654 家(普查锅炉数 161457 台);城镇居民生活源(以区、县城、建制镇为单位)21331 个,覆盖城镇人口 5.69 亿人。生活污水排放量 343.30 亿吨,其中主要污染物排放量包括,化学需氧量 1108.05 万吨,总氮 202.43 万吨,总磷 13.80 万吨,氨氮 148.93 万吨,石油类(含动植物油)72.62 万吨。生活源废气排放量为 23838.72 亿立方米,其中生活废气排放二氧化硫 199.40 万吨,烟尘 183.51 万吨,氮氧化物 58.20 万吨;机动车尾气排放总颗粒物 59.06 万吨,氮氧化物 549.65 万吨,一氧化碳 3947.46 万吨,碳氢化合物 478.62 万吨。

集中式污染治理设施普查对象为污水处理厂 2094 座,垃圾处理厂 2353 座,危险废物处理厂 159 座,医疗废物处置厂 184 座。垃圾、医疗和危险废物焚烧设施主要气污染物排放量包括,二氧化硫 0.85 万吨,烟尘 1.12 万吨,氮氧化物 1.41 万吨。

(三)普查主要成果

经国务院批准,2010 年 2 月初,环境保护部、国家统计局、农业部联合发布第一次污染源普查公报,得到社会各界的关注和认可。污染源普查取得的成果,主要体现在以下五个方面。

第一,全面掌握了我国污染源排放的基本情况。查清了全国工业、农业、生活以及集中式污染处理设施四大类污染源的数量、行业和地区分布,主要污染物种类及其排放量、排放去向、污染治理等情况,较为全面准确地反映了现阶段我国环境污染状况、污染对环境影响范围和程度、污染变化趋势,以及污染的治理能力和现状。

第二,初步建立了统一的全国污染源信息数据库。全国590多万家有污染源的单位和个体经营户与环境保护有关的基本数据,已录入污染源普查信息数据库,建立起全国污染源基本单位台账和国家、省、市、县四级数据库。可根据需求按行业、地区、指标等不同类型分组,进行数据检索和查询。这是目前全国污染源最全面、最准确、最权威的信息数据。

第三,逐步完善了环境统计方式方法。普查的组织方式、技术方法以及新编制的产排污系数,有助于更加客观真实地反映各类污染源主要污染物排放的实际情况。普查获得的污染源信息,弥补了以往常规抽样调查的不足。这些为改革原有环境统计调查体系、建立新的环境统计制度、提高环境统计数据质量提供了难得契机。

第四,培养锻炼了人才队伍。普查工作者通过系统的实用培训、经历普查现场的实际操作,在把握环境政策、掌握监管手段、熟悉监测技术规范、了解主要产污生产工艺以及获取污染源信息方法等方面,得到全面学习和提高。普查工作培养了一批有高度责任心、熟悉政策、精通业务的综合型人才。

第五,进一步提高了全民环境意识。通过各类媒体、多种方式的普查宣传,广泛动员社会各界关心、参与普查和环境保护,全社会的环保意识大大提高,营造了更好的社会氛围。

2009年和2010年,环境保护部继续组织开展为期两年的污染源普查动态更新调查工作,以2007年污染源普查数据和普查方法为基础,通过动态更新,获取2009年和2010年污染源普查数据,为"十二五"环境保护和污染减排工作奠定了基础。

三、近年来大力推进污染减排的历程

从《国民经济和社会发展第十一个五年规划纲要》提出污染减排约束性目标开始,污染减排工作一年一大步,走过了不平凡的历程:

（一）起步阶段

2006 年污染减排先从层层落实政府责任入手,找到了推进工作的着力点。经国务院授权,原国家环保总局代表国务院分别与各省级人民政府和 6 家电力集团公司签订了污染减排目标责任书,各省（区、市）也将减排指标分解落实到地市和重点排污单位。为推进节能减排,国务院及有关部门出台了一系列措施,制订了关停小火电机组的意见,出台了脱硫机组上网电价政策,实施了电厂脱硫贷款贴息政策,出台了加快推进铁合金、煤炭、铝工业、水泥、电力、电石、纺织、钢铁等行业结构调整的指导意见。

然而,污染减排起步并非一帆风顺。尽管各方积极努力,但由于我国经济增长方式粗放,产业结构调整缓慢,各方面对污染减排重要性和艰巨性认识不足,污染减排考核监管体系不健全等因素,全国二氧化硫排放量和化学需氧量排放量分别比 2005 年增长 1.8% 和 1.2% ,污染物排放量不降反升,凸显出污染减排工作的长期性、艰巨性和复杂性,污染减排任务愈加显得繁重、工作压力巨大。

（二）推进阶段

2007 年国务院对节能减排工作作出了一系列重大部署,节能减排工作以前所未有的力度推进。2007 年 4 月国务院成立了节能减排工作领导小组,温家宝总理亲自任组长;5 月国务院印发了《节能减排综合性工作方案》,提出了 45 项政策措施;7 月国务院下发了《节能减排统计、监测和考核办法》。

环保部门明确了"横纵两条线"的全方位管理路线图,以坚持淡化基数、算清增量、核实减量的三大原则,落实 4 条检验标准（环境保护

从宏观和战略层次上参与综合决策的机制是否已经建立、环境质量是否得到改善、经济发展方式是否得到转变、环境监管能力是否得到加强),实施9项制度(考核、统计、监测、核查、调度、直报、备案、信息公开、预警)为纵向,以推进三大减排工程(工程减排、结构减排、管理减排),建立三大体系(统计、监测、考核),把握三大环节(计划备案、阶段核查、督察预警)为横向。这为全面推进污染减排工作提供了体制、制度、技术和措施保障。在各方共同努力下,2007年污染减排工作取得了令人鼓舞的成绩,在经济超预期高速增长的情况下,两项污染物排放总量开始出现"拐点",化学需氧量和二氧化硫两大污染物排放总量首次实现"双下降",实现了污染减排工作的重大突破。

（三）攻坚阶段

2008年是我国经济社会发展进程中很不平凡的一年,经过努力,我们完成了汶川特大地震救援工作,圆满举办了北京奥运会,及时采取有效措施积极应对国际金融危机。在复杂多变的形势下,污染减排工作没有任何放松和懈怠,继续攻坚克难,巩固并不断扩大减排成果。2008年,国务院继续明确了节能减排工作安排,环保部门从四个方面入手进一步加大了减排工作力度。

一是切实强化减排目标责任制。根据国务院批转的《节能减排统计监测及考核实施方案和办法》的要求,2008年年初,环境保护部会同有关部门开展了2007年全国主要污染物总量减排核查核算工作。7月,联合发展改革委、统计局、监察部公布了《2007年度各省(区、市)和五大电力集团主要污染物总量减排情况考核结果》,对城市污水处理厂建设滞后、低负荷运行或无故不运行的4个城市,未按时限要求建成脱硫设施的3个电力集团实施了区域限批;责令脱硫设施运行不正常的7家电厂限期整改,扣减电价款并处以5倍罚款,全额追缴二氧化硫排污费。9月,会同统计局、发展改革委发布了《2008年上半年各省(区、市)主要污染物排放量指标公报》,对在城市污水处理、脱硫设施运行等方面存在问题的10个城市和9个电厂予以通报,责令于年底前完成限期整改任务。这些考核措施不仅极大地促进了有关地区和单位的减排工作,而且在社会上引起了强烈反响。各地政府也积极加强行政问责考核,河南、山西、辽宁、江西、贵州等地对减排任务完成不好的县(区)实施区域限批。通过行政问责,进一步落实了减排工作责任制,调动了地方政府减排工作的积极性。地方各级政府也进一步转变观念,变被动减排为主动减排,采取多种责任追究手段,有力地推动了污染减排工作的深入开展。二是稳步推进各项减排措施。全国全年新增城市污水日处理能力1280万吨,1000多家重点企业新建或改建了污水深度治理工程。全国新增燃煤脱硫机组装机容量8600万千瓦,其中新增现役燃煤脱硫机组4300万千瓦;新增11台(套)钢铁烧结机烟气脱硫设施,一批炼焦、有色金属等企业完成了烟气 SO_2 治理任务。全国累计关停小火电1587万千瓦,淘汰水泥、钢铁、焦炭、电解铝、造纸、酒精、味精、柠檬酸等行业落后产能工作进展顺利。各地积极探索,大胆创新,形成了激励与约束并举、引导与推动同步的良好局面。三是完善减排法规政策体系,进一步明确重点水污染物排放总量控制的管理规定,强化了地方政府的责任。环境保护部会同有关部门出台了脱硫电价、城镇污水处理设施配套管网以奖代补等经济政策,有力地推动了减排工作。环境保护部会同财政部启动了太湖流域排污权有偿使用和交易试点工作,利用市场机制激励企业减排。四是加快三大体系建设步伐。环境保护部协调财政部下达了中央财政主要污染物减排专项资金项目预算21亿元,31个省(区、市)及新疆生产建设兵团环保厅(局)共建成240个污染源监控中心,对7810家企业实施了污染源自动监控,在5496个废水排放口和3825个废气排放口安装了污染源自动监控设备。环境保护部建立了减排计划审核备案,减排工程现场核查和季度调度,减排数据核算发布,减排情况预警通报等各项制度,减排政策框架体系基本建立。

　　通过全国上下的共同努力,污染减排取得突破性进展,化学需氧量和二氧化硫排放量比2007年分别下降4.42%和5.95%,比2005年分别下降6.61%和8.95%,首次实现了任务完成进度赶上时间进度,为全面完成"十一五"减排目标打下了坚实基础。

（四）冲刺阶段

2009年,我国为有效应对金融危机,不断加大力度实现保增长、扩内需、调结构的战略目标。面对国际金融危机给我国污染减排工作带来的新问题和新挑战,各地区、各部门认真贯彻落实党中央、国务院决策部署,紧紧抓住金融危机带来的调整产业结构的重要战略机遇,坚持污染减排工作目标不变、标准不降、力度不减的原则,完善政策机制,强化责任考核,加强综合协调,推行污染减排全过程控制,全面推进污染减排工程,加大落后产能淘汰力度,强化环境污染治理设施运行监督,全面推进污染减排工作。

加强考核和责任落实。根据核查中发现的具体问题,按照国务院节能减排综合性工作方案和"十一五"减排目标责任书的要求,环境保护部组织有关部门对减排工作不力、治污设施运行不好、在线监测弄虚作假的地方、单位和企业进行了清理,在组织现场再核实、开展个别约谈的基础上,按照严格、客观、规范的要求,对在2008年污染减排工作中问题突出的河北沧州等8个城市和天津陈塘热电厂等5家电厂分别作出责令限期整改或经济处罚决定,对2009年上半年在污水处理和脱硫设施建设运行管理中存在问题的辽宁省阜新市清源污水处理厂等8家污水处理厂和内蒙古能源锡林热电厂等8家电厂予以通报并责令整改。严格减排计划审核,强化减排预警。针对一些地方减排计划存在的减排措施不实、减排项目结构不合理、减排目标偏高或偏低、存在盲目乐观倾向等问题,组织有关单位和专家认真审核,并提出调整建议,得到了各地的认可。经审核,全国2009年减排目标由各地汇总数据的化学需氧量和二氧化硫分别减排4.78%和3.77%,调整为2.12%和2.72%。一些省份删除了不符合减排规定的计划项目,补充增加了部分治理工程项目,特别是部分减排压力较大的省份及时调整了减排项目计划清单,为积极稳妥地推进和完成年度污染减排任务目标奠定了较好的基础。对减排任务完成进度较慢的辽宁、内蒙古等 8 省（区）政府发出减排预警函，与省政府领导约谈，督查指导推进污染减排工作。敦促进一步推进重点减排工程建设，加大落后产能淘汰力度，加强减排三大体系建设和能力建设，强化治理设施运行监管，确保全国污染减排目标完成进度、"十一五"规划实施进度与时间同步。狠抓治理设施运行监管。先后印发了《关于加强城镇污水处理厂污染减排核查核算工作的通知》和《关于加强燃煤脱硫设施二氧化硫减排核查核算工作的通知》，对污水处理厂和燃煤脱硫设施的运行维护、台账档案、在线监测、中控系统建设、分散控制系统（DCS）等方面进行了统一的规范要求。发布了全国城镇污水处理厂和脱硫设施名单的公告，接受社会监督。加强减排重点工程日常核查和督查，促进了减排设施的正常运行。加强国际环保合作，推进分散型污水处理示范项目建设。着力推进环境统计改革和规范。召开了全国环境统计工作会议，全面部署污染源普查动态更新和环境统计各项工作，并就加强环境统计能力建设、统计规范管理、数据审核等内容提出了明确要求。特别是将农业源纳入环境统计是环保部门作出的首次尝试，为"十二五"将农业源纳入减排范畴奠定了基础。印发了《环境统计数据使用管理规定》、《环境统计数据审核办法》等一系列规范性文件；推进总投资 5.8 亿元的环境统计能力建设项目实施；加强了环境统计与污染源普查、减排核算等工作的衔接；对全国环境统计年报数据进行联合会审。

　　通过一系列强力政策措施，确保了全年全国化学需氧量和二氧化硫两项指标继续保持了持续下降势头，二氧化硫和化学需氧量较 2005年分别下降 13.14% 和 9.66%，二氧化硫排放控制量提前一年完成"十一五"目标。

　　（五）决胜阶段

　　2010 年，随着金融危机后，经济进入恢复性增长期，资源型产业产品产量过快增长，新增排放量巨大，同时，一些脱硫建设改造工程进展缓慢，一些地区和单位出现畏难和松懈情绪，减排工作面临新的压力和困难。针对减排工作面临的新形势、新问题,党中央、国务院高度重视,及时召开了全国节能减排电视电话会议,印发了《关于进一步加大工作力度确保实现"十一五"节能减排目标的通知》,对节能减排工作提出了更为严格的要求和强有力的政策保障措施,为打赢"十一五"污染减排决胜战奠定了基础。

继续强化减排核查。印发了减排工作任务分解表、加强火电企业脱硫等文件,对减排工作进行了再分解、再落实。对年度和半年减排核查中存在问题的地区和企业进行了再核实、再督促、再检查,对相关负责同志进行约谈,并按照有关规定严肃进行处理、处罚。对黑龙江省双鸭山市、浙江省温州市、湖南省涟源钢铁集团公司等30多个地区和企业进行区域限批、挂牌督办、通报批评、追缴排污费、扣减脱硫电价等一系列处理、处罚措施,起到了有效的警示和震慑作用。

深入推进"三大减排"措施。高耗能、高排放行业结构调整取得积极进展,环保基础设施建设保持高速增长,确保减排设施正常稳定运行,继续抓好结构减排、工程减排和监管减排。推进"十二五"主要污染物总量控制规划编制工作。编制完成了《"十二五"主要污染物总量控制规划编制指南》,明确了"十二五"减排工作思路。实行"两上两下"的衔接程序,确保"十二五"总量控制规划编制的科学性和严肃性。做好污染源普查动态更新调查。组织监测总站和各地区环保部门采取超常措施,在4个多月的时间内,完成33.2万个污染源的发表调查,开展三次数据上报和审改工作,得到了更翔实准确的排放情况的调查数据,为"十二五"环境保护和污染减排工作奠定基础。

2010年,全国化学需氧量、二氧化硫排放总量分别为1238.1万吨、2185.1万吨,比2009年下降3.09%和1.32%;与2005年相比,分别下降12.45%和14.29%,均超额完成10%的减排任务。全国31个省、自治区、直辖市、新疆生产建设兵团以及国家电网公司和华能、大唐、华电、国电、中电投五大电力集团公司都全面完成了"十一五"期间的总量控制任务。

（六）再上新征程

"十一五"污染减排工作取得了前所未有的成绩，温家宝总理在全国节能减排工作电视电话会议上明确指出节能减排取得显著成效。国务院对"十一五"减排工作成绩突出的山东、江苏、广东、河南、浙江、辽宁、上海、陕西等8省（市）人民政府予以通报表扬。以环境保护部、中组部、人力资源社会保障部、财政部的名义，对全国250个减排先进集体和250名减排先进个人授予荣誉称号，颁发奖牌或证书。

污染减排工作不是一阵子，而是要持之以恒地抓好。2011年是"十二五"开局之年，国家继续将主要污染物减排作为约束性指标纳入国民经济与社会发展"十二五"规划纲要，并且将2项主要污染物扩展至4项，要求"十二五"期间氮氧化物和氨氮污染物减排目标为10%，二氧化硫和化学需氧量减排目标为8%，同时首次把农业源和机动车等纳入减排管理范畴，主要污染物减排工作走上了新的征程。制定"十二五"各地区主要污染物总量控制计划，确定了各地总量控制指标，将减排任务细化分解并落实到具体项目上。在第七次全国环境保护大会上，受国务院委托，环境保护部与各省（区、市）、新疆生产建设兵团和有关中央企业签订了总量减排目标责任书。相继出台了《"十二五"节能减排综合性工作方案》和《节能减排"十二五"规划》，明确了污染减排的目标要求、主要任务、重点工程、保障措施等。组织完成2010年污染源普查动态更新调查，形成污染源排放数据库，为确定"十二五"减排基数奠定了基础。继续推进工程减排、结构减排和管理减排三大措施。启动污染减排绩效管理试点工作。2011年，化学需氧量、二氧化硫两项老污染物排放量继续下降，氨氮排放量下降幅度实现年度减排目标，氮氧化物排放量上升势头得到初步遏制。

第二节　污染减排的主要做法

面对污染减排工作基础薄弱、矛盾突出的实际情况，环保部门从以下几方面进行了积极而有益的探索:一是秉持了一个理念,即污染减排在本质上是一个经济增长方式和发展道路问题,绝不是单一的污染治理和总量削减问题,要从宏观经济层面深入研究环保问题,从源头上加以防范和解决。二是明确了一个思路,即通过严格考核,将污染减排任务完成情况作为政府领导干部综合考核评价和企业负责人业绩考核的重要内容,确保了减排责任的落实。三是建立了一批制度,即以确保完成"十一五"减排目标为中心任务,以建立健全规范的制度体系为前提,确保各项工作落到实处。四是加强了一整套能力,即通过减排工作,构建先进的监测预警体系和完备的执法监管体系。五是培养了一支队伍,即通过加强全系统的业务培训和每年两次的核查核算工作,从上到下培养了一支比较专业的总量控制管理队伍。与此同时,根据减排工作中面临的具体情况和实际问题,及时研究推进了严格考核、加强调度、强化预警、淡化基数的工作原则落实以及工程减排、结构减排、管理减排等一系列措施到位,为污染减排持久深入开展奠定了基础。

一、认真分析减排形势,着力突破难点

我国的污染减排工作,是在经济社会发展与环境资源矛盾日益突出的背景下提出的,经济发展的资源环境代价过大,已成为制约中国经济社会可持续发展的主要矛盾。如果再不进行节能减排,环境容纳不下,资源支撑不住,社会承受不起,经济难以为继。为此,党中央、国务院在制订国民经济和社会发展"十一五"规划时,明确将主要污染物排放总量下降10%作为约束性指标,以明确各级政府责任,以强化宏观经济调控,以推进产业结构调整,以实现经济转型发展。但是刚刚起步的污染减排工作面临前所未有的困难,阻碍污染减排顺利推进的主客观因素是多方面的,主要体现在:

一是我国正处于城市化和工业化进程加速发展阶段,各地发展的愿望迫切,环境面临的压力巨大;二是经济增长方式粗放,资源能源利用效率较低,产业结构调整进展缓慢,高耗能和高污染行业的产能扩张

问题突出;三是减排任务十分艰巨,据测算,要完成"十一五"削减10%的减排目标,在考虑新增量的基础上,全国共需削减二氧化硫排放量670万吨、化学需氧量570万吨,这个数字分别相当于2005年排放量的26.3%和40.3%;四是一些地方对污染减排工作的认识不到位,责任难以落实,存在以"数字"减排完成任务的投机心理;五是环保工作基础薄弱、环保投入不足、环境执法监管不到位、环境统计数据失真等问题普遍存在;六是减排工作本身缺乏各项政策制度支持,减排核查、考核的方法和机制还都还没有建立健全起来。

二、出台针对性减排举措,圈定重点任务

2007年,国务院印发了《节能减排综合性工作方案》,出台了45项政策措施,明确了重点减排任务,为有效解决减排工作中存在的问题和难点,推进"十一五"污染减排工作提供了重要支撑和保障。重点减排任务包括:一是加大淘汰落后生产能力,"十一五"期间实现节能1.18亿吨标准煤,减排二氧化硫240万吨;加大造纸、酒精、味精、柠檬酸等行业落后生产能力淘汰力度,实现减排化学需氧量138万吨。二是加快水污染治理工程建设,"十一五"期间新增城市污水日处理能力4500万吨、再生水日利用能力680万吨,形成化学需氧量削减能力300万吨;加大工业废水治理力度,形成化学需氧量削减能力140万吨。三是推动燃煤电厂二氧化硫治理,"十一五"期间投运脱硫机组3.55亿千瓦,形成削减二氧化硫能力590万吨。同时,将节能减排指标完成情况纳入各地经济社会发展综合评价体系,将总量指标作为环评审批的前置性条件,对未达到目标责任要求的地区实行区域限批,加之脱硫电价、提高排污费征收标准、污水管网建设补贴等重大的减排政策开始实施,有力地保障了各项减排任务的落实。

在明确的减排任务和措施引导下,各地纷纷加大工作力度。中部地区的河南省,经济并不发达,污染防治任务繁重,但省委、省政府高度重视污染减排工作,克服重重困难,先后筹集资金120亿元,在全省

108个县(市)全部建设污水处理厂,日处理能力达到271万吨,在全国率先实现县县建成污水处理厂的目标。

三、层层分解总量指标,强化目标责任制

2006年年底,在综合考虑各省经济发展水平、产业结构、污染物排放基数、环境质量状况和污染削减能力以及有关污染防治专项规划要求的基础上,经过严格统计调查和科学测算,环境保护部将化学需氧量和二氧化硫排放总量指标合理分配到全国各地区,各地又层层分解落实到了市县和重点企业,减排目标得到了明确。2007年,环境保护部又出台了《主要污染物总量减排考核办法》,明确对各地和重点企业主要污染物减排目标完成情况进行考核,实行严格的问责制和"一票否决"制。

为督促节能减排综合性工作方案和各地年度减排计划落到实处,环境保护部每年对各省(区、市)和五大电力集团公司组织开展两次大规模的总量减排核查,发布减排数据和考核结果公报,考核结果报送干部主管部门。对减排措施落实不力的企业和地方实行问责。"十一五"期间,环境保护部先后对14个城市或企业集团实行区域(集团)限批,对100多家企业分别予以公开通报、挂牌督办、实施处罚,并责令限期整改。对少数减排进展较慢的省区发出预警,约谈政府领导,加强督查指导。

各地也纷纷加大了行政问责力度。河北省大力实施"双三十"工程。全省30个重点县(市、区)、30家重点企业负责人公开承诺,3年内完成节能减排目标任务,未完成目标的,县(市、区)主要负责人引咎辞职,国有企业法人代表就地免职,民营企业依法责令停产整治。贵州省出台了《主要污染物总量减排攻坚工作行政问责办法》,并对城市污水处理设施建设进展缓慢的市、州、县政府领导诚勉谈话。甘肃、广西等省(区)对未按计划完成减排设施建设的地方政府向全省(区)发出通报;安徽、福建、江西、黑龙江等省对减排工作进展较慢的市、县实行

区域限批。

严格的考核问责带来了巨大的压力,巨大的压力转化为强大的动力。各地各部门纷纷创新机制、加大投入、加强协调,积极推进工程减排、结构减排、管理减排,确保各项政策措施落到实处,力求减排工作取得实效。

四、健全减排制度建设,提高减排科技含量

（一）加强环境监管能力建设

严格环境执法是巩固减排成果的有效手段,《"十一五"主要污染物总量减排核查办法》的实施,使环保执法监督和减排考核紧密结合在一起。各环保督查中心以促进污染减排为目标,加大了环境执法监督和减排核查力度,不定期组织对城镇污水处理厂、电厂脱硫设施运行情况进行核查,日常监督检查成为每年两次定期核查的重要基础,为落实考核问责提供了重要依据。同时,持续深入开展整治违法排污企业保障群众健康环保专项行动,严厉打击环境违法行为。重点集中整治工业园区、晋陕蒙宁"黑三角"和湘黔渝"锰三角"等重污染区域、城镇污水处理厂、钢铁、造纸行业环境违法行为,强化国控重点源污染治理设施运行监管,遏制了重点地区重点行业环境违法。"十一五"期间,根据日常督查和专项检查情况,环境保护部累计对污染物超标排放的 2700 余个企业的污染治理设施和 600 余台（套）脱硫设施不正常运行的电厂,按规定核减主要污染物减排量,真实反映了污染减排工作情况,促进了减排设施正常稳定运行。通过强化减排监管,重点污染源化学需氧量达标率提高到 89%,污水处理设施正常运行率稳定在 90%,脱硫设施正常运行率稳定在 94%,真正发挥了减排作用。

2007 年,中央财政设立了污染减排专项资金,重点支持减排统计、监测和考核三大体系能力建设。"十一五"期间,全国建成 343 个省级、地市级污染源监控中心,并与环境保护部监控中心联网。各监控中

心共对 15000 多家企业实施了自动监控,其中近 8000 家国控重点污染源 100% 实施了自动监控,共监控水、气排放口 11000 多个。国控重点污染源自动监控能力建设项目任务基本完成,中央财政每年还对国控重点源监测补助运行费约 4 亿元,有效解决了运行困难问题,重点污染源自动监控能力明显提高。各级财政也加大了对环境监管能力建设的投入,山西、山东省拿出 10 多亿元加强污染源自动监控系统等监管能力建设,四川、甘肃省在财政相对紧张的情况下,仍每年投入 1 亿多元。这为保障污染减排工作起到了关键作用。

（二）完善减排法规政策体系

为全面落实国务院《节能减排综合性工作方案》,研究制定了一套比较科学、可操作、有约束力的法规制度体系。这套体系涉及减排统计、监测、考核、核查、预警、计划、调度、公告等多个方面,有效地促进了地方政府和有关企业的减排工作。《主要污染物总量减排计划编制指南》、《主要污染物总量减排核查办法》以及《主要污染物总量减排核算细则》等一系列文件的出台,使减排管理的制度体系得到建立健全。通过计划备案环节,强化对地方编制减排计划的指导,为积极稳妥地推进和完成年度减排目标任务奠定了良好的基础。通过督查核查环节,强化对减排设施的监督检查,各环保督查中心日常不定期督查核查,与每年两次大规模的定期核查、集中核算相结合,确保了减排数据的真实、可靠。通过督察预警环节,强化对减排进展滞后地区和存在问题企业的督促整改,使各项减排措施切实得到落实,污染减排进度明显加快。

在减排法规政策方面,环境保护部修订并颁布实施了《水污染防治法》,明确了重点水污染物排放总量控制的管理规定,强化了地方政府的责任。《规划环境影响评价条例》明确了主要污染物超总量排放施行"区域限批"的处罚规定。环境保护部会同有关部门出台了《节能环保发电调度办法（试行）》、《燃煤发电机组脱硫设施运行及电价管理办法》、《城镇污水处理设施配套管网以奖代补资金管理暂行办法》等环境经济政策,有力地推动和保障了污染减排工作。配合发展改革委下达了水泥、电石、铁合金、钢铁、电解铝、造纸、酒精等行业淘汰落后产能计划,建立了淘汰落后产能企业名单公告制度。会同财政部启动了排污权有偿使用和交易试点工作,利用市场机制激励企业减排。环境保护部与质检总局联合发布了《制浆造纸工业污染物排放标准》等几十项国家污染物排放标准,进一步严格污染排放要求。

同时,各地创造性地开展工作推进减排制度和法规政策体系建设。如河北、山西等省颁布了《减少污染物排放条例》,使污染减排从一项行政决策、政治决策上升到法律层面;河南、重庆等多个省(市)修订了《环境保护条例》、《污染防治条例》,补充完善了污染减排、排污许可证、排污权交易等内容。北京、山东、黑龙江、陕西、宁夏、上海、福建等地通过财政以奖代补激励企业减排;浙江、河南、广东等地加快配套管网建设提高城镇污水处理厂的处理负荷;重庆、辽宁等地严格实行新建项目总量核准制度,从源头控制新增排放量。

(三)加强重点减排技术研究

环境保护部组织开展水体污染控制与治理科技重大专项,在"三河"、"三湖"、松花江和三峡库区等重点流域开展研究与示范,初步构建起我国流域水环境管理技术体系和水污染治理技术体系。对钢铁、冶金、造纸、有色、酒精、养殖等重点行业污染减排技术进行评估和筛选研究;强化对二氧化硫、氮氧化物等主要污染物总量控制、排放特征、减排技术途径等技术研究;制定并发布了7项污染防治技术政策,3项污染防治最佳可行技术指南和15项工程技术规范;通过征集、筛选和评估,发布《国家先进污染防治示范技术名录》和《国家鼓励发展的环境保护技术目录》;构建较为完善的国家环境技术管理体系,并完成首个《环境保护技术发展评估报告》,为推进污染减排、环境质量改善发挥了重要科技支撑作用。

此外,环保部门还在减排培训、国际合作和宣传方面开展了大量工作。加强环境统计及城镇污水处理厂、燃煤电厂脱硫和重点行业污染减排核查核算的培训,"十一五"期间共举办国家层面减排培训30多期,提高了各省和环保督查中心减排核查核算工作水平;实施中日分散型污水处理项目和协同效应研究,在泰州、重庆、乌鲁木齐、大理、张家口等地建设了9个分散型污水处理示范项目,为寻求符合中国农村不同地区特点的生活污水处理技术提供了有益尝试;充分利用全国人大、国新办等重要平台及重要会议、"六五"世界环境日等重要时间节点,积极组织开展好各种形式的减排宣传活动,营造了全社会积极参与污染减排的良好氛围。

第三节　污染减排取得重大进展

随着污染减排工作的不断深入推进,环境污染问题得到了初步控制,全社会的环保意识也大幅度提升,污染减排迈出了坚实的步伐,取得了丰硕的成果。

一、超额完成"十一五"时期污染减排任务

"十一五"期间,全国国内生产总值年均增速达到11.2%,大大超过了预期的7.5%,新增煤炭消费量超过10亿吨,粗钢、水泥、有色产品产量等均翻了一番。与此同时,服务业增加值占国内生产总值比重低于预期0.5个百分点,节能降耗指标低于目标0.9个百分点,均给减排带来了更大的压力。在新增污染物排放量高于预期的情况下,"十一五"末,二氧化硫排放总量减少14.29%,化学需氧量排放总量减少12.45%,双双超额完成减排任务,减排指标是所有五年规划中完成最好的一个。这不仅标志着我国环境保护工作取得了突破性进展,也说明了我国环境保护工作无论在认识上,还是在实践上都取得了历史性突破。

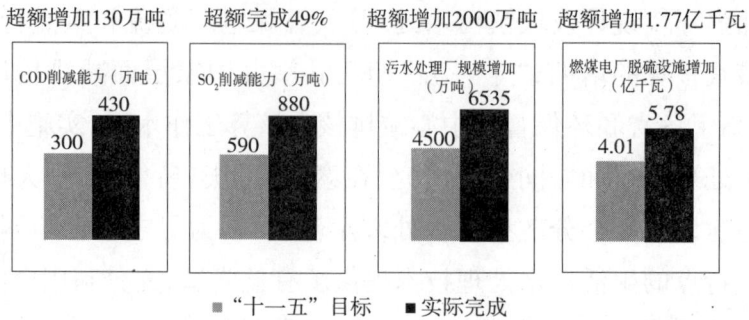

超额增加130万吨　超额完成49%　超额增加2000万吨　超额增加1.77亿千瓦

■"十一五"目标　■实际完成

图5—1　治污工程建设超过规划目标

"十一五"全国二氧化碳（SO₂）排放总量累计下降14.29%

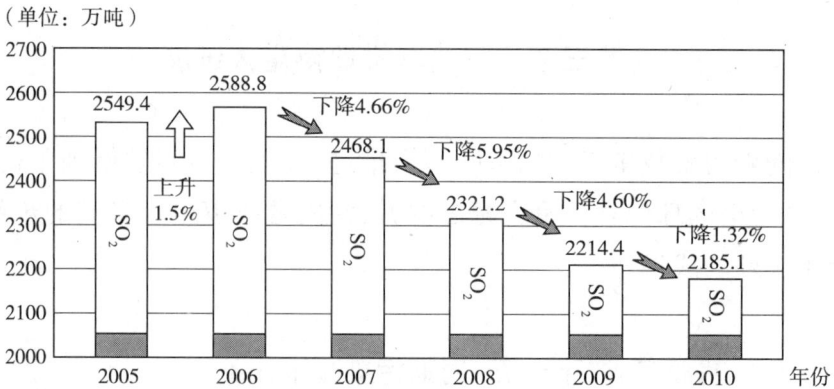

"十一五"全国化学需氧量（COD）排放总量累计下降12.45%

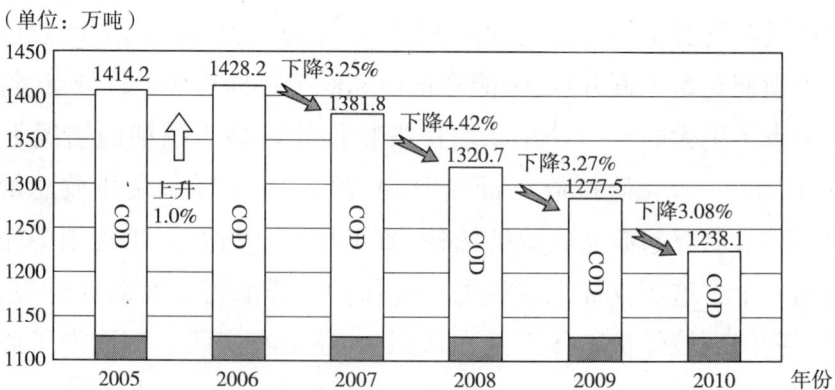

图5—2　"十一五"主要污染物减排成效

二、有效遏制环境质量恶化势头

污染减排遏制了我国化学需氧量和二氧化硫排放量长期增长的势头,全国部分环境质量指标持续改善。2010 年,全国地表水国控断面水体高锰酸盐指数年平均浓度为 4.9 毫克/升,较 2005 年下降 31.9%;七大水系 I 至 III 类水质比例为 59.6%,较 2005 年提高 18.6 个百分点;按年平均值评价,地级以上城市达到或优于空气质量二级标准的比例明显提升,达到 83.9%;全国酸雨面积占国土面积的比例较 2005 年下降了 1.3 个百分点;环保重点城市空气二氧化硫年平均浓度为 0.042 毫克/立方米,较 2005 年下降 26.3%。国外对我国污染减排工作密切关注,美国通过全球卫星观测数据分析后认为,2007 年以来中国大气中二氧化硫浓度开始下降,奥运会期间北京地区大气中主要污染物浓度显著降低,奥运会后继续保持下降趋势。

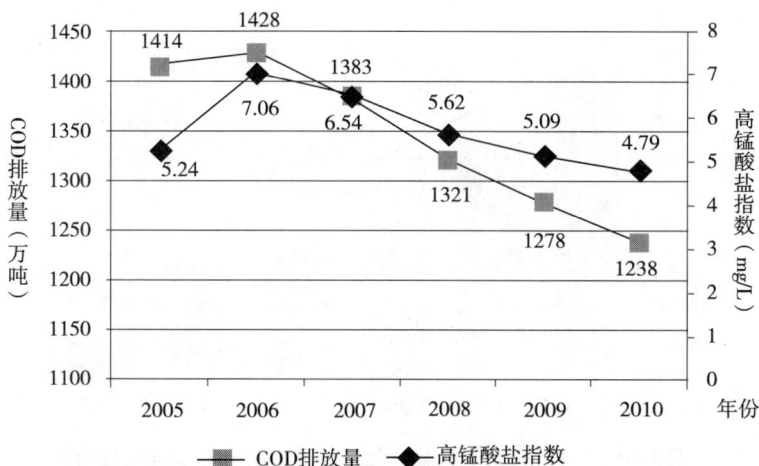

图 5—3　2005—2010 年高锰酸盐指数以及 COD 排放量

三、推动产业结构优化升级

污染减排工作充分发挥倒逼机制作用,各地纷纷采取"上大压小、减量置换、限期淘汰"等措施,促使能耗大、排放量高的企业退出市场。通过污

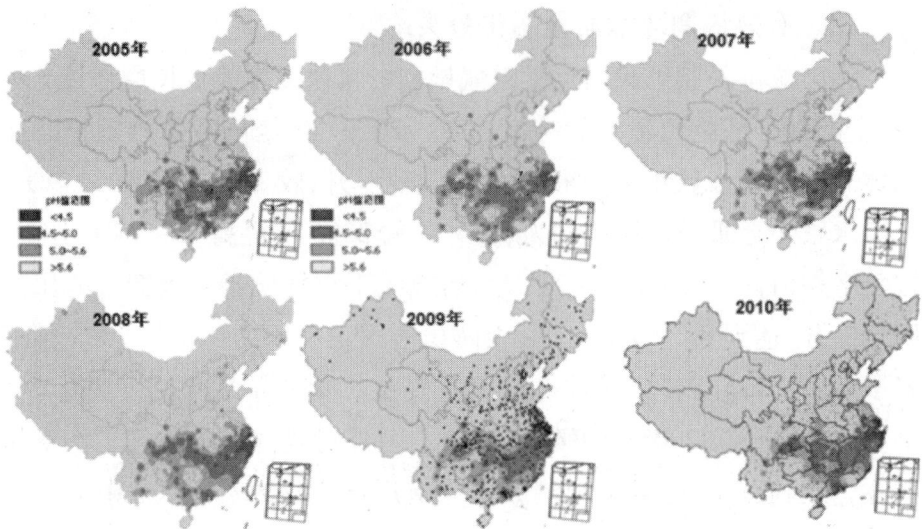

图5—4　2005—2010年全国酸雨面积

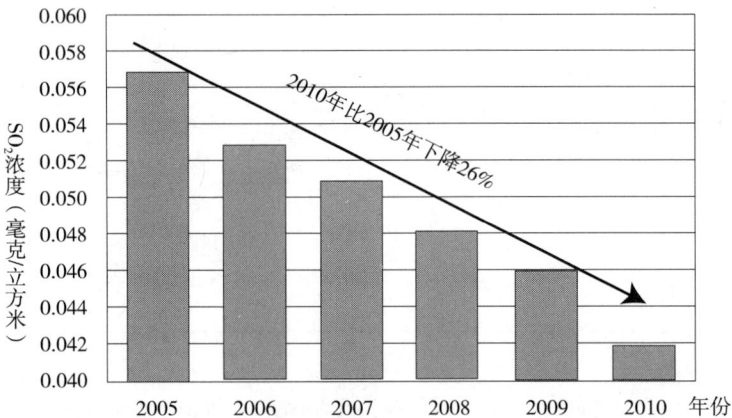

图5—5　"十一五"环境保护重点城市二氧化硫浓度变化趋势

染减排相关措施,"十一五"期间累计关停小火电机组7210万千瓦,提前一年半完成关闭5000万千瓦的任务;钢铁、水泥、焦化及造纸、酒精、味精、柠檬酸等高耗能高排放行业淘汰落后产能均超额完成任务。2010年,全国电力行业30万千瓦及以上火电机组占火电装机容量比重较2005年提高了近24个百分点,钢铁行业1000立方米以上大型高炉比重提高了32%,新型干法水泥熟料产量比重提高了42%。这些重点污染行业的集中度提高有效降低了单位产品能源消耗与污染排放。2010年,我国火电供电煤耗下降9.5%,全国造纸、化工和纺织行业化学需氧量排放强度比2005年分别下降了73.9%、66.7%和50%,电力、非金属矿物制品、黑色金属冶炼行业二氧化硫排放强度分别下降了72.5%、58.1%和50%。

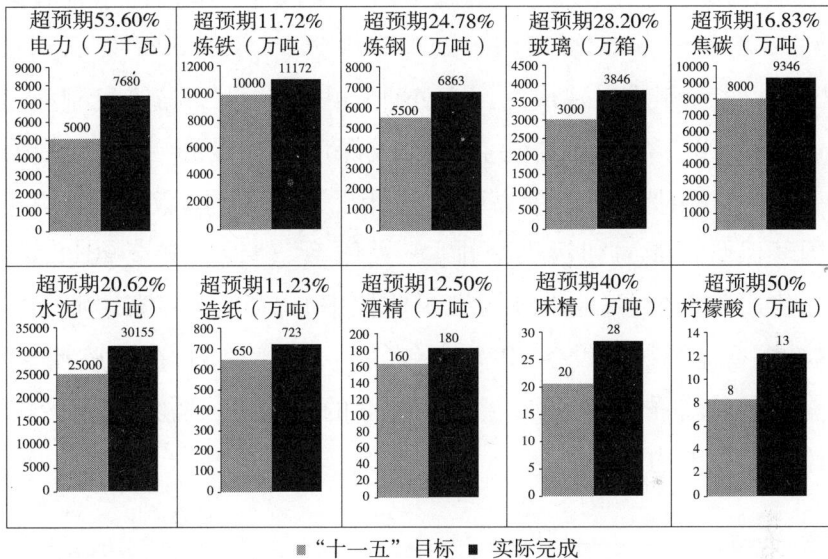

■"十一五"目标　■ 实际完成

图5—6　落后产能调整的力度超过规划目标

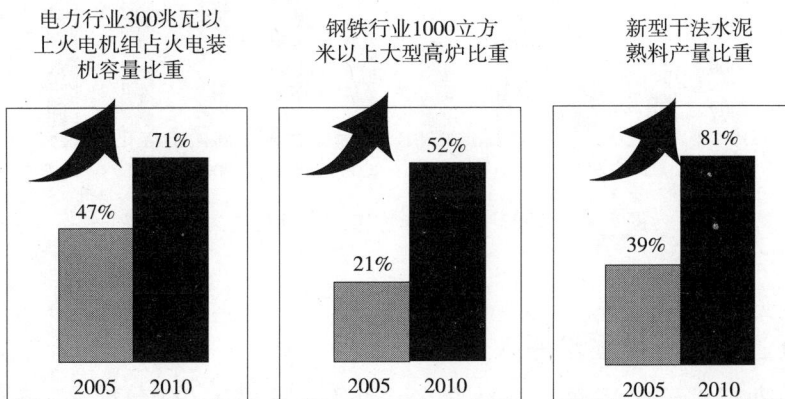

图5—7　重点行业产业集中度提高

四、减排基础设施建设突飞猛进

"十一五"期间,污染减排工程总投入约为 8160 亿,电厂脱硫、城镇污水处理等重点工程取得突破性进展。"十一五"期间,全国累计建成运行燃煤电厂脱硫设施 5.32 亿千瓦以上,火电脱硫机组比例从2005 年的 12% 提高到 2010 年的 82.6%;全国累计建成城镇污水集中处理设施 2832 座(其中"十一五"期间增加约 2000 座),污水日处理能力达到 1.25 亿立方米,城市污水处理率由 2005 年的 52% 提高到目前约 77%,一些多年难以建成的污水处理厂由于减排"倒逼"机制而迅速建成运行;3000 多家重点排污企业建成深度治理设施,极大地提升了我国工业污染治理水平。中央财政累计投入资金约 117 亿元,用于支持全国环保监管能力和污染减排"三大体系"建设。截至 2011 年底,全国已建成 343 个省、地市级污染源监控中心,15000 多家企业实施自动监控,配备监测执法设备 10 万多台(套),环境监测、在线监控、执法监察能力显著增强,初步建成了比较配套的环保执法监察、重点污染源在线监测监控能力。

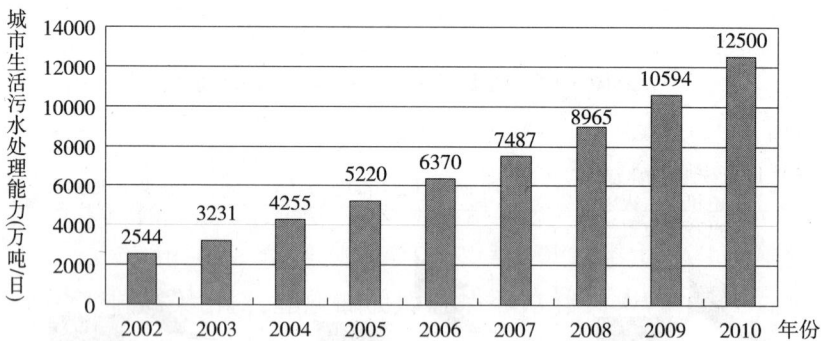

图 5—8 2002—2010 年城市污水处理能力对比图

五、污染减排逐步深入人心

污染减排已广泛深入到社会各个方面,减排不仅仅是一项环保工作,也是一项经济工作,同时还是一项社会工作,并已日益成为一种社

（单位：亿千瓦）

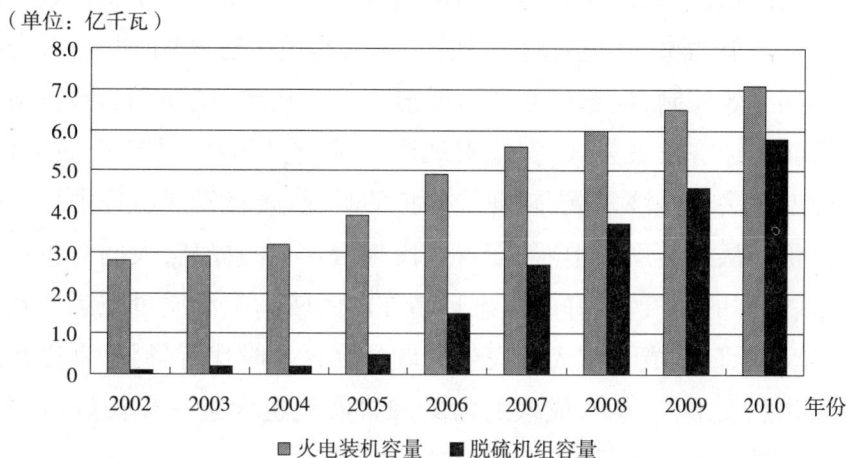

图5—9 2002—2010 年脱硫机组容量示意图

会理念、生活方式和发展模式,推动了社会各界积极参与资源节约型、环境友好型社会建设。

污染减排逐步从政府责任目标转变为自觉施政行为,很多地方已经认识到推进节能减排、加强环境保护,既是转变方式的内在要求,也是转变方式的重要推动力量,可以破解瓶颈制约,增强可持续发展能力,有利于产业优化和技术升级,再造新优势,能够扩大市场需求,形成新的增长动力。推进节能减排还能创造良好的生态环境,有利于形成投资创业比较优势,有利于聚集优秀人才,吸纳先进生产要素,发展现代产业。节能减排理念成为越来越多企业的共识,很多企业加入到了节能减排的行列中来,树立绿色经营理念、研发节能环保新技术和新产品。在社会层面,人民群众环保意识更加觉醒,对污染减排工作给予了大力的支持,节水节电、绿色消费、绿色出行正在成为新的时尚。这些都为进一步推进节能减排工作奠定了坚实的社会基础。

第四节 污染减排的启示和经验

我国污染减排工作有着鲜明的时代大背景。从政治层面上看,党的十六大以来,中央提出了树立和落实科学发展观的重大战略思想,提出建设资源节约型、环境友好型社会,提出建设生态文明,主要污染物排放得到有效控制,生态环境质量明显改善。从经济层面上看,我国正在加快转变经济发展方式,实施宏观调控,控制"两高一资"产品出口,努力改变过去重经济发展、轻环境保护的状况,减轻发展过程中付出的环境代价。从社会层面上看,随着人民生活水平的提高,人们对包括干净的水、新鲜的空气、良好的生态环境在内的较高生活质量充满了新期待,环境问题日益成为重大的民生问题。在这一时代背景下,推进污染减排工作意义重大,卓有成效的污染减排实践也为进一步做好这项工作提供了重要的启示,积累了有益的经验借鉴。

一、党中央、国务院高度重视是做好污染减排工作的根本保障

胡锦涛总书记多次强调,大力推进节能减排工作是贯彻落实科学发展观、促进经济社会可持续发展的重大举措;必须下最大决心,用最大气力,力求取得实际成效,在这个问题上,我们没有退路。温家宝总理明确指出,"十一五"规划提出节能减排这两个约束性指标是一件十分严肃的事情,不能改变,必须坚定不移地去实现。李克强副总理多次要求,把节能减排作为优化经济增长、促进经济转型和改善民生的重要手段,努力使生态环境逐步得到改善。党中央、国务院的高度重视,极大地统一了全国上下对污染减排的思想认识。各地区、各部门以高度的政治责任感,认真贯彻落实中央决策,加强组织领导,创新思路方法,创造性地推进污染减排工作。党中央、国务院的高度重视,各地各部门创造性的工作,是污染减排工作取得实效的根本保障。

二、坚持依靠地方政府并严格责任考核是做好污染减排工作的关键举措

环保工作是否有成效,关键在于明确责任抓落实。减排工作一起步就牢牢抓住落实各级政府责任并严格考核这个"牛鼻子",保障了工作有

效推进。环境保护部将减排指标、减排工程、减排措施一一分解落实到各省级政府,各级政府再层层分解落实,实行严格督察考核,形成了一级抓一级、层层抓落实的良好减排工作模式。"十一五"期间,环境保护部对进展较慢、问题突出的 8 个省(区)发出减排预警,对 14 个城市或企业集团实行"区域限批",对 100 多家重点企业予以通报和挂牌督办,严格的考核问责引起社会强烈反响,进一步形成政府为主导、企业为主体、市场有效驱动、全社会共同参与的推进节能减排工作格局,这是保持污染减排高压态势的关键,也是推进污染减排各项措施得以落实的关键。

三、切实建立健全污染减排工作长效机制是做好污染减排工作的重要途径

只有加强统筹管理,用好法律、经济、技术、行政等综合手段,打出减排政策的"组合拳",建立长效机制,才能真正形成减排合力。"十一五"期间,环保部门与有关部门推动制定或修订了《水污染防治法》、《循环经济促进法》和《规划环境影响评价条例》;制定或修订污染物排放标准 37 项,涉及有色、农业、轻工、化工、机动车等多个行业;针对部分敏感地区,及时增设了更严格的污染物排放限值。日益健全的法律法规和标准体系为污染减排工作提供了有力的法制保障。全方位参与国家宏观经济决策,充分利用污染减排大力推进经济结构和产业结构调整,借助"倒逼"机制,促进一批耗能大、排放高、经营粗放的企业彻底退出市场,严格限制"两高一资"项目;会同有关部门颁布实施了火电脱硫优惠电价、节能发电调度、污水管网建设以奖代补、政府绿色采购、排污交易试点等一系列环境经济激励政策。注重加强部门联动,协调解决区域和城市污染减排的重大问题。各地也结合实际情况,建立健全激励约束措施,努力形成减排长效机制。

四、强化污染减排基础能力建设是做好污染减排工作的现实需要

基础不牢,地动山摇。推进污染减排工作,就必须提升环保能力。

从减排工作一开始,环保部门就十分注重配套的能力建设。首先是不断强化"污染减排统计、监测和考核三大体系"能力建设,累计投入资金 100 多亿元,建成 343 个省、市级污染源监控中心,环境监测、执法监察能力显著增强。其次是深入研究、创新核查技术方法,研究制定了一套比较科学、可操作、有约束力的核查技术体系。这套体系涉及减排统计、监测、考核、核查、预警、计划、调度、公告等多个方面,不仅有效地调动了地方政府和有关企业,而且也得到了多数地方政府和有关方面的认可。第三是大力加强人员队伍建设,在几年来的总量管理工作中,环保系统通过加强全系统内的业务培训和每年两度的核查核算工作,从上到下培养了一支比较专业的污染减排队伍。此外是加强环保基础设施的运行监管,火电脱硫设施、污染处理设施、在线监控设施等是环境保护和污染减排的基础设施,几年来在强化建设的同时,也十分重视运行监管,并将其运行管理作为总量核查的重要内容,有效地保障了投资效益和减排效益。

第六章　污染防治

近年来,污染防治工作坚持源头预防,在经济社会发展政策、战略和规划的研究制定过程中全方位介入,充分考虑环境容量,减轻环境压力。坚持全过程预防,在生产、分配、流通和消费的各个环节强化预防,减少污染物产生。坚持环境优先,把环境保护作为产业规划、土地规划和城市规划的前置条件,把环境容量作为城市发展的先决条件,以环境保护优化经济社会发展。坚持防住"两头",未受污染或污染较轻的流域区域,严加防范和保护,防止受到破坏;污染严重的流域区域,彻底消除环境安全重大隐患,防止发生造成生态环境重大破坏或产生重大社会影响的环境污染事件。通过艰苦奋斗和不懈努力,"十一五"期间在我国工业化、城镇化进程快速推进,国内生产总值年均增长 11.2% 的情况下,全国环境中主要污染物浓度有所下降,局部地区环境质量有所改善,污染防治工作取得了重要进展。2011 年,全国地表水国控监测断面中,I—Ⅲ类水质断面比例为 61.0%,较 2002 年提高 31.9 个百分点,劣Ⅴ类水质断面比例为 13.7%,较 2002 年下降 13.9 个百分点。全国环境空气质量达标城市比例为 89.0%,较 2002 年提高 54.9 个百分点。

第一节　污染防治工作概述

一、污染防治工作历程回顾

中国环境污染防治从 20 世纪 70 年代初正式起步,在 30 多年的发展历程中,逐步由末端治理向全过程控制转变,由点源治理向区域、流域综合治理转变,与此同时,政府环境监督管理的手段也趋于多样化。从起步阶段到20世纪90年代初,中国的污染治理基本上是以末端治理为主。进入20世纪90年代以后,得益于清洁生产、循环经济等先进理念的推行,污染防治逐步由末端治理向全过程控制转变。

　　进入新世纪,党和政府明确要求"牢固树立和认真落实以人为本,全面、协调、可持续的发展观","以科学发展观统领中国经济社会发展的全局"。科学发展观强调人与自然和谐,强调经济发展和人口、资源、环境协调,强调坚持走生产发展、生活富裕、生态良好的文明发展道路,将环境保护提到了前所未有的高度。2005年国务院印发《关于落实科学发展观加强环境保护的决定》,这份统领新时期环境保护工作的行动指南首次提出"科学评价发展与环境保护成果",坚持"环境优先"、"保护优先"、"禁止开发"等要求,体现了以环境保护优化经济增长的总体思路。2006年通过的《国民经济和社会发展第十一个五年规划纲要》中特别将单位国内生产总值能源消耗降低20%,主要污染物排放总量减少10%作为规划实施的约束性指标。2006年4月17—18日,国务院在北京召开了第六次全国环境保护大会。温家宝总理发表重要讲话,提出环境保护要加快实现"三个转变"。这些重大战略部署标志着中国的环境保护工作进入了由以环境换取经济增长为主向以环境优化经济增长转变的历史新阶段。污染防治工作加快了从点源治理向区域、流域综合治理转变。国家实施了全国主要污染物排放总量控制计划,对工业固体废物和3项大气污染物、8项水污染物实行总量控制,将主要污染物总量控制作为约束性指标纳入国家五年规划。重点对"三河"(淮河、海河、辽河)、"三湖"(太湖、巢湖、滇池)、"两区"(二氧化硫控制区和酸雨控制区)、"一市"(北京市)、"一海"(渤海)进行综合治理。此外,还加强了三峡库区和南水北调工程沿线的水污染综合治理,启动了长江上游、黄河中游和松花江流域的水污染综合治理,并将113个大气污染防治重点城市也确定为全国污染防治工作重点。

近年来,党中央、国务院更加重视污染防治工作,不仅提出了建设生态文明、推进环境保护历史性转变,让江河湖泊休养生息、环境保护是重大民生问题、探索中国环保新道路等一系列加强环境保护的新理念新举措,而且对空气、水、重金属、危险废物、危险化学品等污染防治工作提出明确要求。2011年年底,国务院召开了第七次全国环境保护大会,会前印发了《国务院关于加强环境保护重点工作的意见》和《国家环境保护"十二五"规划》,全面部署了新时期环境保护工作,明确了污染防治工作的目标和任务。

环境监督管理的手段也趋于多样化。在中国污染防治的早期发展阶段,政府及其主管部门进行监督管理的手段比较单一,主要是采取强制手段,通过下达行政指令(命令)、规定等强制要求污染者执行有关法律、规章和标准。伴随着环境保护和改革开放的不断推进,政府及其主管部门对污染治理开展监督管理的手段也开始逐步多样化,特别是生态补偿、调整进出口关税政策、绿色信贷等系列举措的推出,大大强化了利用经济杠杆保护生态环境的力度。全国人大常委会在2011年听取了国务院关于环境保护工作情况的汇报,对污染防治工作给予充分肯定。

二、污染防治工作的主要领域

党的十六大以来,污染防治工作继末端治理和综合防治两个阶段后,进入了结构调整和全面提高阶段。在结构调整阶段(2005年前),着力进行大规模的工业污染治理,依靠经济结构调整,关停并转一些污染严重、生产能力过剩、技术设备落后的小企业和污染排放不能达标的企业,同时全面推行企业清洁生产试点和重污染企业清洁生产强制审核。通过实施全国主要污染物排放总量控制计划,全面推进工业污染企业排放达标和重点城市环境质量达标,重点治理三河、三湖、两区、一市、一海的污染,全面推行城市环境综合整治定量考核、开展创建国家环境保护模范城市和国家环境友好企业活动,并依靠科技进步,参与国际合作,结合国家经济结构调整和加强城市环保基础设施建设,初步实现了污染防治工作目标。2004年,全国人大修订《固体废物污染环境防治法》,进一步明确了环保部门关于危险废物全过程监管的职责。

　　在全面提高阶段(2006年至今),环境保护部把水、大气污染防治作为重中之重,把保障群众饮水安全作为首要任务,按照国务院确定的"气五条"、"水六条"的要求,进一步加大了污染防控工作力度,重点流域区域环境治理持续推进。环境保护部配合全国人大对《水污染防治法》进行了修订,明确了全面推行排污许可证和总量控制等法律制度,进一步强化了地方政府的环保责任,加大了对违法行为的处罚力度。先后召开了松花江流域、全国重点湖泊和全国河流污染防治会议,研究部署水污染防治工作。发布了《关于加强松花江流域水污染防治工作的通知》、《关于加强重点湖泊水库水环境保护工作的通知》、《关于加强河流污染防治工作的通知》等,进一步采取严格措施,控制水污染物排放总量,合理开发利用水资源,努力让江河湖泊休养生息。组织了集中式饮用水源保护区专项调查,初步摸清了全国县级以上城市集中式饮用水源保护的情况,发布了饮用水源保护区划分技术规范,使70%的饮用水源保护区达到了规范要求。取缔关闭了饮用水源一级保护区内的排污口,依法严厉打击了二级保护区内的违法排污行为。淮河、海河、辽河、松花江、三峡库区及上游、丹江口库区及上游、黄河中上游、滇池、巢湖流域水污染防治规划已经国务院批复实施。环境保护部会同石油化工、纺织印染、造纸、电力、钢铁等行业协会召开了重点行业的减排工作会议,修订并颁布了电力、水泥等重点行业污染物排放标准和清洁生产标准,着力推进高耗能高污染行业结构调整和重点企业减排。经国务院批准,原国家环保总局与北京周边6省(区、市)共同成立了奥运会空气质量保障工作协调小组,共同采取行动,为绿色奥运提供环境保障。国家及各省级环保部门陆续成立了专门的固体废物管理机构,有力推动了以危险废物为重点的相关法律制度的实施。近年来,固体废物管理工作以建立健全法律法规和政策、制度为基础,以污染防治能力建设和处理处置设施建设为重点,全国固体废物环境管理工作取得了积极的进展。全国共命名 67 个国家环境保护模范城市和 38 家国家环境友好企业,树立了一批"社会文明昌盛、经济快速健康发展、环境质量良好、资源合理利用、生态良性循环、城市优美洁静、基础设施健全、生活舒适便捷"的示范城市和"科技含量高、经济效益好、资源利用率高、环境污染少"的经济与环境双赢的企业典范,发挥了"示范带头、典型引路"的重要作用。

2011 年,国务院召开第七次全国环保大会,明确要求坚持努力不欠新账、多还旧账,加大水、空气等污染治理力度。进一步加强饮用水水源保护,全面完成保护区划分,全面取缔所有排污口,全面推进水源地环境整治,确保群众喝上干净水、安全水。流域污染防治要把覆盖范围扩大到所有大江大河大湖和有关海域,并实行分区控制,优先防控重点单元。进一步提高城市污水处理率。实行脱硫脱硝并举、多种污染物综合控制,健全重点区域大气污染联防联控机制,明显减少酸雨、灰霾和光化学烟雾现象。要求坚持城乡统筹、梯次推进,加强面源污染防治和农村环境整治。大力推进农村面源污染防治,引导和鼓励农民科学施肥施药和合理养殖种植,积极开展土壤污染防治和修复。扩大农村环境连片整治范围,重点完成 6 万个建制村的综合整治。严格实施重金属污染综合防治规划,有效减少重金属污染的危害。要求坚持预防为先、及时应对,着力消除污染隐患,妥善处置突发事件。加大风险隐患排查和评估力度,把环境污染事件消灭在萌芽状态。建设快速高效的应急救援体系,充实应急救援物资和装备。合理调整化工企业空间布局,严格化学品生产管理,堵塞运输安全漏洞,切实防范化学品环境污染事件。

三、污染防治监督管理制度体系建设

(一)法律体系建设

污染防治法律法规体系包括海洋污染防治、大气污染防治、水污染

防治、环境噪声污染防治、固体废物污染防治、放射性污染防治、有毒有害物质及化学品污染防治以及振动、电磁辐射、光污染等其他公害的防治立法。10年来,国家相继制定了《放射性污染防治法》《循环经济促进法》,修订了《固体废物污染环境防治法》《水污染防治法》等法律,在这些法律中建立了"总量控制"、"生态补偿"、"饮用水源保护"等一系列重要环境法律制度。为促进清洁生产,2002年6月国家颁布《清洁生产促进法》,该法是第一部以推行清洁生产为目的的法律。目前,中国已建立起较为完善的污染防治体系,除振动和光污染的防治尚存在立法空白之外,主要的污染防治领域都已经有法可依。

（二）监督管理制度建设

现行污染防治领域的环境管理制度,主要是由"三同时"制度、环境影响评价制度、排污收费制度、环境保护目标责任制、城市环境综合整治定量考核、污染集中控制、排污申报登记与排污许可证制度、限期治理污染制度、总量控制制度等组成,这些行之有效的制度在污染防治方面发挥了重要的积极作用。

四、推进污染防治工作的成功经验

十年来,全国污染防治工作取得重要进展,工作基础逐步夯实,工作水平逐步提高,工作成效逐步显现,在由被动应对向主动防控的战略转变道路上迈出重要步伐,逐步融入经济社会发展综合决策,这得益于在推进污染防治工作中形成的一系列好的原则、理念和做法。

（一）坚持"出重拳、用重典",严厉打击环境违法行为

"出重拳、用重典"是污染防治工作的主基调。我国许多地方高污染、高消耗的传统经济发展模式尚未根本转变,环境污染和生态破坏十分严重,频繁引发环境污染事故,严重危害群众身体健康。但是,一些地方保护主义比较普遍,对环境违法行为查处不力,甚至纵容、包庇违法排污企业,环境监管失之于宽、失之于松、失之于软,致使环境违法行为比较猖獗。在全社会对环境质量改善的呼声日益强烈的大形势下,

"我们不消灭污染,污染就消灭我们"。各级环保部门提高认识、认清形势、挺直腰杆,增强紧迫感和使命感,以对人民负责、对历史负责的精神,以对污染"零容忍"的坚决态度,对违法行为敢于出重拳、用重典,对地方保护善于出重拳、用重典,坚决遏制"个别人发财、老百姓受害、全社会买单"的现象一再出现,努力让污染行为无所遁形,努力为广大人民群众和子孙后代创造出、保留住一片蓝天、一汪碧水、一方净土。

（二）坚持全面推进、重点突破,着力解决影响民生的突出环境问题

污染防治工作任务十分繁重,各地人力、物力有限且发展不平衡,必须正确处理好全面推进和重点突破的关系,集中力量在重点领域取得突破,形成工作亮点。空气、水和土壤一直是污染防治工作的主要领域,老问题尚未根本解决,新问题又不断涌现。煤烟型空气污染尚未根本遏止,细颗粒物（$PM_{2.5}$）和臭氧污染问题越来越突出。地表水河流、湖泊和海洋污染问题尚未完全解决,地下水污染问题已日益凸显。土壤污染问题近年也逐渐显现,粮食和食品安全受到威胁。重金属、危险废物和危险化学品经过长期积累,不断引发重特大环境污染事件。面对此起彼伏、纷繁复杂的突出环境问题,全国各地环保部门根据实际工作需要,坚持抓住最突出问题争取率先突破。尤其是把优先解决损害群众健康的突出环境问题作为工作的重中之重,力争尽快扭转突发环境事件高发局面,顺应人民群众的新期盼。

（三）坚持多措并举、信息公开,积极参与经济社会发展综合决策

环境保护是复杂的经济社会问题的集合体,必须从经济社会发展综合决策、区域流域综合治理和污染源综合防控等多层面入手,采取综合性措施,多方面协同联动。实践证明,环保目标责任制考核、环保模范城市创建、环保核查与行政审批,能够有力强化地方政府和企业的治污主体责任,是推进污染防治工作的重要手段。环保部门坚持在经济社会发展综合决策层面,针对生产、流通、分配和消费等环节实施全过程、全周期的全防全控;在区域流域综合治理层面,促进不同地区和部

门之间,针对不同环境要素实施联防联控;在污染源综合防控层面,充分调动企业职工、周边居民和社会公众参与积极性,实现全方位、多层面的群防群控。在信息化时代,各级环保部门努力利用好各种信息技术手段,进一步加大信息公开力度,积极推动公众参与和舆论监督,推进污染防治借势进入经济社会发展综合决策层面。一些经济较发达地区,还在积极探索改变环境保护在经济社会发展中的从属地位,推进经济社会发展与环境保护相协调,逐步建立健全了环境保护全面参与经济社会发展综合决策的长效机制。

（四）坚持质量为本、民生至上,努力提高公众的环境满意度

我国主要污染物排放总量巨大,远远超过环境容量,必须下大力气削减主要污染物排放总量,逐步达到环境容量要求,使环境质量不断得到改善和提升。人民群众是否满意是衡量各项工作成效的重要标准,环保部门也坚持把公众的环境满意度当做污染防治工作的出发点和落脚点,通过落实污染防治措施,切实改善环境质量,不断提高公众环境满意度。环保部门还注意不断改进工作方式,更加关注民生问题,及时察民心、体民情、顺民意,最大程度地争取公众理解和支持。用老百姓能理解的环保指标、能听懂的环保语言、能看见的环保措施、能参与的环保行动,集中力量优先解决好老百姓最关心、最直接、最现实的环境问题,让老百姓切身感受到环境质量的逐步改善。

第二节　水污染防治

一、加大饮用水环境安全保障力度

保障饮水安全事关人民群众身体健康和经济社会可持续发展。胡锦涛总书记多次作出重要批示,明确要求增强紧迫感,深入调研,科学论证,认真解决居民饮水问题,使群众喝上放心水。为保护群众的切身利益,新修订的水污染防治法进一步完善了饮用水水源保护区管理制度,对保护饮用水源提出了更加严格的要求。一大批规划、标准、规范

相继发布,为加强饮用水水源地保护提供了重要依据。

(一)全力保障饮用水水源环境安全

国家相继制定发布《全国城市饮用水卫生安全保障规划》、《饮用水水源地安全保障规划》、《饮用水水源保护区污染防治管理规定》、《集中式饮用水水源环境保护指南》、《饮用水水源保护区划分技术规范》和《饮用水水源保护区标志技术要求》等重要规划和技术文件,为保障饮用水安全打好基础。

分步开展城市、集镇、典型农村饮用水水源环境状况调查评估工作,基本摸清了全国3.5万个城乡饮用水水源的环境状况。开展地级以上城市集中式饮用水水源环境状况年度评估,向省级政府通报结果,并约谈了13个水源保护问题突出城市的政府领导。

环境保护部会同国家发展改革委、住房城乡建设部、水利部和卫生部五部门联合印发实施《全国城市饮用水水源地环境保护规划》,从三重保护出发指导各地开展饮用水水源地环境保护和污染防治工作,将进一步提升水源地环境管理和水质安全保障水平,改善我国城市集中式饮用水水源地环境质量。第一重保护措施是狭义的饮用水水源地保护,该规划从8个方面作出详细安排,包括做好一级保护区的隔离防护与整治工作,实施好二级保护区点源整治工程和非点源污染防治工程,实施好水源生态修复与建设工程,构建科学、合理的水源地监测体系,建成覆盖全国的饮用水水源信息管理系统,提高饮用水水源地预警能力和突发事件应急能力,防止饮用水水源污染,保障居民饮用水安全。第二重保护措施是饮用水水源地所处区域和流域的环境保护,要求充分考虑饮用水水源地保护与区域、流域环境保护之间的衔接,共享资源,相互促进。第三重保护措施是科学、合理、高效地配置水资源,确保饮用水水源地保护区来水稳定、水质安全。2011年,全国地级以上城市86.6%的集中式饮用水水源地已完成保护区的划定和调整工作,重点城市供水量水质达标率提高到84.8%。

农村饮用水水源环境保护工作也取得积极进展,2.15亿农村人口饮水不安全问题已经得到解决。《全国农村饮水安全工程"十二五"规划》已获得国务院批复,将全面解决 2.98 亿农村人口和 11.4 万所农村学校的饮水安全问题,使全国农村集中式供水人口比例提高到 80% 左右。

（二）探索建立湖泊择优保护新机制

2011 年中央已经安排资金 9 亿元,支持洱海、梁子湖等 8 个水质较好湖泊开展生态环境保护试点,"十二五"期间预计投入 100 亿元,支持全国水质较好湖泊加大环境保护力度。组织完成太湖、鄱阳湖、三峡水库、抚仙湖等 12 个重点湖库生态安全调查与评估工作,为下一步采取"一湖一策"综合整治措施奠定了基础。

（三）推进地下水污染防治

环境保护部研究制定全国地下水污染防治规划,经国务院批准已印发各地实施。环境保护部会同国土、水利、财政等部门,部署开展全国地下水基础环境状况调查评估工作,实施地下水污染防治修复试点,编制了华北平原地下水污染防治工作方案。

二、全面实施让江河湖泊休养生息

党中央、国务院高度重视重点流域水污染防治工作,胡锦涛总书记在视察淮河时提出让江河湖泊休养生息、恢复生机的战略思想,并对松花江等重点流域的污染防治多次作出重要批示。全国人大修订了水污染防治法,国务院颁布了《太湖流域管理条例》。经国务院批准,建立重点流域水污染防治专项规划实施情况考核制度,落实地方政府流域治污责任,2009 年以来已连续三年开展考核工作。环境保护部会同国务院相关部委多次召开全国环境保护部际联席会议,研究部署重点流域水污染防治工作,"十一五"期间中央安排污染治理专项资金超过 300 亿元,形成了多部门齐抓共管的治污局面,重点流域水污染防治工作取得积极进展。

（一）松花江流域水污染防治成效显著

2005年11月松花江重大水污染事件发生后,松花江流域水环境安全受到国内外高度关注。胡锦涛总书记、温家宝总理、李克强副总理多次对松花江流域水污染防治工作作出重要批示,要求进一步增强责任感、紧迫感,认真落实治污规划,加大治理力度,严格依法监管,扎扎实实地抓,持之以恒地抓,务求取得明显成效,造福沿江人民群众。吉林、黑龙江、内蒙古三省(区)政府也认真贯彻落实党中央、国务院的决策部署,大力实施让松花江休养生息的政策措施,让松花江成为江河湖泊休养生息示范区的战略构想正在成为现实。

一是牢固树立让松花江休养生息新理念。三省(区)政府通过加强党政领导干部环保培训,开展环境宣传教育,全流域生态文明观念普遍提高,让松花江休养生息、积极探索环保新道路成为广泛共识和自觉行动。二是认真贯彻落实《松花江流域水污染防治"十一五"规划(2006—2010年)》。"十一五"期间,国家累计投入松花江流域治污资金78.4亿元;吉林省政府连续两年从省财政及地方债券中拿出3.2亿元,在流域治理上进行先行垫付,并优先安排5000万元地方债券,用于规划项目建设;黑龙江省财政累计投入12亿元用于工业污染防治、环境基础设施建设和环境监察、监测等能力建设。截至2010年年底,规划项目完成99.6%,在建0.4%,完成投资104.7%,新建70座城市污水处理厂,新增污水处理能力295万吨/日,相当于"十五"以前总污水处理能力的2.2倍。三是严格落实治污目标责任制。三省(区)政府均成立松花江流域水污染防治领导小组,由三省(区)主要负责人担任组长,部署治理任务,检查治理进展,把规划项目实施情况纳入干部政绩考核,对项目执行缓慢的地市进行通报批评和"区域限批",推动落实各级政府治污责任。内蒙古自治区出台《自治区重点流域水污染防治专项规划实施情况考核办法》和《自治区城镇污水处理厂运行监督管理办法》,加强对这一工作的监督考核。四是着力构建联防联控协力治污格局。在治理方式上,加强工业点源治理和污水处理厂建设,开展农业面源防治,进行生态修复。在管理方式上,不断强化政府管理,建立健全公众参与和信息公开制度,及时解决公众反映强烈的环境问题。在工作机制上,形成环境保护部际联席会议组成部门和三省(区)地方各级政府之间两条"统一战线"。各部门与环保部门密切配合,在资金安排、用地审批、城镇污水处理厂和垃圾处理场建设运行管理以及水资源调配、农业面源污染防治等方面,给予大力支持。五是不断提升环境监管水平。三省(区)每年都开展超标排污企业执法检查、融冰期环境风险隐患排查与整治、小流域整治等专项行动,严厉打击各类环境违法行为,使流域内工业企业达标排放率提高了60%。强化应急体系建设,建立健全风险防范机制,严格流域环境准入,促进产业结构调整。2010年7月吉林市化工桶被洪水冲入松花江事件得到妥善处理。"十一五"期间,吉林省拒批威胁饮用水源地安全、危害生态安全、没有环境容量的建设项目180多个;黑龙江省停止审批向松花江水体排放重金属、持久性有机物等有毒有害污染物建设项目,退回、暂缓审批和否决审批重大建设项目116个。

松花江休养生息不断深入,成效日益显现。一是全面完成总量减排控制目标。截至2010年年底,松花江流域化学需氧量排放量63.1万吨,较2005年削减19.5%,全流域均完成总量减排控制目标。二是环境质量明显改善。2010年,松花江水质总体上由中度污染好转为轻度污染,流入黑龙江的断面水质已稳定达到Ⅲ类,松花江流域Ⅰ至Ⅲ类水质断面比例为52.9%,比2005年提高29个百分点;劣Ⅴ类水质断面比例为17.6%,比2005年降低2个百分点;国控断面高锰酸盐指数、氨氮、化学需氧量平均浓度比2005年分别下降20.5%、37.5%、24.2%。三是流域水生态系统功能逐步恢复。"十一五"期间,松花江流域水生态系统功能有所恢复,局部江段生态环境可满足鲟鱼、鳌花等稀有鱼类的繁衍条件;水鸟数量逐年增加,东方白鹳等珍贵水禽又重回松花江游弋。

松花江流域水污染防治以休养生息为指导思想,坚持以人为本、改善民生;遵循规律、道法自然;恢复生机、提升活力;系统管理、综合治理;控源截污、优化结构的基本原则,认识上日益深化,措施上不断丰富,实践上快速推进。松花江休养生息的积极探索和生动实践,为其他地方推进江河湖泊休养生息提供了重要启示。

一是尊重自然规律,促进人水和谐。江河湖泊是有生命的生态系统,具有自我调节、自我修复、自我发展的净化功能,用人文关怀善待它们,在人类减少污染和破坏的情况下,可以让它们重新恢复生态平衡,使自然生产力得以再发展。尊重自然规律,树立人水之间和谐相处新观念,把水环境承载力作为经济社会发展规模、布局和速度的基础,实现水生态系统良性循环,恢复系统生机,提升系统服务功能,并不是遥不可及,而是大有作为。

二是坚持政府主导,落实目标责任。江河湖泊水污染防治的主要责任在地方各级政府。水污染防治目标能不能实现,防治责任能不能落实,很大程度上取决于地方政府的主动性、积极性、创造性以及严格的考核问责。必须深入贯彻科学发展观,加快推进环境保护历史性转变,严格落实辖区内水污染防治责任制,完善考核机制,扩大考核范围,进一步推动江河湖泊休养生息的政策实施。

三是注重规划先行,保障投入到位。流域规划是开展水污染防治的实施蓝图,资金投入是做好水污染防治的主要基础,治污项目是水污染防治的重要保障。水污染防治必须科学谋划,提高编制水平,在规划编制、实施、监管等方面,充分发挥国务院有关部门、地方政府的作用。要努力形成"政府引导、市场推进、社会参与"的多元化投入机制,积极筹措资金,增加政府投入,及时开工建设治污项目,高质量完成各项规划项目,保障已建成治污设施正常运行,切实发挥减排效益。

四是优化经济结构,采取综合举措。让江河湖泊休养生息是一项复杂的系统工程,必须整体推进、多管齐下、全面防范、综合治理。通过发挥整体优势,构建横向到边、纵向到底的水污染防治大协作格局,形成治污合力。加快转变流域、区域内经济发展方式,大力调整产业结构,积极发展绿色经济,全面推进清洁生产,实现经济社会发展和水环境保护的双赢。环境保护是发展道路、经济结构、发展方式和消费模式问题。只有转变经济发展方式,环境保护才能有坚实的基础。执行严格的环境保护制度和排放标准,严把环境准入门槛,从源头控制污染物排放,既扬汤止沸,又釜底抽薪。切实推进农村环境综合整治,实施农村连片整治,因地制宜建设小型污水处理设施,加强规模化畜禽养殖污染防治。通过努力,大幅度降低因农业和农村污染所造成的江河湖泊污染。

五是严格环境监管,确保饮水安全。环境保护是重大民生问题,功在当代,利在千秋。必须加强饮用水水源地监管,开展饮用水水源地环境执法专项检查,加大对重大环境风险源的排查整治力度,加强上下游的统一协调,确保水环境安全。只有时刻把公众环境权益放在心上,公众才会时刻把环境保护放在心上。

六是建立长效机制,强化科技支撑。让江河湖泊休养生息不仅要立足当前,更要着眼长远,建立健全长效机制。在部门合作方面,形成政府主导、环保统筹、多部门联动机制,加强分工协作。在环境经济政策方面,探索建立有利于水污染防治的政策措施,出台优惠电价,实行经费补贴,实施"以奖代补",开展流域生态补偿及跨界污染赔偿。在环保科技方面,加强科技攻关,着力突破一批提高治污水平的关键技术和共性技术。"十一五"期间,国家"水体污染控制与治理"科技重大专项,突破了典型化工行业清洁生产、轻工行业废水达标排放、纺织印染行业控源与减毒等关键技术214项,在70项大型工程中得到验证,有力地支撑了重点流域的水质改善,江河湖泊休养生息必须充分发挥现代科技这支"奇兵"的作用。

(二)扎实推进重点流域水污染防治规划编制工作

长江中下游流域水污染防治"十二五"规划已经国务院常务会议审议通过后由环境保护部、国家发展改革委等五部门联合印发实施,并已于2012年4月组织开展了考核。2012年4月,国务院批复了环境保护部、国家发展改革委、财政部、水利部联合编制的《重点流域水污染防治规划(2011—2015 年)》,涵盖松花江、淮河、海河、辽河、黄河中上游、太湖、巢湖、滇池、三峡库区及其上游、丹江口库区及上游等 10 个流域,共涉及 23 个省(区、市),254 个市(州、盟),1578 个县(市、区、旗)。

(三)重点水域水环境质量持续改善

在中央和地方共同努力下,重点流域"十一五"规划项目完成率较"十五"提高了 22.8 个百分点,流域范围内城镇污水处理厂数量和处理能力分别提高了 2.8 倍、1.2 倍。与 2006 年相比,2010 年国控断面水质达到或优于Ⅲ类的比例增加了 13.4 个百分点,劣Ⅴ类断面比例下降了 16.9 个百分点,高锰酸盐指数的年均值下降了 35.9%,单位工业增加值化学需氧量排放强度下降了 52%。吉林、黑龙江、山东、江苏、贵州、云南、辽宁等省推进水污染治理力度空前,成效显著。各地在探索流域污染治理中涌现出不少成功的典型经验。山东省在南四湖污染治理中,按照"治、用、保"并举的流域治污路线图,采取结构调整、工程治理和生态修复等措施,在主要河流入湖口退耕还湿和建设人工湿地约 6.5 万亩,水质得到明显改善。云南大理州在洱海保护中尊重自然规律,体现人文关怀,按照科学的治理和保护规划,通过生态修复和建设,流域生态系统正向良性循环的方向转变。辽宁省在辽河流域、河北省在子牙河流域都采取了强有力的治理措施,工业和城市污染治理明显加快,流域环境质量有较大改善。

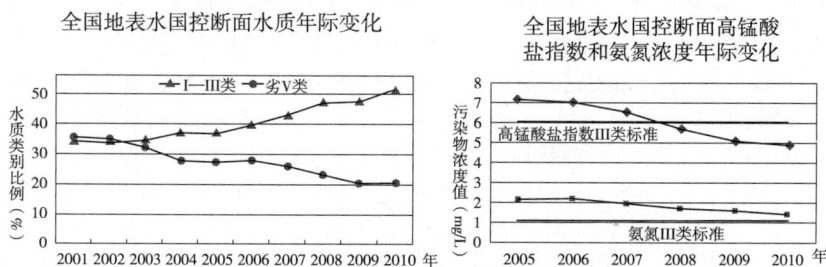

图6—1　全国地表水国控断面水质变化

（四）探索建立流域生态环境补偿机制

中央财政安排专项资金,率先在新安江流域开展了跨界流域水环境补偿试点。河北省实行河流跨界断面水质目标责任考核,对考核不合格的地市,省财政厅直接扣缴"生态补偿金"。

三、海洋环境保护迈出可喜步伐

我国十分重视海洋环境保护工作,逐步建立了海洋环境保护机构和海洋环境保护法规体系,制定海洋环境保护规划,建立海洋自然保护区,社会各界保护海洋的意识和法制观念不断增强,海洋环境保护工作不断取得新进展。

专栏6—1:2010年全国近岸海域水质总体状况

基本情况:近岸海域监测面积共279225平方千米,其中一、二类海水面积为177825平方千米,三类为44614平方千米,四类、劣四类为56786平方千米。全国近岸海域水质总体为轻度污染,水质状况级别与2009年相同。按照监测点位计算,一、二类海水比例为62.7%,比2009年下降10.2个百分点;三类海水占14.1%,上升8.1个百分点;四类和劣四类海水占23.2%,上升2.1个百分点。

四大海区近岸海域水质状况:黄海和南海水质良好,渤海水质差,东海水质极差。9个重要海湾中,北部湾和黄河口水质为优,胶州湾水质为一般,辽东湾水质为差,渤海湾、长江口、杭州湾、闽江口和珠江口水质极差。

各沿海省(自治区、直辖市)近岸海域水质状况:广西和海南近岸海域水质为优,一类海水比例占60%以上,且一、二类海水比例占90%以上;山东近岸海域水质良好,一、二类海水比例在80%以上;辽宁、河北、江苏、福建和广东近岸海域水质一般,一、二类海水比例在70%左右;天津、上海和浙江近岸海域水质极差。

各沿海城市近岸海域水质状况:东营、青岛、日照等16个城市近岸海域水质为优;丹东、大连等19个城市近岸海域水质良好;唐山、滨州、珠海和钦州近岸海域水质一般;营口、锦州、南通、温州、宁德、福州和厦门近岸海域水质为差;盘锦、天津、上海、嘉兴、舟山、宁波、台州和深圳近岸海域水质极差。

污染因子:影响全国近岸海域水质的主要污染因子仍为无机氮和活性磷酸盐;部分样品酸碱度(pH)、溶解氧、铅、化学需氧量、石油类、汞、铜和镉超标。四大海区的主要污染物均为无机氮和活性磷酸盐;黄海海区超标项目最少;镉和汞除渤海海区有样品超标外,其他三海区均无样品超标;铅除黄海外,其他三海区均有样品超标;酸碱度(pH)在各海区均存在少量样品超标。

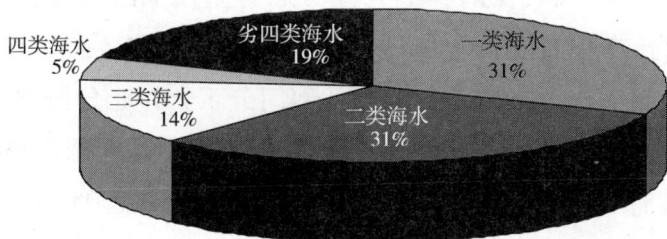

图6—2　近岸海域水质状况比例

（一）建立海洋环保合作工作新机制

环境保护部与国家海洋局共同签署了《关于建立完善海洋环境保护沟通合作工作机制的框架协议》，这是我国首个部门间环保合作协议，为我国海洋环保工作开创了新局面。环境保护部联合发改、财政、监察、建设、农业、交通、海洋、解放军等部门，连续几年共同开展海洋环保联合执法检查。组织编制"十二五"近岸海域污染防治规划，编制完成《中国保护海洋环境免受陆源污染国家行动计划》，开展了重点海区环境容量与总量控制分配示范研究工作。

（二）加强近岸海域环境监测

2002年，为进一步发挥全国近岸海域环境监测网的作用，提高我国近岸海域环境监测能力和水平，原国家环境保护总局办公厅发布《关于设立中国环境监测总站近岸海域环境监测分站（中心站）的通知》，在各海区分别设立了中国环境监测总站近岸海域环境监测分站（中心站），我国近岸海域环境监测得到切实加强。

（三）着力做好渤海环境保护工作

2001年，原国家环境保护总局联合国家海洋局、交通部、农业部和海军及环渤海的天津市、河北省、辽宁省、山东省人民政府，共同编制了《渤海碧海行动计划》。当年10月，国务院对该计划进行了批复，明确指出"《渤海碧海行动计划》是渤海和环渤海地区水环境保护、生态环境保护和海洋资源保护工作的重要依据"。《渤海碧海行动计划》是我国首次跨部门跨省市的海洋环境整治的联合行动计划,在污染治理重点上突出氮、磷污染控制;在内容上充分考虑与正在编制的各种计划、规划的衔接配合;在项目安排上体现了污染治理工程与生态保护恢复工程并重;在编制工作上坚持了各地方各部门分工合作充分协商原则。2009年经国务院同意,国家发展改革委、环境保护部等五部门联合印发了《渤海环境保护总体规划(2008—2020年)》,把渤海环境保护放到了更加突出、更加紧迫、更加重要的位置。

第三节　大气与噪声污染防治

一、大气污染防治新机制取得新成效

（一）不断完善联防联控机制

2010年5月,国务院办公厅印发了关于推进大气污染联防联控改善区域大气环境质量的指导意见,对全国大气污染防治工作进行了全面安排和部署。这是国务院第一份专门针对大气污染防治的综合性政策文件,明确了当前和今后一个时期大气污染防治的指导思想、工作目标和重点措施,标志着我国大气污染防治工作进入快速发展的新阶段。为落实国务院要求,环境保护部组织编制了《重点区域大气污染防治规划(2011—2015年)》,将于近期报国务院发布实施。规划范围涵盖京津冀、长三角、珠三角等13个重点区域,以环境空气质量改善为目的,以二氧化硫、氮氧化物、工业烟粉尘、挥发性有机物等多污染物协同控制为手段,实施区域联动,加快建设"统一规划、统一监测、统一监管、统一评估、统一协调"的区域联防联控工作机制,着力解决区域性大气污染问题。规划批复后,将严格开展年度评估和"十二五"终期评估考核,考核结果将成为地方各级人民政府领导班子和领导干部综合考核评价的重要依据。

（二）大气主要污染物排放强度明显降低

为调整产业结构,淘汰落后产能,国家先后出台《促进产业结构调

整暂行规定》、《产业结构调整指导目录》等政策,限制高排放、高耗能行业盲目扩张。"十一五"期间,环保部门建立了严格的环境准入制度,提高了火电、钢铁、水泥等高污染、高排放行业环境准入门槛,颁布实施清洁生产标准,建立落后产能淘汰机制,实施经济补偿政策,依法淘汰落后生产能力。"十一五"期间累计关停小火电装机容量7683万千瓦,淘汰落后炼铁产能1.2亿吨、炼钢产能0.72亿吨、水泥产能3.7亿吨,有力地促进了产业结构优化,降低了工业行业大气污染物排放强度。电力、非金属矿物制品、黑色金属冶炼行业二氧化硫排放强度分别下降72.5%、58.1%和50%,机动车单车排放强度降低了40%。

（三）城市大气环境综合整治不断推进

"十一五"以来,全国进一步深化城市大气环境综合整治。实行"退二进三"政策,首都钢铁集团公司、重庆钢铁等一大批重污染企业实施环保搬迁改造,优化了城市产业布局;积极推动城市清洁能源改造,发展热电联产和集中供热,淘汰了一批燃煤小锅炉,面源污染得到初步控制;京津冀、长三角、珠三角启动了加油站油气回收治理工作,切实解决与老百姓日常生活息息相关的大气污染问题。制定实施汽车"以旧换新"政策,全国共提前报废车辆28.8万辆,每年减排各类污染物约21万吨。大气环境综合整治工作取得了积极成效,2010年,全国地级及以上城市二氧化硫和可吸入颗粒物的年均浓度分别为0.035毫克/立方米和0.081毫克/立方米,比2005年分别下降了24.0%和14.8%,二氧化氮浓度保持基本稳定。

（四）大气污染控制重点工作领域不断拓展

2011年以来,大气细颗粒物（$PM_{2.5}$）污染引发社会广泛关注,2012年2月国务院批准发布新修订的《大气环境质量标准》,增加了大气细颗粒物（$PM_{2.5}$）等污染物排放限值。面对新形势,大气污染防治工作及时调整工作重点,积极应对大气细颗粒物（$PM_{2.5}$）污染,确立了大气细颗粒物（$PM_{2.5}$）防治总体思路,要求必须从转变生产方式、改变生活方式、改善生态环境入手,加快调整产业结构和能源消费结构,实施多污染物协同控制,开展多污染源管理,加强区域联防联控。环境保护部多次赴珠三角、长三角、京津冀、新疆等地开展大气污染防治工作调研,与地方党委政府共同商议解决大气污染问题,提出有针对性的防治措施建议。加强对北京的指导和协调,形成《北京市大气污染防治实施方案(2012—2020 年)》,为解决首都大气污染问题指明了方向。

二、机动车环境管理实现跨越式发展

中国的机动车污染防治工作始于 20 世纪 80 年代,以颁布和实施排放法规为标志。90 年代末,汽车排放造成的污染问题受到国家的高度重视,国家加快了推进机动车污染防治工作的步伐,大力推进车用汽油无铅化和轿车电喷化。进入新世纪,相关法规、标准不断收严,推进机动车污染减排实现跨越式发展。

(一)机动车排放控制体系更加严格

国家相继制定了农用运输车、摩托车、车用点燃式发动机及装用点燃式发动机汽车排气污染物排放限值及测量方法等国家机动车环境标准。在控制车型方面,由轻型汽车发展到重型汽车,再到摩托车和轻便摩托车以及非道路车辆、机动船舶等。在燃料方面,由最初的汽油车,到柴油车,再到气体燃料车、两用燃料车、混合动力车等。在排放测量方法方面,经历了由简单工况法(如:怠速法、双怠速法、自由加速法等)到稳态多工况法,再到瞬态工况法,进而采用非循环工况法的过程,目的是使排放测量工况更加符合车辆实际使用状况。由仅控制新车的模拟排放控制性能,到对车辆排放控制性能的耐久性提出要求,进而要求采用车载诊断系统(OBD)来监控车辆实际使用过程中的排放控制状况等。

(二)统筹机动车与车用燃料推进排放控制

国家采用各种法律、政策、经济措施,促进机动车排放控制水平与车用燃料清洁化程度一同提高,使车用燃料质量能够满足不断提高的机动车排放控制技术的要求。其中,汽油无铅化、柴油低硫化等对机动车排放控制技术的提高起到了重要的作用。

（三）污染物排放限值不断收严

轻型汽车欧洲第一阶段排放法规污染物排放限值比初始阶段降低80%，第二阶段进一步降低到90%，到第四阶段又降低到95%。低排放、零排放汽车将成为汽车工业的发展方向，而制定和实施更加严格的排放标准，降低排放负荷是解决机动车污染问题的必然选择和有力手段。2005年在国务院有关部门的支持下，通过各个标准编制单位的共同努力，原国家环保总局批准、发布了轻型汽车Ⅲ、Ⅳ阶段排放标准、重型汽车Ⅲ、Ⅳ、Ⅴ阶段排放标准等11项国家机动车排放标准，使我国机动车污染防治工作又向前迈出了关键的一步。2005年，国务院批准北京市提前实施部分国家第三、四阶段汽车排放标准，标志着我国机动车排放法规由第二阶段升级到第三阶段的进程正式启动。2008年3月，北京市分两个阶段执行国家第四阶段机动车排放标准，北京与欧盟目前的排放标准实现接轨。目前，北京正在积极申请提前实施国Ⅴ机动车排放标准。

三、成功完成重大活动空气质量保障

奥运会环境质量保障任务艰巨、举世瞩目，是对我国环境保护工作的一次全面考验。在党中央、国务院的坚强领导下，环境保护部与北京、天津、河北、山西、内蒙古、山东6省（区）市政府，解放军、武警部队以及奥运会各协办城市政府，创造性地实施了区域联防机制，采取了最严格的环境污染控制措施，通过部门联动、政企联动，联防联控，在北京及周边地区共同构筑了一道坚不可破的环境安全屏障。北京持续加大环境污染整治力度，奥运前已累计投入1400多亿元，实施了13个阶段、200多项污染控制措施。积极改善能源结构，控制煤烟型污染，实施公交优先战略，控制机动车污染，调整产业结构，控制工业污染，严格工地管理，控制扬尘污染，大气环境质量连年得到改善。2008年3月1日，北京机动车排放标准正式与欧洲发达国家接轨，尾气排放污染物削减约50%。2008年7月20日,北京开始实施机动车单双号限行,这些都为保障奥运期间良好的空气质量打下坚实的基础。

　　2008年8月8日至24日奥运会期间,北京市空气质量全部保持在二级(良好)以上,其中10天达到一级(优)标准;9月6日至9月17日残奥会期间,12天的空气质量天天达标,其中2天达到一级(优)标准。全部赛事期间,空气中的二氧化硫、可吸入颗粒物、一氧化碳、二氧化氮等主要污染物浓度平均下降了50%左右,完全兑现了奥运会期间空气质量承诺,并创造了近10年来北京市空气质量的最好水平。除上海出现一天轻微污染外,天津、沈阳、青岛和秦皇岛等奥运会各协办城市空气质量优良率均为100%,满足了奥运会期间空气质量的要求。通过奥运环境质量保障工作,锻炼了环保队伍,强化了环保能力建设,提升了环境管理水平,弘扬了中国环保精神。环保部门取得的成绩,得到了党中央、国务院和人民群众的充分肯定,赢得了国际社会对中国环保事业的理解、支持和称赞。

　　国务院转发了推进大气污染联防联控工作改善区域空气质量的指导意见,推广北京奥运会空气质量保障成功经验,要求建立完善区域大气污染联防联控新机制。在上海世博会和广州亚运会期间,环保部门打破行政界限,成立领导小组,签署环境保护合作协议,编制实施空气质量保障方案,实施省际联合、部门联动,齐抓共管、密切配合,统一环境执法监管,统一发布环境信息,形成强大的治污合力,取得积极成效,继绿色奥运之后,又圆满兑现了绿色世博和绿色亚运的庄严承诺。三大活动期间空气质量保障工作,为我国建立区域大气污染联防联控机制积累了有益经验。

四、积极营造宁静安居环境

　　2001年《国务院关于国家环境保护十五计划的批复》中提出"各地要重点解决群众反映强烈、问题突出的环境问题"和"运用激励机制,营造环境保护良好氛围"的要求。2002年12月6日,原国家环保总局在全国城市开展创建"安静居住小区"活动,成为全国城市噪声污染防治工作的一项重要内容。"安静居住小区"强调将环境意识和行动贯穿于小区的建设、管理和噪声污染防治的整体性活动中,引导小区居民关注环境问题,树立热爱居住环境、保护安静适宜、美好家园的情操和培养对环境负责任的精神;掌握基本的噪声防治知识,认识人与环境要和谐相处的先进理念;从自己做起,从身边的每一件事做起,积极参与保护居住环境的行动,让小区里所有的群众从关心自身居住环境到关心周围、关心社会,为创建安静居住小区共同作出不懈的努力,从根本上消除噪声污染和扰民问题。通过创建安静居住小区活动,树立一批环境管理优秀、生活安静舒适的居住小区典范,以此进一步推动城市的环境噪声管理。

全国许多城市积极行动,把创建安静居住小区工作作为提高和改进城市噪声环境管理的切入点,做到规划、布局合理,工作有序,措施有力;根据小区自身特点,采用多种宣传形式,创造良好的环境氛围;对各类可能产生的噪声源作出明确具体的管理规定;调动部门、社区、物业等多方面的力量,运用法律、规章,强化管理,及时解决噪声扰民问题。通过创建"安静居住小区"活动,不仅使小区和群众的环境意识得以提高,周围居住环境得到改善,而且还带动了家庭、通过家庭带动了小区、通过小区又带动了公民更广泛地参与保护环境的行动,产生了明显的社会效应,深受小区居民的欢迎。创建"安静居住小区"活动,不仅成为小区、物业管理部门改进管理方法的重要载体,而且也逐渐成为新形势下噪声环境管理的一种有效方式。

第四节　重金属、化学品和固体废物污染防治

一、重金属污染防治扎实推进

重金属污染防治工作,事关广大人民群众尤其是儿童的身体健康,事关社会的和谐稳定。党中央、国务院领导同志高度重视、十分关心,

多次作出重要批示和指示,要求做好这项重要工作。2009年国务院办公厅转发环境保护部《关于加强重金属污染防治工作的指导意见》,明确重金属污染防治的目标任务和工作重点。2010年经国务院批准建立重金属污染防治部际联席会议制度,制定印发《重金属污染防治工作任务分工方案》。

2011年国务院批复了《重金属污染综合防治"十二五"规划》和《湘江流域重金属污染治理实施方案》。《重金属污染综合防治"十二五"规划》遵循源头预防、过程阻断、清洁生产、末端治理的全过程综合防控理念,明确了重金属污染防治的目标,即到2015年,建立起比较完善的重金属污染防治体系、事故应急体系和环境与健康风险评估体系,解决一批损害群众健康的突出问题;进一步优化重金属相关产业结构,基本遏制住突发性重金属污染事件高发态势;重点区域重点重金属污染物排放量比2007年减少15%,非重点区域重点重金属污染物排放量不超过2007年水平,重金属污染得到有效控制。《重金属污染综合防治"十二五"规划》还从指导思想、基本原则、工作重点、主要任务、重点项目、政策保障和组织实施等方面提出一系列举措和要求,为重金属污染防治工作指明了方向。

《重金属污染综合防治"十二五"规划》发布后,环境保护部召开重金属污染综合防治"十二五"规划视频工作会议进行动员部署,印发工作任务分工方案和实施方案编制指南,各省级人民政府均已批复并开始实施本省重金属污染综合防治规划。近期又发布了《重金属污染综合防治"十二五"规划实施考核办法》及《重点重金属污染排放量指标考核细则》,加大督导和责任落实力度。2012年年初环境保护部组织对各地2011年度规划实施情况进行了考核。

为加强重金属污染专项治理,中央财政增设重金属污染防治专项资金。2010年首次下达15亿元,支持14个重点省份的84个重金属污染防治项目。2011年又下达25亿元,支持25个省份开展重金属污染专项治理工作。"十二五"期间计划投入资金595亿元,其中中央财政投入 300 亿元,完成 927 个治理项目。2011 年底全国废水中重点重金属污染物排放量比 2007 年下降 0.4%,其中重点区域重金属污染物排放量较 2007 年下降 13.4%,初步遏制了重金属排放量增加趋势。

二、化学品环境管理取得新成效

国务院发布危险化学品安全管理条例,明确赋予环保部门废弃危险化学品处置、进口危险化学品登记等重要环境管理职能。环境保护部成立后首次单独设置化学品环境管理机构,通过抓工作机制建立、抓人员能力提高、抓基础情况调查、抓法规制度建设、抓长远工作谋划,化学品环境管理工作取得了显著成效。一是建立健全法律法规,填补管理空白。环境保护部积极参与《危险化学品安全管理条例》的修订工作,修订发布了《新化学物质环境管理办法》及有关配套文件,编写完成了《危险化学品环境管理登记办法》;二是制定规划、发布政策,解决突出环境问题。环境保护部组织编制了《化学品环境风险防控“十二五”规划》,发布了《关于加强电石法生产聚氯乙烯及相关行业汞污染防治工作的通知》和《农药产业政策》以及制定了《关于加强化工园区环境保护工作的意见》,组织开展了全国汞污染排放源现状调查;三是严格审批、完善制度,从源头实施准入。环境保护部完善了审批程序,组建了化学物质专家评审委员会,对测试机构进行规范和检查,发布并实施了《关于加强有毒化学品进出口环境管理登记工作的通知》,修订完善了《中国严格限制进出口的有毒化学品目录》。

与此同时,持久性有机污染物(POPs)污染防治初见成效。“十一五”期间,持久性有机污染物(POPs)污染防治以贯彻落实《中华人民共和国履行〈关于持久性有机污染物的斯德哥尔摩公约〉国家实施计划》为纲,在摸清家底、兑现承诺、严控排放、科学规划、建立制度、有序协调等方面均取得了显著成果,为构建持久性有机污染物(POPs)污染防治长效监管机制夯实了基础。具体进展主要包括如下方面:一是组织开展了全国持久性有机污染物(POPs)调查与更新调查,深化调查成果,建立了持久性有机污染物(POPs)统计报表制度;二是联合发改委等部门,发布了《关于禁止生产、流通、使用和进出口滴滴涕、氯丹、灭蚁灵及六氯苯的公告》,全面淘汰9种杀虫剂类持久性有机污染物(POPs),印发了《关于加强二噁英污染防治的指导意见》,严格监管二噁英排放;三是编制完成《全国主要行业持久性有机污染物污染防治"十二五"规划》,指导地方制定省级持久性有机污染物(POPs)"十二五"规划,明确"十二五"持久性有机污染物削减控制目标和具体措施;四是充分运用国家履约协调机制,共同决策推进持久性有机污染物(POPs)污染防治和履约工作。

三、固体废物管理全面加强

(一)逐步完善法规制度

"十一五"以来,国家陆续制定出台《废弃电器电子产品回收处理管理条例》、《国家危险废物名录》、《固体废物进口管理办法》等数十项法规政策、管理制度和标准规范,以《固体废物污染环境防治法》为核心,相关条例、规章、标准、规范为补充的固体废物政策法规体系基本建立。

(二)危险废物处置能力大幅提高

"十一五"期间,国家投入40亿元用于危险废物和医疗废物处置设施建设。截至2010年年底,全国危险废物经营许可证持证单位利用处置能力达到2325.4万吨/年,实际利用处置危险废物约840万吨,分别较2006年提高226%和180%。国家安排12.5亿元专项资金用于铬渣污染综合整治,到2012年初已完成67%的治理任务。

(三)危险废物督查考核机制初步建立

2011年环境保护部印发《"十二五"全国危险废物规范化管理督查考核工作方案》,首次建立危险废物规范化管理工作督查考核机制,有效落实危险废物污染防治政府责任。2011年全国危险废物和危险化学品环境管理专项执法检查工作中,共检查铬盐、多晶硅、危废处置运营等企业4621家,有效打压了危险废物环境违法活动高发态势。

（四）固体废物进口监管进一步加强

环境保护部印发《固体废物进口管理办法》,发布进口废船、废光盘破碎料和废聚对苯二甲酸乙二酯（PET）饮料瓶砖环境保护管理规定,进口废物审批进一步规范,加工利用后期监管逐步加强,建立了与海关、质检等部门的进口管理和执法信息共享机制,有效预防和打击废物非法越境转移。截至2010年9月底,全国仅进口废纸就达1800多万吨,与碱法制浆造纸比较,可减少约70万吨化学需氧量（COD）排放,有力促进了"节能减排"。

（五）固体废物管理能力建设取得积极进展

国家级和31个省级固体废物管理中心陆续建成,13个省的67个地市成立了固体废物管理中心,全国固体废物管理和电子废物信息系统建设基本完成。

（六）固体废物环境管理各项工作有效推进

联合发展改革委、工业和信息化部、卫生部编制了《"十二五"危险废物污染防治规划》,编制完成《"十二五"固体废物环境监管能力建设方案》和《"十二五"城区场地污染防治规划》,下发了关于加强城镇污水处理厂污泥污染防治工作的通知。

第五节　城市环境保护与工业污染防治

一、深入开展环境保护模范城市创建

创建国家环境保护模范城市（以下简称"创模"）是具有中国特色的环境保护激励性政策,能够借各方之力形成环保统一战线推动中心工作,可以充分调动地方政府积极性,努力解决群众关注的突出环境问题,加大城市环保投入,强化环境基础设施建设,加速优化产业结构,加快城市环境质量改善。各地将创模作为加快转变城市经济发展方式、提升城市环境管理水平的有力抓手。四川、浙江、湖北、河南、山西、陕西等地积

极开展省级环保模范城市(县)创建工作。2010年,国家环境保护模范城市全年空气优良天数比例和地表水环境功能区水质达标率分别高于全国平均值21.91和11.36个百分点,医疗废物集中处置率、生活污水集中处理率、生活垃圾无害化处理率分别高于全国平均值14.91、24.74和24.27个百分点。国家统计局调查显示,环保模范城市公众对环境的满意程度远高于其他城市。"蓝天、碧水、绿地、宁静、洁净"已成为环保模范城市的重要标志,形成全国城市的一道亮丽风景线。

2009年国务院批准保留国家环境保护模范城市创建活动后,环境保护部适时修订发布创模管理办法和指标实施细则,及时召开全国创模工作现场会,印发《进一步强化国家环境保护模范城市示范带头作用的通知》,实行模范城市有效期制,建立国家环保模范城市退出机制,加大信息公开力度,规范创建程序和考核验收时限,六大环保督查中心和各省级环保部门严格把关,创模工作进入崭新阶段。

积极推进城市环境综合整治,城市环境基础设施建设与环保能力建设力度不断加大。共安排中央预算内投资525亿元支持城镇污水垃圾处理设施建设项目,带动地方投资3000多亿元。

城市环境管理工作不断强化,城市环境综合整治与定量考核(简称"城考")作为污染防治基础性工作扎实推进,全国661个城市全部纳入城考范围,2000多万个城市环境管理基础数据全部实现网络报送和系统校核,采取省际互审互查和现场抽查等多种手段,并按照国际惯例采取电话入户方式开展公众环境满意度调查,提升城考数据真实性,强化城考对城市环境管理的推动作用。四川省人民政府自2006年起对全省城考工作统一部署,由省政府办公厅组织考核,结果纳入地方政府领导政绩考核。

二、工业污染防治步入主动防治阶段

(一)积极探索工业污染防治新举措

"十一五"期间,环境保护部制定502项国家环保标准、72项地方环保标准,发布20多项污染防治技术政策,提高了环境准入门槛。强化行业自律和企业主体责任,严格开展制革、稀土、钢铁、柠檬酸、味精、酒精、淀粉等重点行业环保核查,发布符合环保要求的企业名单公告,采取部门联动措施,限制不符合环保法律法规要求的企业出口产品、信贷融资,促使企业加大治污资金投入,2011年仅稀土行业300多家企业就新增环保投资20多亿元,15家企业率先进入环境保护部首批稀土企业达标公告,商务和工业主管部门据此优化调整出口配额和生产指令性计划,促进了稀土行业持续健康发展,推动了行业发展方式转变,维护了国家战略利益。

（二）严格开展上市环保核查

各级环保部门进一步完善核查制度和技术规程,印发文件要求全面审查企业环境行为,加大信息公开和后督查力度,取消重大环保问题整改承诺制,阻断违法企业上市及融资道路,督促企业切实解决环保问题。各级环保部门严格开展上市环保核查,环保"杀手锏"作用日益强化,社会影响日益扩大,推动上市环保核查发展成为一项重要环境管理制度,写入国务院重要文件。2011年,通过环境保护部上市环保核查的51家公司新增环保投入99.7亿元,完成916个环境治理项目。环境保护部分别于2009和2011年组织开展上市公司环保后督察,共检查138家上市公司及其下属693家企业,对紫金矿业等环境问题突出的企业予以通报批评,推动整改689项重大环境问题,推进了上市公司改进环境行为,引起新闻媒体广泛关注。

（三）全面推进重点企业清洁生产

以五个重金属污染防控重点行业和七个产能过剩行业为突破口,采取"多管齐下"措施,加大清洁生产审核和评估验收工作力度。环境保护部已分四批公告9088家企业的清洁生产审核和评估验收信息。河北省2011年对1062家企业实施了强制性清洁生产审核,推动企业投入40多亿元,实施5589个中高费方案,化学需氧量和二氧化硫产生量分别减少2.03万和2.56万吨,节水1.13亿吨、节标煤191.3万吨。

江苏省 2011 年对 1008 家企业开展强制性清洁生产审核,推动企业投入资金 27. 8 亿元,实施 1907 项中高费方案,取得明显环境效益。

李克强副总理在第七次全国环境保护大会上高度评价这项工作,明确指出"加强重点行业环保核查,积极推行清洁生产,大力发展循环经济,为转变经济发展方式作出了贡献"。

第七章　环境保护科技标准与产业

过去十年,环保科研体系进一步完善,环境科技水平不断提高,为加强环境管理、加大污染治理力度提供了强大的支撑。随着环境科技体制改革的深入,环保科研开始向战略性、综合性和技术集成方向发展。环保科技的进步促进环保产业的快速崛起,我国环保产业实现了跨越式发展,成为新的经济增长点。在日趋系统化、科学化的环境科技标准的约束和引领下,环保产业迈出技术进步和自主创新的坚实步伐,涌现出一大批具有自主知识产权的产品和创新能力的企业,部分领域具备了较强的国际竞争力。

第一节　理顺环保科技体制　推进环保科研工作

一、深入实施科技兴环保战略

党中央、国务院高度重视环保科技工作。2006年2月,《国家中长期科技发展规划纲要(2006—2020年)》对环保科技发展进行了战略部署。原国家环保总局出台《关于增强环境科技创新能力的若干意见》,提出全面实施"科技兴环保战略",通过实施环境科技创新工程、环境标准体系建设工程和环境技术管理体系建设工程三大工程,在环境科技创新的关键领域取得重大突破。各级环保部门不断适应环境管理需要,适时调整环境技术法规和标准,逐步建立起以技术政策、技术指南、技术规范、技术评估和技术推广、示范为主要内容的国家环境技术管理体系。环境科技创新工程以解决重大环境问题为出发点,以环境管理制度创新研究为先导,不断突破环境保护的技术瓶颈,为建立先进的环境监测预警体系提供了有效的技术支撑和保障。通过实施科技兴环保战略,我国科技引领和支撑环保事业发展的能力有了显著提高。

环保科技改革不断深入,组织形式和运行机制日趋系统化、科学化。2006 年 8 月,第一次全国环保科技大会在北京召开。大会提出科技兴环保战略和"建设两大平台、实施三大工程、落实四项措施"的工作思路,即强化科学决策机制,建设科技协作和能力建设两个平台,实施科技创新、标准体系建设和环境技术管理体系建设三大工程,落实领导、投入、体制、队伍四项保障措施。经过几年的共同努力,我国环保科技工作取得显著成效,环境科技创新工程成效显著。

科技重大专项是环境科技创新工程的重要载体和平台。《国家中长期科技发展规划纲要(2006—2020 年)》(简称《规划纲要》)设立的十六个重大专项中,有四个与环境保护有关,分别是水体污染控制与治理科技重大专项(简称"水专项")、转基因生物新品种培育科技重大专项(简称"转基因专项")、高分辨率对地观测系统科技重大专项(简称"高分专项")和大型先进压水堆及高温气冷堆核电站科技重大专项(简称"核电专项")。《规划纲要》的发布,充分体现了党中央、国务院落实科学发展观,破解制约经济社会发展的资源环境瓶颈的决心和魄力。2006 年,国家选择公益特点突出、行业科研任务较重的 10 个部门作为先行试点,设立中央财政专项。专项主要围绕《规划纲要》的重点领域和优先主题,组织开展行业内应急性、培育性、基础性科研工作,主要涵盖行业应用基础研究、行业重大公益性技术前期预研、行业实用技术研究开发、国家标准和行业重要技术标准研究、计量、检验检测技术研究等,以提高行业发展科技支撑力度。几年来,环保部门争取专项经费 7.8 亿元,设立了 234 个项目,产出了一大批项目研究成果,为国家环境保护科学管理和综合决策发挥了重要的支撑作用。

与此同时,其他国家科技计划对环境保护的支持力度也不断加大,依托环境保护部组织和管理的项目(课题)共有 565 个,累计经费约 43.5 亿元,投入规模前所未有。其中,科技支撑计划 6 个项目,经费 1.3 亿元;"973"计划 7 个项目,经费 1.3 亿元;国际科技合作项目 9 个,经费约 2000 万元;基础性专项项目 4 个,经费 729 万元;重点新产品、软科学等政策引导性项目 70 余个,经费 300 余万元。

二、改革完善环保科技体制

为加强和规范环保科研项目管理,提高财政资金使用效益,提高环保科研人员信用水平,保证项目评估评审工作廉洁高效进行,环境保护部结合环保科研特点,不断改革完善环保科研体制,制定发布《环保科研项目绩效考评管理暂行办法》、《环保科研人员信用管理暂行办法》、《环保科研项目评估评审行为管理暂行办法》以及《公益性行业科研专项环保项目验收规范(试行)》等一系列科研管理办法。项目过程管理中,除了开题论证、中期检查以及验收之外,环境保护部对所有归口管理的项目严格实行合同管理制度、年度进展报告制度、重大事故报告制度、经费执行季度申报制度、项目管理培训制度以及项目奖惩制度。绩效考评与信用管理已是项目管理常态化手段,每年都要将绩效考评与信用管理结果向项目承担单位及其上级主管部门通报,对于出现重大问题或通报批评的项目坚决实行"黑名单"制度,取消项目单位三年内环保项目申报资格。

为充分发挥各方面的力量,构建全国环保科技"统一战线",环境保护部于 2006 年组建成立了国家环境咨询委员会和科学技术委员会。国家环境咨询委员会是环境保护宏观与综合决策的高层专家咨询机构,由环境领域 50 名著名院士构成。环境保护部环境科学技术委员会是环境保护部常设的科学技术咨询审议机构,由 40 名国内环境领域知名的专家学者和环境保护部业务司局退休领导组成。同时,在科研项目组织上,注重产学研用相结合、中央与地方相结合、不同机构和地方科技人才相结合,提出了"基地—人才—项目"机制,通过强强联合,组建科技创新基地,积聚优秀人才,开展科技攻关;稳定项目经费支持,培养造就环保科技领军人物,壮大创新基地和人才队伍,实现基地人才项目良性互动。环保系统高层次人才和青年科技领军人才显著增加。"十一五"以来,环境保护部部直属科研院所的中高级技术职称人数比例达45%,有2位专家当选中国工程院院士,2人入选国家"千人计划",15人享受国务院特殊津贴,6人入选"新世纪百千万人才工程"国家级人选,2人获得全国专业技术杰出人才称号,1人获得中国青年科技奖。各地环保部门不断加强与国内外高校和科研院所的交流合作,环保科技人才梯队逐渐形成。

三、加快工程技术研究中心和重点实验室建设

工程技术研究中心和重点实验室是促进环保科技成果转化为生产力的孵化器,在促进重大科技成果的产业化和工程化方面发挥了重要作用。2007年,原国家环境总局发布《国家环境保护重点实验室"十一五"专项规划》和《国家环境保护工程技术中心"十一五"专项规划》。2009年,李克强副总理视察中国环境科学研究院和中国环境监测总站并主持召开环保工作座谈会,明确支持环保系统建设国家重点实验室。环境保护部开展重点实验室调研,整合系统内科技资源,确定重点研究方向,提出建设"环境基准和风险评估国家重点实验室"。在科技部、财政部的大力支持下,环境基准与风险评估国家重点实验室获批建设,实现了环保系统在国家重点实验室建设上"零"的突破。

"十一五"期间,中央财政累计向环保部门投入科研经费近50亿元,带动地方财政投入近100亿元。环境保护部批准建设国家环境保护重点实验室20个、国家环境保护工程技术中心26个,与科技部联合批准建设国家环境保护科普基地12个。截至2010年,已批准授牌的国家环境保护重点实验室11个,同步在建的国家环境保护重点实验室9个。建成了10个国家环境保护工程技术中心,另有9个国家环境保护工程技术中心正在建设中。上海、江苏、四川、宁夏、青岛等地出台支

持环保科技创新文件,明确环境科研经费渠道,调动了环境科技工作者的积极性,创造了良好的科技创新氛围,各地相继建成一批省级环保重点实验室和工程技术中心。安徽、陕西、宁波、沈阳等地环境科技基础平台建设初具规模,创新能力得到较大提高。

四、水专项取得重大阶段性成果

水专项已启动 32 个项目,230 个课题,落实中央财政投入 32.1 亿元,走在了民用领域十一个科技重大专项的前列。经过不懈努力,水专项已基本实现"控源减排"目标,初步构建起水污染治理和水环境管理两大技术体系,攻克一批关键技术,研发一批关键设备和成套装备,培养一大批环保科技人才,为国家水环境综合整治和饮用水安全保障提供了有力支撑。

一是突破了一批"控源减排"关键技术,支撑主要污染物减排任务超额完成。在工业废水深度治理方面,突破化工、轻工、冶金、纺织印染、制药等重点行业关键技术 214 项,在 70 项大型工程中得到验证。通过在辽河、海河、松花江等重点流域开展示范,实现每年减排污水 1.3 亿吨,削减化学需氧量 1.1 万吨。例如,为吉林化纤集团开发的化纤废水物化—生物处理组合工艺,在处理成本降低 30% 以上的同时,每年可减排有毒物质二甲基乙酰胺 310 吨,从根本上解决了有毒有机物去除和脱氮的双重难题。在城镇污水处理和饮水安全保障方面,突破了城市污水处理厂提标改造和深度脱氮除磷关键技术,在环太湖、环渤海等地区建设 20 个示范工程,对 500 多座城市污水处理厂进行升级改造,污水日处理规模达 1500 万吨,每年削减化学需氧量 16 万吨、氨氮 5.4 万吨、总磷 1.4 万吨。研发受污染原水净化处理、管网安全输配等 40 多项饮用水安全保障关键技术,为城市实现从源头到龙头的供水安全保障奠定科技基础。例如,以超滤膜等技术为核心,在东营市建成我国首座大型国产超滤膜水厂,日供水能力达 10 万吨,出厂水质稳定达到国家标准 106 项指标要求,而且吨水成本增加幅度控制在 0.3 元以内。在农业和农村面源污染治理方面,初步突破畜禽养殖废弃物生态循环利用与农业面源污染控制等关键技术,在太湖、洱海等流域进行示范取得明显效果。

二是综合集成示范多项关键技术,增强改善重点流域水环境质量的信心。水专项组织全国优势科技力量,紧密结合重点流域污染防治规划的实施,选择太湖、滇池、辽河等重点流域开展大兵团联合攻关,系统集成流域水质改善和生态修复关键技术,并在近600项示范工程中进行推广应用,为重点流域水质改善提供了技术支持。2009—2010年环境监测结果显示,辽河、淮河干流化学需氧量消除劣 V 类,海河水质有所改善;太湖富营养状态由中度变为轻度,劣 V 类入湖河流由 8 条减少为 1 条;巢湖富营养化程度得到明显改善,基本遏制了蓝藻水华大面积爆发;滇池外海水质明显好转。

三是研发了一批关键设备和成套装备,带动节能环保战略性新兴产业加快发展。面对复杂多变的国际经济形势,根据国务院统一部署,水专项及时优化调整任务设置,加快发展节能环保等战略性新兴产业。针对水环境监测、污泥处理处置、水处理等设备国产化率低等问题,集中力量重点研发50项国家亟须的产业化关键技术和设备,扶持一批环保企业成功上市。成功研发"高效、多相变、污泥热干化"等关键技术和设备,干化污泥含水量由 80% 以上降低到 50% 以下,每吨污泥干化焚烧成本降低约 60—70 元。研制出大型仿生式水面蓝藻清除装置,每小时过滤含藻水 1000 立方米,在应对 2010 年 8 月巢湖蓝藻水华爆发、化解供水危机中发挥了重要作用。

四是加强队伍建设,培养一大批科技攻关团队和领军人才。水专项领导小组高度重视科研人才队伍建设,充分发挥环保与住建直属系统、科研院所、高等院校三支力量的作用,统筹国家和地方优势资源,采用地方推荐、部门筛选、公开择优等多种方式遴选出近 300 个水专项科技攻关团队,建立院士工作站、研究基地等平台,引进多名海外高层次人才,培养上百名学科带头人、中青年科技骨干和五千多名博士、硕士,建立人才凝聚、使用、培养的良性机制,形成了大联合、大攻关、大创新的良好格局。

五是加大宣传力度,营造水专项组织实施的社会氛围。水专项事关国计民生,涉及部门众多,社会各界广泛关注。几年来,水专项通过举办各类展览、研讨、培训等形式,广泛宣传水专项的总体部署、战略目标和主要成就,赢得了各地各部门和广大人民群众的理解和支持。2011年,在"十一五"国家重大科技成就展、"十一五"环保成就展、全国科技成果巡回展等一系列展览中,党和国家领导人对水专项取得的积极进展给予充分肯定。

第二节　完善环境保护标准体系

一、为优化经济结构和污染减排提供支撑

(一)不断更新完善环境保护标准体系,为促进转方式调结构提供有力支撑

为优化产业结构,增强内需驱动力,及时调整《环境标志产品政府采购清单》,环境保护部发布9项环境标志产品标准。政府绿色采购产品种类由19类增加到21类,700余家企业生产的8000多个规格型号产品享受到了绿色消费的优惠政策和发展机遇。《火电厂大气污染物排放标准》大幅度收紧排放限值,二氧化硫削减率达18.2%。《稀土工业污染物排放标准》提高稀土工业的准入门槛,有效促进了稀土产业技术升级和结构调整,支撑了国际贸易谈判,受到党和国家领导人的充分肯定。各地方根据本地实际,加大标准修订工作的力度。北京、河南等地环保部门发布环境标准规划,上海实施环保标准行动计划,黑龙江、山东、广东、天津、辽宁、福建等省(市)进一步完善了地方环保标准体系。环境保护标准体系的不断更新和完善,为稳增长、促转型和污染减排提供了有力的支撑。

（二）针对重点区域环境保护工作需要发布污染物排放标准，提升污染减排的效果

环境保护部围绕环境监管和评价工作，创新标准管理思路，启动针对性的标准研究和制定工作，完善环境质量标准规范体系，提高排放控制要求。环境保护部颁布《国家环境技术管理体系建设规划》，确立了以技术指导、评估和示范为主要内容的管理框架。发布《国家先进污染防治技术示范名录》、《国家鼓励发展的环境保护技术目录》以及20余项技术政策、30余项工程技术规范和6项最佳可行技术指南，对环境保护技术发展起到引领作用，在重点行业污染减排中发挥了重要的技术支撑作用。

研究显示，在二氧化硫减排量中，技术进步的贡献率达66%。重庆、宁夏、内蒙古、南京、深圳、长春等地，通过采取推动技术示范、发展循环经济、促进清洁生产等措施，在污染减排科技攻关方面取得了较好成效。浙江、湖南、广东等省以技术进步为引导，以污染减排为动力，积极推进战略性新兴产业，带动环保产业快速发展。

二、国家环境保护标准体系建设成果丰硕

我国现行环境标准体系包括两级、五类，两级分别为国家级标准和地方级标准，五类包括环境质量标准、污染物排放标准、环境监测规范（环境监测分析方法标准、环境标准样品、环境监测技术规范）、管理规范类标准和环境基础类标准（环境基础标准和标准制修订技术规范）。随着环境保护工作的不断开展，环境保护标准数量明显增加、标准管理日趋规范、标准体系不断完善。

围绕污染减排和环境质量改善，环保标准的数量以每年100项的速度递增，增幅之大前所未有，落实标准编制经费近亿元。截至"十一五"末期，我国累计发布环境保护标准1494项，现行标准1367项，其中共有国家环境质量标准14项，国家污染物排放标准138项，环境监测规范705项，管理规范类标准437项，环境基础类标准18项。按照区

别对待与统一要求相结合的策略规定新建和现有污染源的排放要求，取消了先前根据环境功能区设立不同排放限值的做法，标准管理思路不断创新。设立了适用于环境敏感和生态脆弱地区的水及大气污染物特别排放限值。制定《国家污染物排放标准中水污染物监控方案》，设立了水污染物间接排放限值。设置了大气无组织排放和污染源周边环境质量监控的要求。新发布标准的污染物排放限值进一步收紧，平均收紧幅度在50%以上。

各地结合实际加强标准管理。北京、河南等地环保部门发布环境标准规划，上海实施环保标准行动计划，黑龙江、山东、广东、天津、辽宁、福建等省（市）也出台了一系列地方环境保护标准。截至"十一五"末，现行地方污染物排放标准达到63项。"十一五"期间，各地通过实施排放标准减排化学需氧量6.33%，减排火力发电行业的二氧化硫18.20%，水泥行业在产量大幅度增长的情况下，二氧化硫排放量没有明显增加。造纸、火电等行业落后产能淘汰显著，行业技术进步加速。

三、修订公布新的环境空气质量标准

2011年下半年，北京等大中城市受不利扩散的天气过程影响，持续多日出现灰霾天气。由于我国现行环境空气质量评价体系中缺乏$PM_{2.5}$指标，使得各地公布的空气质量监测数据与公众感官存在较大差异，灰霾问题成为社会各界广泛关注的焦点。党中央、国务院对此高度重视。胡锦涛总书记明确指示，要高度重视环境治理，加大$PM_{2.5}$污染防治力度。温家宝总理在会见中国环境与发展国际合作委员会外方代表时指出，要重视完善环境监测标准，使监测结果与人民群众对青山绿水蓝天白云的切实感受更加接近。李克强副总理在第七次全国环境保护大会上明确提出，要抓紧修订发布更加严格的环境空气质量标准。

2012年2月，经国务院同意，环境保护部发布修订后的《环境空气质量标准》（GB3095—2012）、《环境空气质量指数（AQI）技术规定》（HJ633—2012）及《关于实施〈环境空气质量标准〉（GB3095—2012）的通知》。

　　$PM_{2.5}$主要来源于煤炭燃烧、机动车、扬尘、生物质燃烧直接排放的细颗粒物,以及气体中二氧化硫(SO_2)、NOx、氨(NH_3)、挥发性有机物($VOCs$)经过复杂的化学反应形成的二次细颗粒,形成机理复杂,污染治理和控制具有一定的长期性和艰巨性。发达国家控制$PM_{2.5}$的经验,充分反映了这一特点。20世纪80年代以后,美欧各国在可吸入颗粒物(PM_{10})治理的基础上,逐步开展$PM_{2.5}$治理。美国提出一次细颗粒及其气态前体物主要排放源的综合防治战略,欧洲由固定源和机动车的单一排放控制逐步发展到$PM_{2.5}$前体物的协同控制。1987年,美国将PM_{10}列入环境空气质量标准,在基本解决PM_{10}污染问题后,开始着手解决$PM_{2.5}$污染问题,并于1997年发布$PM_{2.5}$环境空气质量标准。欧盟的$PM_{2.5}$治理也大致经历了这样的过程。

　　我国一直高度重视大气污染治理工作。"十一五"以来,我国加大了大气污染治理力度,二氧化硫(SO_2)、二氧化氮(NO_2)和可吸入颗粒物(PM_{10})等常规污染物浓度持续下降。2010年,全国地级以上城市二氧化硫(SO_2)、二氧化氮(NO_2)和可吸入颗粒物(PM_{10})浓度比2001年分别下降了23.91%、9.68%和28.83%,大气污染治理成效显著。但是,随着经济社会的快速发展,以煤炭为主的能源消耗大幅攀升,机动车保有量急剧增长,特别是经济发达地区NOx和VOCs排放量明显增加。京津冀、长三角、珠三角等区域在PM_{10}和总悬浮颗粒物(TSP)污染尚未完全解决的情况下,$PM_{2.5}$和臭氧(O_3)污染加重,灰霾现象频繁发生,一些大城市灰霾天数已占全年的30%—50%。我国大气污染治理形势更加复杂。

　　新修订《环境空气质量标准》的颁布,给大气污染防治提出了更高要求。与现行《环境空气质量标准》相比,新标准调整了环境空气功能区分类方案,进一步扩大了人群保护范围;调整了污染物项目及限值,增设了$PM_{2.5}$平均浓度限值和$O_3$8小时平均浓度限值,收紧了PM_{10}等污染物的浓度限值;收严了监测数据统计的有效性规定;更新了二氧化硫、二氧化氮、臭氧、颗粒物等污染物项目的分析方法,增加了自动监测分析方法;明确了标准分期实施的规定,规定不达标的大气污染防治重点城市应当依法制定并实施达标规划。

针对现行空气污染指数(API)评价结果与人民群众客观感受不一致等问题,新发布的《环境空气质量指数(AQI)技术规定》进一步强调了其服务于公众健康指引的作用,增加了参与评价的污染物项目,调整了分级分类表述方式,完善了监测数据和空气质量指数发布方式,通过每一整点时刻发布各监测点位的主要污染物浓度和环境空气质量指数,为公众了解环境质量、合理安排生活与出行提供参考。

针对公众普遍关心的新标准实施问题,环境保护部同时印发了《关于实施〈环境空气质量标准〉的通知》(简称《通知》)。《通知》明确规定了2012年京津冀、长三角、珠三角等重点区域以及直辖市和省会城市、2013年113个环境保护重点城市和环保模范城市、2015年所有地级以上城市、2016年1月1日全国实施新标准的分期实施要求。《通知》同时提出,鼓励各省(区、市)人民政府根据实际情况和当地环境保护的需要,在上述规定的时间要求之前实施新标准;经济技术基础较好且复合型大气污染比较突出的京津冀、长三角、珠三角等重点区域,要做到率先实施环境空气质量新标准,率先争取早日和国际接轨,率先使监测结果与人民群众感受相一致。《通知》要求各地通过制订达标规划、提高环境准入门槛、深化区域大气污染物联防联控、加强机动车污染防治、加大大气污染治理投入、加强重污染天气的预测预警等措施,实现环境空气质量逐步改善,力争早日达标,切实保障公众健康。

新修订《环境空气质量标准》的发布,标志着环境保护工作的重点开始从污染物控制管理阶段向环境质量管理和风险防范阶段转变,在中国环境保护历史上具有里程碑意义。

第三节　环保产业成为国民经济重要组成部分

一、多措并举促进环保产业大发展

党中央、国务院高度重视环保产业。胡锦涛、温家宝、李克强等中

央领导同志多次强调指出要支持发展环保产业。2012 年 5 月,国务院
审议通过了《"十二五"国家战略性新兴产业发展规划》。该规划面对
经济社会发展的重大需求,进一步明确提出了以节能环保产业为首的
七大战略性新兴产业的重点发展方向和主要任务。环境保护部采取一
系列措施,积极推动环保产业发展。

(一)采用综合手段促进环保产业发展

近年来,根据"引导、规范、培育、监督"的职能定位,环境保护部将
环保产业作为环境管理的物质技术基础和环境保护工作的一项重要内
容,在环保产业方面做了许多开拓性的工作,包括环保产业宏观引导,
建立市场准入制度,建立环境技术管理体系,实施环境标志产品认证制
度,推动政府绿色采购等。

国家陆续修订了《大气污染防治法》、《水污染防治法》等法律法
规,制定了《循环经济促进法》,完善了污水收费制度,实施了危险废物
经营许可制度。同时,不断完善相关环境经济政策,包括发布高污染产
品、高环境风险产品名录,实施绿色税收政策,绿色信贷政策,绿色保险
政策,绿色证券政策,政府绿色采购政策等环境经济政策。

一是强化对环保产业发展的引导。为加强对我国环境保护产业的
宏观调控,推动战略性新兴产业的发展,环境保护部配合国家发展改革
委组织编写《国务院关于加快培育和发展战略性新兴产业的决定》(简
称《决定》)并由国务院发布,配合国家发展改革委制订"十二五"环保
产业发展规划和环境服务业发展规划,从宏观政策层面引导环保产业
健康发展。为落实《决定》的重要举措,体现环境保护在推动新兴战略
产业中的地位,组织编写《环保系统推动环保产业发展的指导意见》。

在 2004 年全国环保产业调查的基础上,组织编制出版《中国环境
保护产业市场供求指南 2006》、《环境服务业发展报告》和《国家环境
技术发展报告》,为"十一五"期间环保产业的发展提供了指导,促进了
技术进步。组织行业协会每年发布国内外行业技术发展信息、环保产
业市场需求信息、国内环保产业供给能力及水平等信息,为环保企业发

展、国内外环保投资者提供指南。

二是建立环保行业市场准入制度。环境保护部组织开展环境污染治理设施运营资质认可工作,初步建立了注册环保工程师制度,积极推动污染治理专业化、市场化进程,建立统一开放、公平竞争、有序运行的环保设施运营市场环境。环境保护部与人事部、建设部共同推进在我国建立注册环保工程师制度,牵头成立全国勘察设计注册工程师环保专业管理委员会及考试专家组,制定并出台主要法规文件。从 2007 年至 2012 年年初,已组织完成了 4 次全国统一考试。

建立并完善新机动车污染检测申报制度。2006 年,发布《新生产机动车排放污染申报检测机构管理办法》,规范新生产机动车排放污染申报检测工作,保证了国家新生产机动车排放污染型式核准和生产一致性监督检查的有效实施。"十一五"期间,核准了 9 家新生产机动车污染检测机构、5 家摩托车污染检测机构。

三是推进污染治理设施运营社会化、专业化进程。积极推进运营主体企业化、运营队伍专业化、运营机制市场化、运营服务社会化进程,实施了设施运营资质认可制度,在全国开展了环保设施社会化运营,有效解决了环保设施运营的问题,提高环保投资效益和污染治理设施的运行可靠性。

2004 年 12 月,原国家环保总局发布《环境污染治理设施运营资质许可管理办法》,并出台了 7 项配套文件。推进社会化、专业化运营制度,既有利于环保设施达标排放,也有利于环境服务业的发展,是建立污染治理长效机制的重要手段。近年来,环保设施专业化、市场化运营在我国江苏、上海、山东、广东等沿海发达地区得到了较快推进。

实施社会化运营后,污染治理设施运行稳定性大幅提高,提高了达标排放率,加快了工业污染集中处理、城市污水、垃圾、工业固体废物集中处理工程领域的市场化步伐,充分发挥集约化优势,降低了企业污染治理成本,培育了环保设施运营管理服务业的发展。截至目前,全国有效环境污染治理设施运营资质单项证书已有 2100 个。

为配合环境污染治理设施运营资质审批工作,环保部门建立了环保设施运营操作人员职业培训上岗制度。2006年1月,原国家环保总局发出《关于开展环境污染治理设施运营培训工作的通知》,在污废水处理、锅炉烟气、在线监测三个领域开展了运营培训工作。组织制定了相关工种的职业标准并编写了培训教材,各省市累计举办了438期环境污染治理设施运营操作工培训班,共35249人通过考试,获得培训合格证书。运营培训工作的开展,提高了环境污染治理设施管理和操作人员的水平和素质,为设施的正常运营、达标排放打下了坚实的基础。

四是实施环境技术管理体系建设工程,为环保产业的发展提供技术支撑。环保部门发布《关于增强环境科技创新能力的若干意见》,提出要实施环保技术管理体系建设工程,引导循环经济和环保产业发展。借鉴国外环境技术管理的经验,结合我国自身环境管理需要和环境管理目标,环保部门编制《“十一五”国家环境技术管理体系建设规划》,明确了“十一五”期间的目标、任务和重点。通过制定污染防治最佳技术指南、技术政策及工程技术规范等技术文件,从可研、环评到工程验收、设施运行全过程管理为环境工程提供技术支持。环保部门征集、筛选、评估技术,每年发布《国家先进污染防治示范技术名录》和《国家鼓励发展的环境保护技术目录》。

目前,我国环境技术管理体系已基本建立,“十一五”期间发布了7项污染防治技术政策,3项污染防治最佳可行技术指南和15项工程技术规范。在钢铁、火电、农村污染等重点行业或领域,技术文件已形成系列化,并完成了首个《环境保护技术发展评估报告》,强化了环境技术对环境管理的支撑作用,有效地引导了环保产业发展,对我国的污染防治工作发挥了重要的作用。

五是实施环境标志产品认证制度,引导可持续消费。1993年,我国建立了中国环境标志产品认证制度。目前,已制定、发布环境标志产品认证技术要求100多项,现行有效标准80项,有超过1600多家企业生产的40000多种型号的产品通过环境标志产品认证,年产值超过

1000 亿元人民币,主要产品种类涉及各类建材、家具、汽车、电子产品、办公用品、纺织品等。为配合建立环境友好型社会,环境保护部与财政部共同推进政府绿色采购工作,至今已发布六期政府采购清单。已与日本、韩国、澳大利亚、德国、新西兰、泰国、北欧、香港等国家或地区签订了互认协议和国际合作协议。

（二）完善环境标准体系　促进环保产业发展

环境标准是环境监督管理的依据,也是影响产业技术市场发展、提升环保产业技术水平的标杆。近年来,为控制一些重点行业污染问题,环境保护部陆续编制修订了一系列污染排放标准,修订发布了《环境空气质量标准》等环境质量标准。通过不断严格标准,促进了环保设备的升级换代和治理技术的自主创新,在一定程度上促进了环保产业的发展。

（三）积极配合制定并实施相关规划和政策措施

环境保护部积极配合国家发展改革委编制《"十二五"服务业发展规划》、《"十二五"战略性新兴产业发展规划》、《"十二五"节能环保产业发展规划》等。目前,环境保护部正组织制定《环境服务业"十二五"规划》。支持协助财政部、税务总局等部门,制定了《环境保护专用设备企业所得税优惠目录》、《资源综合利用企业所得税优惠目录》、《环境保护、节能节水项目企业所得税优惠目录（试行）》等税收优惠目录,从宏观政策层面引导环保产业健康发展。

（四）不断规范环保产业市场

长期以来,环保市场监督管理缺位、环保监督执法与市场监管分离、行业自律能力薄弱等问题突出,导致市场不正当竞争现象严重。随着对环保工作的日益重视,我国逐步加强环保监督执法,不断严格环境市场准入制度,坚决遏制不正当竞争,建立统一、开放、公平、有序的环保产业市场。

二、环保产业步入快速发展期

经过 30 多年的发展,我国环保产业取得了长足的进步,环保产业的门类更加齐全,已形成包括环境保护生产、环境保护服务、资源循环利用、洁净产品生产等领域的环境产业体系。环保产业不仅服务于传统的污染防治和生态保护,也正在成为清洁生产、资源节约、引领产业升级和各行业技术进步的重要物质技术手段;不但为我国环保事业的发展提供了重要的技术支持和物质保障,也带动了环保科技进步和相关产业的发展。

（一）产业规模不断扩大

根据 2004 年全国环保产业调查结果,我国环保产业从业单位 11623 个,从业人员约 159.5 万人,年收入总额 4572.1 亿元。“十一五”时期,我国环保产业以高于 15% 的年均增长速度快速发展,高于同期国民经济的增长速度。2010 年,我国环保产业从业单位已有 3 万余个,从业人员超过 300 万人,年收入总额达到 1.1 万亿元左右。

2004 年,我国环保产业中环境服务业收入总额为 264.1 亿元,在环保产业中的比例仅为 5.8%。2010 年,环境服务业收入总额达 1500 亿元,在环保产业中的比例上升到 15% 左右。通过自主研发与引进消化国外先进技术相结合,我国环保技术与国际先进水平的差距不断缩小,常规技术产品已基本可以满足市场的需要。

（二）技术水平明显提高

“十五”以来,通过持续引进消化吸收、自主创新,涌现出一批具有自主知识产权的实用新技术,并在环境污染治理工程中得到推广应用,环保产业技术水平有了较大提高。大型燃煤锅炉烟气脱硫装备已实现产业化;水处理设备集成化和药剂生产水平不断提高,产品质量稳步上升,膜技术在多种难处理工业废水的应用取得进展;城市垃圾处理与资源化具备了工业化技术基础,生活垃圾、医疗废物、危险废物等焚烧成套装置日趋成熟;物理、化学、生物、电子、光学等高新技术的综合运用,推进环境监测技术向多功能、集成化、智能化和网络化的方向发展;环境服务、环境友好产品、清洁生产技术等都得到了较快发展。

目前,我国环保产品已达 3000 多个品种,覆盖了污染治理和生态保护的各个领域。在大型城市污水处理、工业废水处理、垃圾焚烧发电、除尘脱硫等方面，已具备自行设计、制造关键设备及设备成套的能力，工业一般废水治理、烟气净化、工业废渣综合利用等技术已达到国际水平。

（三）环保企业不断发展壮大

随着经济体制改革的不断深入，在国家发展环保产业政策的支持下，多种所有制形式的环保企业不断发展壮大，一批技术创新能力较强的环保骨干企业在市场竞争中脱颖而出。在城市污水、工业废水处理，除尘脱硫，生活垃圾、危险废物处理处置，噪声与振动控制等领域，涌现出一批集技术研发、规划设计、工程建设、运营维护于一体，提供系统服务的骨干企业，成为引领我国环保产业发展的中坚力量。

三、环境服务业发展前景广阔

"十二五"期间，我国城镇化和工业化进程加快，保护环境的任务更加艰巨。预计"十二五"环保投资需求约为3.1万亿元，比"十一五"期间环保投资的1.4万亿元增加121%。为积极应对气候变化问题，中国宣布到2020年单位国内生产总值二氧化碳排放量比2005年降低40%—45%。这些政策和措施将会极大地推动环保基础设施建设、环境污染治理、资源综合利用、清洁能源和可再生能源及环境服务业等的发展，并产生巨大的技术、设备和资金需求。预计中国环保产业在未来较长时期仍将保持年均15%—20%的增长率，中国将成为世界最大的环保产业市场之一。

（一）环境污染防治领域

水污染防治重点突破流域"减负修复"关键技术、饮用水安全保障技术、水质监控预警技术。重点发展城市生活污水处理与回用技术、成套设备及关键材料，污水除磷、脱氮技术、高浓度、难降解、含盐废水及垃圾渗滤液处理技术。流域水环境污染和湖泊富营养化综合治理技术、城市景观水系污染恢复技术以及农村饮用水安全保障技术等。

　　大气污染治理重点发展工业脱硫、脱硝、机动车氮氧化物控制、布袋除尘、挥发性有机物（VOC）控制技术，垃圾和危险废物焚烧烟气净化技术，区域大气环境污染的综合治理技术，温室气体减排与资源化技术等。

　　固体废物处理处置重点发展危险废物安全处置与利用技术，垃圾卫生填埋场专用机械、衬底和覆盖材料、垃圾高温厌氧处理技术、污泥处理处置技术等。

（二）生态保护与修复领域

　　集成创新生态系统过程调控、生态修复与重建关键技术，重点发展污染土壤恢复技术、矿山生态恢复技术、水土流失治理、农业面源污染治理技术等。

（三）环境监测仪器领域

　　环境监测仪器、仪表重点发展污染源重金属在线监测仪表和控制传输系统，空气环境质量和水环境质量监测技术及监测网建设系统技术，环境应急监测与预警技术等。

（四）循环经济领域

　　资源利用领域以发展静脉产业园为依托，重点发展废弃矿产资源、余热再利用技术，各类工业固体废物、废液、废气的回收利用技术，废旧电子产品、家电、汽车、塑料、橡胶、废纸、废电池等废物的回收利用技术等。

（五）清洁能源领域

　　洁净技术与洁净产品的发展重点是工业清洁生产技术、绿色设计技术、生活消费领域洁净产品等。大力发展风能、太阳能、地热、生物质能、沼气等新能源技术，发展节能技术和产品，工业和农业节水技术等。

第八章　自然生态保护

党中央、国务院高度重视生态保护,采取一系列重大举措,不断加强生态保护工作。各级环保部门积极行动,加强监管,有效遏制了生态恶化的趋势。自然保护区建设与管理工作取得积极进展,生物多样性保护与生物安全管理工作不断深化,资源开发生态保护监管力度不断加大,生态示范建设工作持续深入,农村环境保护投入不断加大,全社会的生态保护意识明显提高。

第一节　生态建设成效显著

一、着力开展生态示范创建活动

党的十七大提出建设生态文明的战略任务,十七届四中全会将生态文明建设提升到了与经济、政治、社会、文化建设同等的战略地位,十七届五中全会提出建设资源节约型、环境友好型社会,提高生态文明水平。生态文明建设成为中国特色社会主义事业总体布局的重要组成部分。2011 年,国务院发布《关于加强环境保护重点工作的意见》,明确要求推进生态文明建设试点,制定生态文明建设的目标指标体系,纳入地方各级人民政府绩效考核,考核结果作为领导班子和领导干部综合考核评价的重要内容,作为干部选拔任用、管理监督的重要依据。

（一）健全生态文明建设工作体系

2008 年,环境保护部发布《关于推进生态文明建设的指导意见》,

明确生态文明建设的指导思想、基本原则,要求建设符合生态文明要求的产业体系、环境安全、文化道德和体制机制。根据国家建设生态文明的工作要求,形成了生态示范区、生态省(市、县)、生态文明建设试点,三个既相互联系,又循序渐进,标准逐级提高的阶段。在实际工作中,生态建设示范区又分为生态省、生态市、生态县(区)、生态乡镇、生态村和生态工业园区六个层级来推进,并且建立了生态省、生态市、生态县、生态乡镇、生态村之间4个80%的体系要求。"十一五"以来,共分三批命名了38个国家生态县(市、区),建成1559个国家生态乡镇和238个国家级生态村,完成第七批也是最后一批138个地区生态示范区申报材料审核、公示、公告命名。

截至2012年8月,全国已有15个省(区、市)开展了生态省(区、市)建设,1000多个县(市)开展了生态县(市)建设。国家先后分三批批准了52个地区为全国生态文明建设试点,鼓励不同地区结合自身实际先行先试,探索建设生态文明的目标模式和有效途径。开展了跨行政区协调联动推进生态文明建设新机制的尝试。浙江杭州、江苏张家港等生态文明建设试点地区积极开展生态文明建设规划编制。

(二)搭建生态文明建设交流平台

2011年,经国务院批准,由姜春云等老领导发起的中国生态文明研究与促进会(以下简称"研促会")正式成立,挂靠环境保护部归口管理。研促会充分发挥桥梁纽带、参谋助手和智囊作用,为生态文明建设建言献策,开展了生态文明建设示范区指标体系和考核办法的前期研究。2011年,第一届生态文明建设试点经验交流会和生态文明建设成果展在贵阳成功举办,48个地区和单位交流了经验,展示了生态文明建设的阶段性成果。

(三)加强理论研究和制度建设

为规范生态建设示范区工作,环境保护部印发了《关于进一步深化生态建设示范区工作的意见》,制定发布了《国家生态建设示范区管理规程》。修订、印发《生态省(市、县)建设指标》、《关于推进生态文明建设的指导意见》、《关于进一步深化生态建设示范区工作的意见》、《国家级生态乡镇申报及管理规定》(试行)以及《国家级生态乡镇建设指标》(试行)等文件,完成《生态省建设理论与实践》、《生态文明简明知识读本》等书刊的编辑工作。

(四)广泛开展宣传和教育活动

环境保护部参与筹办以"生态文明、绿色转型"为主题的中国生态文明研究与促进会第一届年会,与会专家分别就生态经济、生态文化、生态制度和生态文明国际合作进行专题研究和探讨,进一步扩大了生态文明建设的影响。环境保护部组织召开六届生态省论坛,广泛宣传典型经验,促进各省之间的交流。协调组织新华社、中国新闻社、中央电视台、中央人民广播电台、中国环境报等主流媒体,对江苏、浙江、辽宁、广东、陕西等地区生态建设情况进行联合采访,发布多篇高质量的报道,宣传各地先进做法和典型案例,为推进生态建设示范区创建工作积极发挥引领和促进作用。

二、自然保护区建设稳步发展

党的十六大以来,全国自然保护区建设和管理工作取得显著成绩。截至 2011 年年底,全国(不含香港、澳门特别行政区和台湾地区,下同)共建立各种类型、不同级别的自然保护区 2640 个,保护区总面积约 149 万平方公里(其中陆域面积约 143 万平方公里,海域面积约 6 万平方公里),陆地自然保护区面积约占国土面积的 14.9%,初步建立了布局较为合理、类型较为齐全、功能不断完善的自然保护区体系。其中,国家级自然保护区 335 个,占全国自然保护区总数的 12.96%;面积 9315 万公顷,占全国自然保护区总面积的 62.22%,国土面积的 9.7%。自然保护区的建立,使我国 85% 的陆地生态系统类型、40% 的天然湿地、85% 的野生动物种群、65% 的野生植物群落,特别是具有涵养水源、防风固沙、保持水土、调蓄洪水、降解污染等重要生态功能的区域、绝大多数国家重点保护珍稀濒危野生动植物和自然遗迹得到了保护。保护区内自然生态系统得到正常演替,一些珍稀物种的濒危状况得到缓解,种群不断恢复和增殖。

（一）研究制定自然保护区政策

根据不同时期自然保护区工作面临的新形势和存在的新问题,会同有关部门及时开展调查和研究,拟订政策性文件,指导自然保护区事业发展。2002 年,原国家环境保护总局会同国家计委、财政部、林业局、国土资源部、农业部和建设部印发了《关于进一步加强自然保护区建设和管理工作的通知》。2008 年,针对为开发建设而调整自然保护区范围等问题,环境保护部会同发展改革委、国土资源部、水利部、农业部、林业局、海洋局七个部门印发了《关于加强自然保护区调整管理工作的通知》。针对近年来自然保护区建设和管理中存在的保护与开发矛盾日益突出等问题,在与有关部门充分协调后,环保部门向国务院呈报了《关于提请印发国务院办公厅进一步加强自然保护区管理工作通知的请示》。2010 年 12 月,国务院办公厅印发了《关于做好自然保护区管理有关工作的通知》,要求在新形势下全面做好自然保护区建设管理工作。

（二）积极推进自然保护区立法

国家环保部门积极配合第十届、第十一届全国人大的《自然保护区法》立法工作。认真完成了第十届全国人大环境与资源保护委员会的委托起草工作,成立领导小组和起草小组,开展大量深入的调查、研究和论证工作,起草了《自然保护区法（草案建议稿）》,对重点问题进行专题论证,及时上报全国人大环资委。积极参与第十一届全国人大环资委的《自然遗产保护法》立法工作,开展相关调研和专题论证,报送《关于自然保护区立法有关情况的报告》、《〈自然保护区条例〉实施情况后评估报告》、《国家级自然保护区核心区管理制度和规范评估报告》、《自然保护区调整分析报告》等多份调研报告和论证材料。

为规范自然保护区建设和管理,国家环境保护部门会同有关部门制定了《自然保护区类型与级别划分原则》、《自然保护区管护基础设施建设技术规范》、《国家级自然保护区监督检查办法》、《国家级自然保护区规范化建设和管理导则》、《自然保护区综合科学考察规程》、《自然保护区生态环境监察指南》等规章、标准和技术规范。为了指导和规范国家级自然保护区开展总体规划编制和实施工作,2002年,原国家环境保护总局编制印发了《国家级自然保护区总体规划大纲》。

（三）规范国家级自然保护区新建和调整

为推进国家级自然保护区发展,提高国家级自然保护区设立和调整的科学性,国家环保部门组建了国家级自然保护区评审委员会,制定了《国家级自然保护区评审委员会组织和工作制度》、《国家级自然保护区评审标准》、《国家级自然保护区范围调整和功能区调整及更改名称管理规定》、《建立国家级自然保护区申报书》、《国家级自然保护区范围和功能区调整及更改名称申报书》、《国家级自然保护区评审实地考察办法》等多项管理规定。建立了评审回避制度、公示制度和保护区管理人员汇报制度。利用环境卫星进行遥感监测,与实地考察互为补充,不断提升自然保护区划建和调整的科学性、合理性。建立了国家级自然保护区范围和功能区划发布制度,将每个国家级自然保护区范围和功能区划以环境保护部正式文件的形式予以确认和发布。自1992年国家级自然保护区评审机制建立以来,根据环保部门提出的建议,国务院分19批次批准建立了国家级自然保护区296处,有力促进了我国自然保护区事业发展。

（四）强化开发建设活动监管

环保部门联合国土、水利、农业、林业、海洋和中科院等部门建立了国家级自然保护区管理评估制度。从2007年启动至今,已对25个省（区、市）的276处国家级自然保护区进行了评估,并向国务院进行报告。从2009年起,环境保护部利用环境一号卫星,对申请晋升和调整的国家级自然保护区开展遥感监测,提升自然保护区划建和调整的科学性、合理性。2011年,环境保护部利用环境卫星对全国230处国家级自然保护区范围内的人类活动情况开展遥感监测,并对188处保护区范围内的人类活动情况进行了实地核查,对存在问题的 6 处国家级自然保护区进行了督察。切实加强涉及自然保护区建设项目的监管,防止不合理开发建设活动对自然保护区的不利影响,定期开展专项执法检查,重点查处一批涉及国家级自然保护区的违规建设典型案件。浙江、江西等地开展了自然保护区规范化建设考核或管理评估。湖北出台了《湖北省自然保护区评估指南(试行)》。北京、河南、福建、湖南等地区组织开展了加强涉及自然保护区矿产资源监管的专项行动,排查探矿采矿情况,清理违规开采。湖北出台了《关于加强涉及自然保护区的开发建设活动环境管理有关事项的通知》,开展专项执法检查。

(五)加强综合管理基础工作

启动全国自然保护区基础调查和评价项目,完成了 17 个省份的调查评价工作。组织开展自然保护区年度统计及数据审核,有关数据列入国家统计公报,编写统计分析报告,初步建立了全国自然保护区数据库和信息管理系统。积极协调财政部,不断增加国家级自然保护区能力建设专项资金额度,2012 年争取到立项资金 1.8 亿元,用于支持国家级自然保护区开展规范化建设和管理,提升科研监测和宣教能力。北京首次以市政府办公厅文件形式确立了自然保护区专项资金渠道。山东从 2012 年起设立了省级自然保护区专项资金。江西、宁夏等地区专门出台专项资金使用管理的规定,并开展自然保护区能力建设项目验收。加大宣传工作力度,定期开展自然保护区综合管理培训,广泛开展自然保护区国际交流与合作。

自然保护区的发展,不仅保护了我国丰富的生物多样性和生物资源,为经济社会可持续发展提供了物质基础,还在改善生态状况、维护国家生态安全方面发挥了关键作用。同时,自然保护区事业的发展还提高了公众的生态文明意识,促进了人与自然和谐发展,树立了我国重视环境和生物多样性保护的良好国际形象。

三、生物安全管理力度加大

（一）强化外来入侵物种管理与防控

2003 年，颁布《关于加强外来入侵物种防治工作的通知》。同年，联合中国科学院编写并发布了《中国第一批外来入侵物种名单》，公布了互花米草、水葫芦、紫茎泽兰等 9 种外来入侵植物和福寿螺、湿地松粉蚧等 7 种外来入侵动物共 16 个危害严重的外来入侵物种名单。2010 年，发布《中国第二批外来入侵物种名单》，公布了马缨丹、三裂叶豚草、加拿大一枝黄花等 10 种外来入侵植物和桉树枝瘿姬小蜂、稻水象甲等 9 种外来入侵动物共 19 个危害严重的外来入侵物种名单。2006 年，组织专家对我国 12 个省区市的 27 个具有代表性的自然保护区，进行了外来入侵物种调查，基本查明了我国沿海和西南沿边地区自然保护区外来入侵物种的现状，组织编写了《生物物种环境安全突发事件应急预案》，并被纳入了《国家突发环境事件应急预案》体系。完成在辽宁、江苏、浙江和江西四省外来入侵物种的调查，并进行数据收集与总结，因地制宜地开展外来入侵物种防除示范工作。整理汇总相关部门意见，完成《外来入侵物种环境监督管理办法（征求意见稿）》。

（二）强化转基因生物安全管理

围绕环保行业计划项目和农业部"转基因重大专项"制订了《全国转基因生物安全管理规划》，在全国多处地方开展转基因作物环境安全评价研究工作。已在山东宁津、河北廊坊、河南安阳、湖北孝感等地设立长期监测站，实时监测评估转基因生物环境风险。组织技术支持单位在河南安阳、山东德州、北京顺义建立了转基因作物环境释放长期监测站，开展转基因生物环境释放的风险评估研究，并依此建立相应的风险评估模型和评价标准技术指标体系。组织制定了《抗虫转基因植物生态环境安全检测导则》，为转基因作物环境安全评价提供依据和保障。转基因棉花在我国已经取得商业化生产许可，转基因抗虫水稻和转植酸酶基因玉米已取得商业化生产安全证书。为保障我国的生态环境安全和人民的身体健康，制定了《国内转基因生物商业释放环境安全监管制度》,组织编写《转基因生物安全监管方案》。

（三）强化环保用微生物环境安全管理

2005 年,原国家环境保护总局联合国家质检总局共同发布《关于加强环保用和可能造成环境危害的微生物进出口环境安全及卫生检疫管理的通知》。2010 年,环境保护部与国家质检总局联合颁布了《进出口环保用微生物菌剂环境安全管理办法》,明确了进出口环保用微生物菌剂环境安全管理规范。组织环保用微生物进出口环境安全委员会对环保用微生物菌剂进行环境安全性评价,并对符合环境安全的菌剂发放安全证书,保障了微生物产品在我国污水处理、垃圾处理、油污治理、森林灭火等领域的安全应用。2009 年,环境保护部组织农业部、中科院等多家单位,组成调研组赴吉林、福建和山东三省对生猪饲养企业和微生物菌剂生产企业进行实地调研,指导环保公益性行业科研项目"EM 菌发酵床技术环境安全研究和管理体系研究"的开展。为规范微生物发酵床技术在规模化养殖业中的应用,积极推动《微生物发酵床技术环境安全监督管理办法》的颁布实施。

（四）积极履行国际公约

2007 年,环境保护部组织科技部、农业部、质检总局、国家林业局、中科院等部门专家,编写完成了《中国履行〈生物安全议定书〉第一次国家报告》;2011 年,组织相关专家编写完成《中国履行〈生物安全议定书〉第二次国家报告》。参加了联合国《生物安全议定书》缔约方大会及工作组会议,组织有关部门和单位参加了联合国"生物安全关于赔偿责任与补救问题"的所有谈判会议。2010 年 10 月,联合国《生物安全议定书》第五次缔约方大会通过了《生物安全赔偿责任与补救补充议定书》,组织多部门专家共同完成了加入联合国《生物安全议定书关于赔偿责任与补救补充议定书》利弊分析报告。

（五）加大生物安全管理培训力度

2009—2010 年,环境保护部联合质检总局在北戴河环境技术交流中心举办了两期全国生物多样性保护与生物安全管理培训班,来自中国科学院、环境保护部南京环科所、环境保护部信息中心的专家教授和管理人员为培训班授课,对全国各省(区、市)环境保护厅(局)、计划单列市环保局的管理人员和科研人员进行了培训。通过培训,介绍我国履行《生物多样性公约》和《生物安全议定书》的主要进展,提高了地方环境保护部门对生物安全概念和内涵的认识水平,有效促进了生物安全管理能力。

第二节　农村环境保护全面启动

一、深入实施"以奖促治"政策

党中央、国务院高度重视农村环境保护工作,胡锦涛总书记、温家宝总理和李克强副总理等领导多次作出重要指示和批示。2008 年 7 月,国务院召开全国农村环境保护工作电视电话会议,明确要求实行"以奖促治"和"以奖代补"政策,深入开展农村环境综合整治,切实解决农村突出环境问题。2008 年至 2011 年,中央财政安排农村环保专项资金 80 亿元,带动地方投资 120 亿元,支持约 1.7 万个村镇开展环境综合整治和生态示范建设,约 4000 万农村人口直接受益,一批严重危及群众健康、社会媒体反映强烈的农村环境突出问题得到有效整治或改善,农村村容村貌和环境质量得到明显改善。截至 2012 年,中央财政共安排农村环保专项资金 135 亿元,环境保护部、财政部先后组织开展环境问题突出村庄的治理和三批共 23 个省(区、市)农村环境连片整治示范工作。农村环保工作机制初步形成,中央专项资金的示范引导作用得到充分发挥,农村地区经济社会可持续发展能力得到加强,各地普遍反映这是一项"顺民意、解民忧、惠民生"的好政策。

(一)强化工作机制建设,提高重视程度

环境保护部成立农村环境保护工作协调小组,明确年度主要任务和职责分工,定期召开会议,研究重点问题,总结交流工作。扎实开展农村环境综合整治目标责任制考核试点工作,落实地方政府农村环境保护责任。2009、2010、2011年连续三年召开全国农村环境综合整治工作现场会,对落实"以奖促治"和"以奖代补"政策提出明确要求。地方各级党委、政府也把农村环境保护工作摆上重要议事日程,各省(区、市)召开农村环境保护工作会议,成立由政府负责同志为组长、相关部门负责同志为成员的农村环境综合整治工作领导小组,印发关于加强农村环境保护工作的文件,编制农村环境保护规划,强势推进农村环保工作。

（二）健全完善规章制度,加强指导督查

环境保护部联合财政部出台一系列文件,规范指导"以奖促治"政策的实施。一是报请国务院办公厅转发了实行"以奖促治"加快解决突出的农村环境问题的实施方案,明确了"以奖促治"的目标任务和基本要求;二是印发关于深化"以奖促治"工作促进农村生态文明建设的指导意见,明确提出坚持"抓点、带线、促面"的具体要求;三是印发了中央农村环境保护专项资金管理暂行办法和项目管理暂行办法,规范了资金使用和项目实施监管;四是印发了农村环境连片整治工作指南和"以奖促治"项目环境成效评估办法,用以指导农村环境连片整治示范工作;五是发布了一批涉及农村生活污水、垃圾处理的标准规范;六是针对实施"以奖促治"项目所在的乡镇,先后举办了六期乡镇领导干部农村环境保护培训班,累计培训600名乡镇领导干部,提升了环保工作能力和水平。同时,为了确保"以奖促治"取得实效,每年由环境保护部领导带队,对农村环境连片整治工作落实情况进行督促检查,及时总结经验,发现问题,提出改进要求。

（三）创新资金投入机制,加快解决突出问题

在中央财政资金的引导下,环境保护部积极指导各省(区、市)建立相应的农村环境保护资金渠道,鼓励地方创新资金投入机制,带动全社会共同参与农村环保工作。河北、福建、安徽、贵州、宁夏等省(区)设立了本级农村环境保护专项资金,黑龙江、江西、陕西等省从省本级排污费中列支一部分资金用于农村环境综合整治,云南省大理州建立

了按财政增长比例增加环保投入的机制,组建了洱海保护治理国有投资公司。浙江省积极引导村民、企业和乡镇政府等共同参与农村环境整治,制定了财政补贴、税费减免和土地价格等方面的扶持政策。

（四）不断总结,探索农村环境管理新模式

不断地探索和工作实践证明,要做好农村环境保护工作必须做到"四个坚持":

一是坚持统筹规划,突出重点,从解决农民群众最关心最直接的环境问题入手。农村环境问题历史欠账多,污染量大、面广、点多,解决起来不可能一蹴而就,必须统筹规划、突出重点、循序渐进,把让群众呼吸上清洁的空气、喝上干净的水、吃上放心的食品作为第一要务,重点抓好农村饮用水水源地保护、生活污水和垃圾处理、畜禽养殖污染防治、农村土壤环境保护和农村地区工矿污染监管,努力使更多的农民群众能够在优美环境中生产、生活。

二是坚持激励引导,强化约束,充分调动社会各界参与农村环境保护的积极性。充分发挥各级政府主导作用,落实政府保护农村环境的目标责任。发挥农民保护环境的主体作用,建立和完善相关机制,鼓励和引导农民参与、支持农村环境保护。结合实施"以奖促治"、"以奖代补"、生态文明示范创建等现有政策,建立和完善农村地区节能减排和农村环境综合整治目标责任定量考核的机制。

三是坚持整体推进,分类指导,采取有针对性的农村环境保护对策和措施。我国农村地域广阔,东中西部自然条件、环境状况、经济水平、工作基础各不相同。保护和改善农村环境,中央与地方的积极性得到有效发挥是关键。为此,必须坚持全国一盘棋,保证国家各项农村环保决策部署得到坚决的贯彻落实。同时也要从实际出发,因地制宜,根据各地农村发展水平和环境特点,采取相应措施,确保农村环境问题得到有效治理,环境质量得到明显改善。

四是坚持解放思想,开拓创新,建立健全农村环境保护长效机制。农村和农业环境保护不能简单复制城市与工业环保的做法,必须在工作中不断总结新经验,分析新形势,适应新情况,解决新问题,积极创新农村环境保护政策和制度,优化整合各类资源,建立政府、企业、社会多元化投入机制。对已建成的农村生活污水和垃圾治理等环保设施,要探索建立适用于农村的日常监管模式和运行资金保障渠道,确保治理设施发挥效益。进一步加强农村环保机构和队伍建设,确保农村环保工作有人管、有人干。

二、土壤环境保护工作有序推进

(一)开展全国土壤调查

2006年至2011年,根据国务院部署,国家环境保护主管部门组织开展全国土壤污染状况调查。通过调查,基本摸清了我国土壤环境质量总体状况及变化趋势、土壤污染类型、污染程度及其区域分布,初步分析了土壤污染原因,并提出了相关对策。本次调查是我国首次组织开展的大规模土壤环境质量综合调查,填补了我国土壤环境领域的空白。调查成果对保护和改善我国土壤环境质量、指导农业生产、保障农产品质量安全和人体健康、合理使用土地资源、促进经济社会可持续发展具有重要意义。

(二)召开第一次全国土壤污染防治工作会议

2008年1月,原国家环保总局组织召开了第一次全国土壤污染防治工作会议。环境保护部2008年6月印发《关于加强土壤污染防治工作的意见》,明确土壤污染防治工作的指导思想、基本原则、主要目标和重点领域,提出强化土壤污染防治的工作措施。

(三)编制《土壤环境保护"十二五"规划》

按照国务院部署,环境保护部会同国家发展改革委、国土资源部、农业部组织编制了《土壤环境保护"十二五"规划》。规划主要阐明国家土壤环境保护战略,确定"十二五"时期土壤环境保护指导思想、原则和目标,明确土壤环境保护任务和重点工程,提出规划实施的保障措施,是指导全国土壤环境保护工作的纲领性文件,也是各地区、各部门履行土壤环境保护职责的重要依据。

三、农业生产环保监管取得积极进展

(一)全面加强畜禽养殖污染防治

2001年,原国家环境保护总局制定发布了《畜禽养殖污染防治管理办法》,初步奠定了畜禽养殖污染防治的制度基础。并先后制定了《畜禽养殖业污染物排放标准》、《畜禽养殖业污染防治技术规范》,对提高我国畜禽养殖污染防治水平起到了积极作用。2004年,按照国务院领导批示精神,启动了《畜禽养殖污染防治条例》立法工作,原国家环境保护总局会同农业部开展了大量的专题调研和讨论。2010年1月,环境保护部会同农业部向国务院报送了《畜禽养殖污染防治条例》(送审稿)。目前,环境保护部正配合国务院法制办加快立法进程,历经多次论证讨论和征求意见,对条例稿进行了修改和完善。同时,不断加大相关标准的制定、修订工作,先后制定了《畜禽养殖业污染治理工程技术规范》、《畜牧业规划环境影响评价技术导则》、《畜禽养殖污染防治技术政策》、《畜禽养殖业污染治理工程技术规范》、《农业固体废物污染控制技术导则》等标准,为畜禽养殖污染防治提供了制度保障。

(二)稳步推进有机食品基地建设

原国家环境保护总局印发《有机食品技术规范》和《有机食品认证管理办法》,填补了国内在有机食品法律法规方面的空白,为我国有机产品的生产和认证提供了统一的要求和方法,同时有效地促进有机食品认证健康发展,维护了有机产品认证的有效性。原国家环境保护总局颁布了《国家有机食品生产基地考核管理规定(试行)》,已有80个单位通过考核。2010年以来,环境保护部进一步加大基地建设工作力度。一是对第一、二批基地开展复核工作,二是组织开展第四批基地的申报考核,三是启动基地考核管理规定的修订工作。通过引导地方党委、政府以行政区域为单位,深入推动有机产业区域化、规模化发展,将发展有机产业作为保护生态环境同时增加农民收入的积极手段,作为

引导和发动农民积极参与环境保护的有效方式。辽宁省盘锦市、贵州省贵阳市、江苏省宝应县、新疆维吾尔自治区等地先后编制了区域性有机食品生产发展规划,为有效地推动区域内有机农业发展起到了良好的示范和辐射作用。浙江、广西等省(区)也对开展有机产品认证、国家有机食品生产基地创建工作给予财政上的大力支持。

(三)深入开展农业环保监管政策研究

针对农业环境污染问题日益突出、农业源污染监管制度尚不健全的状态,组织开展相关基础性研究。一是组织开展农业环境保护绩效考核指标和方法研究;二是开展农业投入品环境安全监管制度研究;三是组织研究拟订农业政策环评方法及制度。同时,按照国务院领导就进一步加强秸秆禁烧和综合利用的批示精神,开展专题研究,与国家发展改革委、财政部、农业部等部门积极沟通,形成《关于秸秆禁烧和综合利用工作情况报告》,提出对秸秆禁烧和综合利用实施"以奖代补"、实现"以奖促用",完善禁烧监管措施、实现"以禁促用"的基本政策方针建议。组织开展了我国农业源污染现状控制对策的专题研究,形成《关于加强农业监管　推动农业源污染控制的专题报告》,提出了要实现农业和环境政策一体化、加强法规制度建设、加强农业环境保护监管、开展农业环境保护绩效考核、建立和完善农业环境保护激励政策体系、培育和发展农业环保产业等重大政策建议。

第三节　生物多样性保护迈上新台阶

生物多样性是人类赖以生存的条件,是经济社会可持续发展的基础。我国是世界上生物多样性最丰富的国家之一,也是生物多样性受到最严重威胁的国家之一。我国地域辽阔,气候多样,拥有各种陆地生态系统类型,动植物种类多,分布广,特有物种繁多,生物遗传资源丰富,是世界农作物的八大起源中心之一;拥有高等植物近35000种,居世界第三位;脊椎动物占世界总数的13.7%。同时,我国又面临着重大挑战。高等植物中有4000—5000种受到不同程度威胁。生物多样性保护关系到我国经济社会发展全局,关系到子孙后代的福祉,加强生物多样性保护具有重大的战略意义。党中央、国务院高度重视生物多样性保护工作,近年来先后成立生物物种资源保护部际联席会议和生物多样性保护国家委员会,发布生物多样性保护战略与行动计划,开展生物物种资源调查与评价,建立生物多样性评价数据库,开展生物多样性保护专项执法检查和外来入侵生物灭除等活动,生物多样性保护工作取得可喜进展。

一、成立中国生物多样性保护国家委员会

2003年,国务院批准成立了"生物物种资源保护部际联席会议",指导各成员部门开展生物物种资源保护工作。主要负责研究审议国家生物物种资源(包括生物遗传资源)保护和管理的政策法规和标准、各项规划和行动计划、出入境生物物种资源查验管理、执法检查等重大事项。此外,部际联席会议还成立了由各部门推荐专家参加的国家生物物种资源保护专家委员会。2010年,成立"2010国际生物多样性年中国国家委员会",李克强副总理担任主席。2011年6月,经国务院批准,"2010国际生物多样性年中国国家委员会"正式更名为"中国生物多样性保护国家委员会",李克强副总理担任主席,25个部门的分管领导为成员,作为生物多样性保护的长效工作机制,统筹协调全国生物多样性保护工作,指导"联合国生物多样性十年中国行动"。委员会秘书处设在环境保护部。

二、发布中国生物多样性保护战略与行动计划

2004年,环境保护部报请国务院办公厅印发《关于加强生物物种资源保护和管理的通知》,对加强生物物种资源保护,解决我国生物物种资源丧失和流失的突出问题提出具体要求。2007年,经国务院同意,环境保护部印发《全国生物物种资源保护与利用规划纲要(2006—

2020 年)》,提出我国生物物种资源保护的阶段目标、保护和利用的重点领域、近期的优先领域和优先行动。2010 年 9 月,国务院常务会审议通过并发布《中国生物多样性保护战略与行动计划(2011—2030年)》,提出我国生物多样性保护的 3 个阶段目标、10 个优先领域、30个优先行动和 39 个优先项目。系列规划和计划勾画了未来 20 年我国生物多样性保护工作的宏伟蓝图,成为指导生物多样性保护的行动纲领。

三、组织开展生物物种资源调查评价

2004 年至 2009 年,在财政部“全国生物物种资源联合执法检查和调查”专项的支持下,环境保护部联合部际联席会成员单位开展了全国生物物种资源调查。环保、教育、科技、农业、质检、林业、中医药、中科院等部门及其 200 多个研究机构和高校的数千名研究人员以及 16个省区市环保部门参加了此项工作。通过开展全国重要生物物种资源调查与编目工作,掌握了我国重要野生生物资源、畜禽品种资源、药用生物资源、微生物菌种资源等的种群分布和保护状况。在物种资源编目和实地调查的基础上,环境保护部建立国家生物物种资源数据库和信息平台,提供对物种资源调查编目数据的展示、查询、统计及物种保护与管理相关信息的浏览功能。2007 年至 2012 年,国家环境保护主管部门组织开展了全国生物多样性评价。通过评价工作,初步掌握了全国各省区市的生物多样性现状、空间分布特征及主要威胁因素,整理形成了基于县级生物行政单元的生物多样性评价数据库,提出了各省生物多样性保护及可持续利用的对策建议。试点评价成果已在环境管理中发挥了重要作用,应用到相关的区域规划编制中。

四、加大生物多样性宣传教育力度

2010 年 5 月,李克强副总理主持召开“2010 国际生物多样性年中国国家委员会全体会议”,会议审议了《2010 国际生物多样性年中国行

动方案》和《中国生物多样性保护战略与行动计划》两个重要文件。组织协调国家委员会各部门落实"2010 国际生物多样性年中国行动方案"中有关任务要求,开展专项执法检查、水生生物增殖放流、世博园熊猫展、外来入侵生物灭除活动、海洋自然保护区工作二十周年纪念活动和两岸三地海洋生物多样性保护交流活动等生物多样性保护专项行动,举办 6 次国际研讨会和国际论坛,开展各类大型宣传活动 230 余项,发放各类宣传品 70 万余件,动员动物园、植物园、自然保护区、公园、环境保护宣教与科研机构以及电视、报刊、网络等媒体共约 2 万家,面向大中小学生、公众开展了系列宣传,影响受众达 9 亿人次,取得积极成果和良好社会反响。

第九章　环境监测与监察

　　2008 年,环境保护部增设环境监测司。设立环境监测司后,环境监测行政管理和技术支撑分离,环境监测体制实现了"政事分开",在统筹协调环境监测重大问题方面有了质的飞跃。

　　环境监察是环境保护的一项基本职能。通过不断深化改革,我国环境监察事业已基本形成国家、省、市、县四级环境监察执法网络,初步建立了具有中国特色的环境监察执法体系,执法能力显著提高,在环境管理和经济社会发展中发挥着重要作用。

　　环境应急管理紧紧围绕环保中心工作,着力解决损害群众健康和影响可持续发展的突出环境问题,积极防范环境风险和妥善处置突发环境事件,不断完善"12369"环保举报热线群众投诉渠道,积极保障群众环境权益,有效维护了社会和谐稳定。

第一节　环境监测事业稳步发展

　　随着环境监测思路的不断创新和进一步明确,环境卫星成功发射并投入运行,宏观环境监测能力得到进一步的加强,"天地一体化"的监测新格局正在逐步形成。

一、创新环境监测工作思路

　　环境监测部门认真贯彻落实科学发展观,坚持把加强和规范环境监测管理作为首要任务,围绕科学监测这个主题和强基固本的发展理念,积极探索加强环境监测管理、推动环境监测体制机制建设,环境监测已从单纯的技术,融合到环境保护工作的整体当中,支撑环境管理决策和为民服务的水平不断提高。

2010年,环境保护部印发《先进的环境监测预警体系建设纲要》、《关于进一步加强新时期环境监测工作的意见》《关于加强农村环境监测工作的指导意见》等文件,明确了新时期的环境监测发展思路和主要目标,为全国环境监测事业发展提供了有力的指导。

2011年,环境保护部发布《国家环境监测"十二五"规划》,这是我国第一个环境监测五年专项规划。该规划从国家环境保护任务和社会公共服务需求出发,以提高生态文明水平为目标,以探索中国环保新道路为统领,以科学监测为主题,以提高环境监测质量为主线,提出了加快建设先进的环境监测预警体系,不断提高环境监测公共服务水平的要求;确定了强化监督考核、加强监测评估、提升整体水平三项主要任务,实施环境监测基础能力、运行保障、人才队伍三大重点工程,基本实现"三个说清"和"市县能监测、省市能应急、国家能预警"的目标;明确了法规制度、体制机制、经费投入、人才队伍和科研支撑五大保障措施。

此外,还发布了《主要污染物减排监测体系考核办法》和《国家重点监控企业污染源自动监测数据有效性审核办法》,研究制定《污染源监测管理办法》、《环境质量监督考核办法》等规章制度,极大地丰富和创新了我国的环境监测工作思路。

二、完善环境监测体系

(一)构建环境质量监测网络

目前,我国已经初步建成覆盖各环境要素的国家环境监测网和地方环境监测网,包括由759个地表水监测断面(点位)、150个水质自动监测站点组成的地表水环境质量监测网覆盖全国主要水体;由113个环保重点城市共661个空气自动监测站点、440个酸雨监测点位和82

个沙尘暴监测站组成的环境空气质量监测网;由301个监测点位组成的近岸海域环境监测网。已基本建成14个国家空气背景站、31个农村区域站、31个温室气体监测站和3个温室气体区域监测站等。环境监测的内容与形式日益丰富,形成了由各类综合性报告、专项监测报告等组成的环境监测报告体系。

（二）加强污染源监测

近年来,污染源监测工作得到了长足发展,在总量减排、污染源监督方面发挥了重要支撑作用。环境保护部每年组织对国家重点监控企业开展污染源监督性监测,对4226家废水国控企业、3943家废气国控企业、2955家污水处理厂每季度至少开展一次监督监测。环境保护部2009年开始对污染源自动监测数据进行了有效性审核,组织开展了主要污染物总量减排监测体系考核,编写国控重点污染源监督性监测季报、年报,及时发布国控企业主要污染物排放超标情况,有效地促进了污染源达标排放工作。2011年,环境保护部组织对涉及重金属排放的1395家废水国控企业、109家废气国控企业、2765家污水处理厂开展重金属专项监督监测,对涉铅排放的462家企业开展铅污染专项监督监测,及时监督重点污染源达标排放。

（三）推进县域生态环境质量考核工作

为充分发挥中央财政转移支付的政策效益,推动地方政府承担起保护和改善生态环境质量的职责,于2010年启动了国家重点生态功能区县域生态环境质量监测、评价与考核工作。环境保护部2011年印发《国家重点生态功能区县域生态环境质量考核办法》、《国家重点生态功能区县域生态环境质量考核实施方案》,在22个省份选取88个县试点开展国家重点生态功能区县域环境质量考核工作。2012年,在22个省和新疆生产建设兵团共452个县全面开展国家重点生态功能区县域生态环境质量考核工作。环境保护部结合国家重点生态功能区转移支付分配,应用生态环境质量考核结果,对2009—2011年生态环境质量好转的县给予适当奖励,对生态环境质量下降的县适当扣减转移支付资金。考核工作的开展,提高了地方领导对生态环境保护重要性的认识,有力地推动了生态文明建设。

（四）拓展环境监测新领域

针对新型环境污染问题和潜在的环境风险,环境保护监测部门积极拓展新的监测领域。自2008年起,环境保护监测部门逐步开展持久性有机物(POPs)、VOCs、痕量超痕量污染物、臭氧和$PM_{2.5}$监测。2009年,组织开展了农村环境监测试点工作,重点开展农村集中式饮用水源地、土壤、畜禽养殖污染监测。在太湖发生大规模蓝藻事件后,组织对太湖、巢湖和滇池开展了蓝藻、水华预警应急监测,并从2009年开始每年对环保重点城市饮用水源地水质进行一次全指标监测。在这些新领域的试点监测,为环境监测的发展积累了大量的基础数据和经验。

（五）成功发射环境卫星

2008年9月,环境一号A、B星成功发射,环境监测跨入到多维度、大尺度的新时代,天地一体化监测网络初步形成。环境卫星系统作为我国第四大民用卫星系统,目前已建立了一套以环境卫星为主要数据源、综合利用其他卫星数据的环境遥感监测评价技术体系,逐步构建了水、空气、生态等业务化应用系统。截至2010年年底,环境卫星共接收数据41.5万景,向50多家单位免费提供环境一号卫星数据产品1.8万景。同时,发挥遥感技术大范围、快速、动态观测的优势,紧密结合环境管理需求,为环境监测、环境执法、环境应急、生态保护、核安全监管等环境管理工作提供了重要技术支持和信息服务。

十年磨一剑,环境卫星成功发射并实现业务化运行,使我国成为世界上为数不多的拥有环境卫星的国家之一,标志着我国天地一体化的环境监测体系初步建立。环境卫星的应用,进一步丰富了环境管理的技术手段,极大地提升了环境监管水平。各地应用卫星遥感成果的能力不断提升,在青岛浒苔暴发、汶川地震、大连新港溢油、玉树地震、舟曲泥石流等自然灾害和突发事件处理过程中,环保部门根据环境卫星提供的重要信息,及时采取科学应对措施,化险为夷,确保了生态环境安全。

三、做好新环境空气质量标准的监测技术支撑

（一）组织开展 $PM_{2.5}$ 等新增指标的监测

实施新的环境空气质量标准，既是满足老百姓的愿望诉求，又是与国际标准接轨的关键一步。环境保护部将贯彻空气质量新标准作为重中之重的任务，认真做好实施空气质量新标准第一阶段的工作。

（二）加强对新标准的宣解

在新标准发布后，环境监测部门组织编写《实施新标准专家解读方案》，从专业角度对空气质量新标准监测实施的二十多个问题进行详细解读。组织撰写《我国环境空气质量监测点位布设的主要原则和做法》，对城市空气质量监测点位布设的原则、国外的相关做法及今后的工作设想进行阐释。邀请中央电视台、人民日报等有关媒体深入空气质量监测一线"体验监测"，积极回应公众和媒体有关空气质量监测的质疑。

（三）布局新指标监测点位

配合新标准实施，合理布局全国环境空气监测网，在 338 个地级以上城市布设 1436 个环境空气监测点位，环境空气监测点位进一步优化。按照新标准的要求，组织开展 $PM_{2.5}$ 监测设备比对测试，做好 $PM_{2.5}$ 监测设备选型工作。

（四）加强技术培训

组织开展专题调研，编制印发《空气质量新标准第一阶段监测实施方案》，明确了第一阶段新标准实施的范围、内容和要求。开展 $PM_{2.5}$ 监测管理与技术培训，确保能按照新标准测得出、测得准，为完成第一阶段监测实施任务奠定基础。

（五）加强重点区域监测

加强对京津冀、长三角、珠三角等重点区域及直辖市和省会城市实施新标准工作的监督和技术指导工作，适时通报存在的问题，加大工作调度力度，第一阶段新标准实施工作有序推进。目前，全国共建成

PM$_{2.5}$监测站 184 个,北京、上海、河北、山西、江苏、浙江、广东、海南、陕西等省(市)已经开始公布 PM$_{2.5}$监测数据。

四、环境监测成果丰硕

(一)环境监测法律法规不断完善

近年来,从国家到地方相继出台了一系列环境监测法规制度,环境监测工作的规范化水平不断提高。2007 年,原国家环保总局颁布《环境监测管理办法》,对环境监测属性、定位、管理、规范、处罚等方面做出了明确规定,为加强环境监测提供了制度保证,有力地推动了环境监测事业的发展。为适应新时期环境保护工作的需要,环境保护部组织编制《环境监测管理条例(送审稿)》,并上报国务院法制办,现已列入2012 年一类立法计划。

(二)环境质量信息发布力度不断加大

围绕建立和实行环境质量公告制度,不断加大环境监测信息公开力度,统一发布国家环境质量综合性报告和重大环境信息。充分发挥各类监测报告的作用,积极拓宽环境监测信息发布渠道,初步实现了环境监测信息发布的规范化和定期化。从 2008 年开始,国家环境监测部门每年向社会发布全国环境质量状况,每半年向社会发布重点流域和重点城市的环境质量状况,每年向党中央、国务院报告全国环境质量状况。同时,为满足公众的环境知情权,国家环境监测部门在网上向社会公布地表水和空气质量自动监测实时数据,扩大了环境监测的社会影响,取得了很好的效果。

(三)跨界河流水质监测全面开展

2009 年,国家环境监测部门将中俄、中越等 41 条国界河流(湖泊)的 78 个断面,纳入国控地表水环境监测网。自 2010 年 1 月起,每月定期开展国界河流水质监测,并及时报送信息,为边界水体污染防治与生态保护、环境外交等提供了坚实的技术支持,发挥了重要作用。通过联合监测,中国与俄罗斯、越南等国增强了互信、加深了理解。联合监测受到了中国、俄罗斯、越南等国元首的高度关注,推动了中俄、中越等国睦邻友好和战略协作伙伴关系。可以说,联合监测成果是中俄、中越等国环保分委会成立以来取得的重大合作成果,并成为世界跨界水质监测与保护合作的典范。

（四）圆满完成重大应急监测任务

一是完成松花江重大水污染事件应急环境监测。2005年松花江重大环境污染事件发生后,原国家环保总局科学应对,组织中国环境监测总站和当地监测力量开展应急监测,并迅速调集9省（市）共60多名环境监测专家支援应急监测工作,及时准确获取监测数据,为污染控制和确保沿江群众饮水安全提供了科学依据。

二是完成汶川地震抗震救灾及灾后重建应急环境监测任务。2008年四川汶川特大地震发生后,环境保护部在第一时间调配大量便携式应急监测设备和野外生活物资到地震灾区,分三批从全国21个省（区、市）抽调环境监测力量赶赴四川,支援灾区应急监测工作。为有效指导抗震救灾应急环境监测工作,先后制定实施《抗震救灾期间环境应急监测工作方案》等规范性文件。环境保护部与卫生部等相关部委联合发布《地震灾区地表水水环境质量与集中式饮用水水源监测技术指南（暂行）》等指导性文件,有效地指导和促进了四川、甘肃、陕西等地震灾区的应急监测工作。

汶川地震应急环境监测是环保历史上规模最大、范围最广、持续时间最长、情况最为复杂的一次。环保系统共出动环境监测人员1350人次,投入监测仪器设备600多台（套）、车辆6000余台次,总行程160余万公里,历时两个多月,对48个城市饮用水水源、203个乡镇饮用水水源、96个其他农户水井等分散饮用水水源水质进行了应急监测,获得各类应急监测数据48万多个。汶川地震应急监测工作的成功完成,为自然灾害类环境突发事件开展应急监测工作积累了宝贵的经验。

此外,在2008年北京奥运会、2009年国庆60周年庆典、2010年上海世博会及广州亚运会期间,环境监测都准确反映了空气质量状况和变化趋势,为保障活动举办地的环境安全提供了重要支撑。

（五）环境监测业务水平全面提高

2009年,环境保护部出台《环境监测质量管理三年行动计划》,要求从制度、装备、人才等方面加强监测质量管理工作。同时,成立专门检查组对全国31个省(区、市)及新疆生产建设兵团环保厅(局)贯彻落实行动计划情况进行检查。通过实施三年行动计划,大大促进了全国环境监测质量管理工作。

2010年,环境保护部举办全国环境监测大比武活动。本次大比武是新中国成立以来首次开展的专业技术竞赛活动,全国环境监测系统50000余名干部职工参与,是环保系统有史以来人员调动范围最大、仪器汇集数量最多的一次"大战役",也是对中国环境监测事业发展30年来的一次大集结、大检阅和大展示。大比武活动的开展,为全国环境监测系统搭建了切磋技艺、交流技术、展示技能的平台,展现了环境监测技术人员精湛的技术水平和良好的精神风貌。

2011年,环境保护部首次在全国统一组织开展环境应急监测演练活动。各级环保部门积极响应,精心筹划,有的还组织当地公安、消防、卫生等单位联合开展应急监测演练。从演练结果来看,各地在应急监测任务下达、应急监测程序启动、应急监测方案实施、应急监测报告上报、应急监测工作终止等程序实施方面做到了科学规范,保证了应急监测工作的顺利开展,达到了预期目的,既锻炼了队伍,又扩大了影响,成为环境监测工作的一大亮点。

第二节　环境监察机制体制逐步健全

一、环境监察事业不断深化改革

（一）加强标准化建设,提升执法效能

过去十年,全国环境监察标准化建设取得长足进展,为提升环境执法效能、强化科学监管提供了坚实的保障。2003年,全国有481个环境监察机构通过达标验收,其中达到一级标准的91个。截至2010年年底,全国共有1364个环境监察机构通过了标准化达标验收,其中191个环境监察机构通过了一级标准化达标验收。"十一五"期间,国家累计投资24.3亿元,是2006年以前投资总和的7倍多。截至2010年年底,全国共配备执法车辆5128辆,配备执法仪器设备8.6万台(套),解决业务用房25.4万平方米。投入力度的加大有力地促进了环境监察标准化建设,环境监察装备水平得到大幅提升。

(二)实施分级培训,加强人员能力建设

2003年环境执法人员职业操守教育和行风建设活动全面展开以来,环保部门通过在全国环境监察系统开展以"三个系列"教育、环境监察"六不准"和"三思"、"三查"、自查自纠为主要内容的"环保系统执法人员职业操守教育活动",环境监察队伍的整体业务素质不断提高,执法能力显著提升。在全国环境保护系统行风建设工作会议之后,又专门部署了全国环境监察系统行风建设工作,提出了更加严格的要求、更加具体的目标、更加得力的措施,有效地促进了环境监察系统的行风建设和职业操守教育工作。

建立国家、地方两级环境监察培训体系,县级以上环境监察机构负责人和省级以上环境监察机构人员参加国家级培训,其他环境监察人员参加省级培训。环境保护部每年举办各类环境监察培训班四十余期,年培训人员3000人次以上。环境监察培训班完善培训方式,提高培训成效,拓展培训渠道。在现有培训能力的基础上,充分利用高等院校教学资源,采取委托培训、合作教研等方式提升培训能力,结合现场执法特点,培育实习基地,并结合实际拓展网络远程培训,努力构建多层次、多渠道、全方位的环境监察培训格局。针对军转干部、监察机构负责人等不同执法人员的需要,分级分类开展形式多样的培训,并通过远程教育实现了培训全员覆盖。

此外,培训还注重优化课程设计,加强理论联系实际,在课堂授课的基础上,广泛开展案例研讨与展评、现场模拟执法、岗位技能比武等丰富多彩的培训教学活动,做到教学互动、学以致用、以用促学,切实提高培训成效。"十二五"期间,为着力强化提升新时期环境监察人员职业素养,组织编写了环境监察系列培训教材,各省也相继制定了"十二五"环境监察培训规划。

(三)积极探索,完善环境监察制度规章体系

"十五"期间,各级环境监察机构积极创新工作机制,基本建立起了移送移交制度、挂牌督办制度、联合办案制度、重大违法案件新闻发布会制度等。2005年,结合打击违法排污企业维护群众利益专项行动被列为中央纪委五次全会工作重点,原国家环保总局与监察部联合下发了《关于监察机关与环境保护部门在查处环境保护违法违纪案件中加强协作配合的通知》和《环境保护违法违纪行为处分暂行规定》,环保系统与监察系统联合办案机制和责任追究机制正式纳入规范化管理。

2006年,原国家环境保护总局相继出台了《全国环境监察标准化建设标准》、《环境监察标准化建设达标验收管理暂行办法》、环境监察执法"五项承诺"等规章制度。通过明确职责、制定制度、规范程序,环境监察队伍职、权、责得到理顺,促进了工作效率的提高。

2008年,环境保护部积极探索综合措施强化环境执法。制定发布了《企业环境监督员制度建设指南》,6000多家国控重点污染源企业分批次逐步开展了试点工作,极大地提高了企业环境自律意识和管理水平。

2010年后,环境保护部先后发布了有关行政处罚、排污费稽查、执法后督察等多部规章,出台了有关处罚听证、标准化建设标准等数十项规范性文件,制定了电解锰、味精等多个行业的环境监察指南等,制度规范得到进一步加强。河南、广东、江西、山西等省编印了数十项环境监察管理制度和重点行业执法指南。环境保护部着手研究制定《环境监察办法》,针对执法薄弱环节,研究制定了《环境行政处罚听证程序规定》、《环境行政处罚证据指南》,规范了证据的收集、审查和认定工

作。河南、安徽率先在全国以省政府令颁布了《环境监察办法》,既为全省环境监察工作开展提供了法制保障,也为全国其他地区推进环境监察法制化建设提供了良好的借鉴和参考。

二、建立健全环境监管模式

随着我国经济的高速发展,企业超标排污、生态环境质量恶化问题开始凸显,为保护环境,各级环保部门开始积极探索使用法律、行政、经济、技术手段加强环境监管。

(一)实施污染源自动监控

2007 年,环境保护部申请中央财政支持启动“国控重点污染源自动监控能力建设项目”,通过自动化、信息化等技术手段,更加科学、准确、实时地掌握重点污染源的主要污染物排放数据、污染治理设施运行情况等与污染物排放相关的各类信息,及时发现并查处违法排污行为。“十一五”期间,先后安排超过 10 多亿元中央财政资金用于污染源自动监控的建设和运行管理,地方配套资金逾 50 亿元。通过在重点污染源安装污染源自动监控设备并与环保部门联网,实现实时监控、数据采集、异常报警和信息传输,形成统一的监控网络,提供实时准确的主要污染物排放信息,为加强环境现场执法监管、推动污染减排奠定了基础。一些地方环保部门整合污染源自动监控和环境质量监测,丰富和提升了整体的环境信息管理系统,为总量控制排污许可、三同时验收、环保专项资金补助、企业上市环保核查以及污染事故隐患排查等各项环境综合管理工作服务,为环境保护参与综合决策提供支持。

(二)构建天地一体化环境监控体系

环境卫星(宏观)、环境质量自动监测(区域流域)、重点污染源自动监控(微观)三个空间尺度的监控构成了环保领域天地一体化的环境监控体系。“十一五”期间,环境保护部逐步完善国控重点污染源自动监控能力建设,全国共建成国家、省、市三级污染源监控中心 349 个,已实施自动监控的重点污染源共计 15559 家,其中已经监控的国控重点污染源 7649 家(占全国主要污染物排放负荷 65% 的工业污染源和城镇污水处理厂),其余为省控、市控污染源,合计监控水排口 12153 个,气排口 8830 个。这些建设成果为构建环保领域天地一体化的环境监控体系奠定了基础。

（三）推动物联网技术应用

"十一五"期间,在环境保护部的推动和指导下,特别是 2007 年中央财政专项经费支持国控重点污染源自动监控能力建设项目后,全国污染源自动监控工作取得了积极成效,环保物联网建设和应用得到了长足的进展。污染源自动监控系统通过传感器连续获取企业的污染排放数据,传输至环保部门的监控中心,具备了物联网的要件,是物联网在环境保护领域最早的应用。在排污费征收工作中应用自动监测数据核定排污量也让排污更加透明化、规范化。目前,一些地方已经将污染源在线监测数据用于总量减排监测统计,山东、河南、福建等很多省份还将在线监测数据作为核定电厂上网脱硫电价、核定划拨城镇污水处理厂污水处理费等的科学依据。

（四）建立动态环境执法响应机制

全国环保系统充分利用污染源自动监控系统,加强实时环境监管能力,建立动态的环境执法响应机制,变被动执法为主动执法。目前,全国大部分省、市已将监控数据应用于污染物超标预警方面。山西省建立了污染源自动监控系统超标预警的工作机制,结合污染源自动监控,强化污染治理限期整改和环境行政处罚立案等工作。重庆市根据自动监控数据对违法超标排放企业每日发出《在线监测超标环境违法行为改正通知书》,推动排污企业主动治污。辽宁省出台《污染源在线监测数据适用环境行政处罚实施办法》,有效地打击了环境违法行为。

三、环境行政执法监督体制取得进展

党的十六大之后,环境监察事业进入深化改革阶段。"环境监理"机构统一更名为"环境监察"机构,国家成立了区域督查中心,国家监

察、地方监管、单位负责的环境监管体制不断建立健全,环境监察标准化建设积极推进,环境执法能力日益加强。

（一）完善机构,推进监管体系建设

原国家环保总局增设环境监察局,环境监察职能被正式纳入行政序列。环境监察队伍的职责进一步明确,环境监察队伍的执法地位进一步提高,"国家监察、地方监管、单位负责"的环境监管体系建设持续推进。

经过十年的发展,国家、省、市、县四级环境监察机构网络得到进一步完善,全国环保系统已建立 3182 个环境监察机构,人员 7.6 万人。2008 年,华北环境保护督查中心正式挂牌成立,标志着环境保护部六个督查中心已全部组建到位。党的十七大之后,新一轮地方机构改革中,重庆、河南、安徽、广东、江苏等省(市)环境监察机构得到加强与升格,陕西、辽宁、黑龙江、江西、甘肃等省成立省级环监局,江苏、河北、内蒙古、陕西等省(区)组建了区域或流域督查中心。

（二）试点探索,推进生态环境监察工作

一是组织开展生态环境监察试点工作。2003 年 3 月,原国家环保总局组织全国 113 个环境监察力量较强、工作基础较好的市、县,按不同生态环境类型组织开展生态环境监察试点工作。2007—2009 年,环境保护部进一步组织河北省和 72 个市、县(区)作为第二批试点地区深入开展试点工作,将生态环境监察作为落实科学发展观、践行生态文明建设的重要措施,因地制宜探索非污染型建设项目、自然资源开发与利用、农村环境保护等领域的环境执法工作机制。试点工作得到了相关各地方党委政府的重视和支持,大部分试点地区成立了以政府主管领导为组长,环保等有关部门负责人为成员的生态环境监察试点工作领导小组。通过建立健全生态环境监察执法的工作机制,初步形成了政府负责、环保牵头、各相关部门分工协作的工作格局,建立了联席会议、案件移送、信息通报等多项工作制度。制定了饮用水源地、自然保护区等多个领域环境监察的规范性文件,使生态环境执法人员在执法时有章可循,提高了整体执法水平;解决了试点地区一批突出的生态问题,促进了生态保护工作的落实。试点在组织管理、队伍建设、规章制度、执法程序、档案管理、宣传教育等各方面提升了生态环境监察工作的制度化、规范化和常态化,为全国生态环境监察工作的全面开展进行了有益的探索。

二是总结经验,完善管理方法。在两批试点的基础上,环境保护部总结经验,编写了《生态环境监察》培训教材,全面指导各地环保部门开展工作。同时,制定印发了《矿山生态环境监察工作规范(试行)》、《自然保护区生态环境监察指南》、《畜禽养殖场(小区)环境监察工作指南(试行)》和《畜禽养殖场(小区)环境守法导则》,组织起草了《饮用水源环境监察指南》、《水利水电环境监察指南》、《风景名胜区环境监察指南》,组织修改了《矿山生态环境监察指南》,加强指导和规范。

三是开展自然保护区专项执法督察。环境监察部门针对自然保护区、饮用水源地等法律法规较为健全、执法依据较为充足的领域,深入推进全国范围的环境执法工作。环境监察部门开展国家级自然保护区专项执法督查活动,结合卫星遥感监测选取六个具有典型意义的国家级自然保护区开展重点督查,并针对发现的问题下达处理处罚意见,进一步加大了国家级自然保护区的环境执法工作力度。

四是组织开展全国湖库型集中式饮用水水源地专项环境执法检查和督查工作。摸清全国所有湖库型集中式饮用水水源地现状,推进湖库型集中式饮用水水源地保护区的划定和管理,全面取缔湖库型集中式饮用水水源地一级保护区内的违法设施,查处二级保护区内的排污口、排放污染物的建设项目,查明二级保护区内网箱养殖、旅游开发活动的污染防治情况并依法查处违法行为。

(三)多措并举,推进农村环境监察工作

一是组织秸秆焚烧专项督察。根据国务院领导关于加强秸秆禁烧和综合利用工作的要求,环境保护部大力加强秸秆焚烧高发期的遥感监测信息发布、日常调度、督查和通报工作。每年夏收秋收时期,在环境保护部网站发布秸秆火情遥感监测日报,及时向全国下发夏季、秋季秸秆禁烧通报,加强调度督办,明确奖惩措施。并将秸秆禁烧纳入省级环境监察工作年度考核范围,对工作开展不力的地区予以通报批评,对秸秆焚烧情节严重的县(区),将撤销其各类环保荣誉称号,取消其一年内在环保系统评先评优资格,停止环保资金的补助。组织各督查中心于秸秆焚烧高发期对辖区开展专项督查,督促禁烧工作开展。

二是组织开展规模化畜禽养殖场及生猪屠宰行业执法检查。畜禽养殖业专项检查共出动执法人员 27.7 万余人次,现场检查规模化养殖场 3 万余家,关闭或搬迁禁养区内规模化养殖场 3109 家,补办环评审批手续 4674 家,新建综合利用或无害化处理设施 7773 套(座)。通过检查,提高了各级政府及有关部门和单位对畜禽养殖业环境保护工作重要性的认识,基本摸清了畜禽养殖行业基本情况和环境守法状况,初步建立了重点畜禽养殖排污单位档案和相关信息数据库,查处纠正了一批环境违法行为,促进了畜禽养殖业科学、健康、有序发展。此外,环境保护部门配合商务部开展生猪定点屠宰资格审核清理工作,加强对生猪定点屠宰厂(场)的环境监管,提高生猪屠宰行业的污染防治水平。

(四)完善机制,妥善调处跨省界环境污染纠纷

一是制定出台《关于预防与处置跨省界水污染纠纷的指导意见》,起草《跨行政区环境污染纠纷处理暂行办法》,努力建立跨行政区环境污染纠纷处理的程序和机制,主动化解跨行政区的环境污染纠纷矛盾。

二是对以往跨界环境纠纷问题进行梳理,分析跨界纠纷防范重点,建立国家跨国界、跨行政区生态环境问题应对专家库,提高跨界环境问题调处的决策水平和工作效能,逐步提高跨界环境问题处理制度化和规范化水平。

三是直接查办或督办上百件领导人批示的、群众投诉的各类生态破坏案件,对于提请环境保护部协调的几十件跨省界污染纠纷案件予以妥善处理,维护了社会和谐稳定,保护了群众权益。

（五）区域联动,保障重大活动期间环境质量

一是开展重点流域的专项执法检查。查处了淮河、漳卫新河流域的一批私设排污口和超标排放污染物的环境违法行为,预防了枯水期、丰水期过渡期突发环境事件的发生。2009 年,针对近年来淮河流域化工行业带来的砷、铬污染等新问题,组织淮河四省及华北、华东督查中心召开了淮河流域水污染调查工作会议,并要求淮河四省有针对性地开展淮河流域环境风险隐患的排查整改工作,华北、华东督查中心同步进行督查。根据四省和督查中心上报情况中的差异,对四省下达监察通知,要求对督查中发现的 120 个重点问题逐一核实处理。

二是组织环境质量保障专项执法。2010 年 3 月,组织开展上海世博会环境质量保障专项执法督查,推动区域环保合作。重点对上海世博会大气、水和生活“三个环境质量保障圈”开展督查。现场查看了苏浙沪三省市 7 个城市的 52 家重点排污单位和 5 个省界断面,召开上海世博会苏浙沪三省市区域环境执法协调会,督促三省市加强信息通报,强化执法联动。组织卫星中心发布“长三角地区秸秆焚烧遥感信息日报”184 期,共监测到秸秆焚烧火点 955 个,上海、江苏、浙江火点分别同比减少了 95.8%、18.7%和 52.4%。

2010 年 8 月,组织开展广州亚运会环境质量保障专项执法督查,协调解决区域性重点、难点和敏感环境问题。重点对粤闽赣湘桂五省(区)的 11 个地市跨省界敏感区域环境质量保障区,以及由广州亚运会场馆城市及周边共 11 个城市组成的广东省重点区域环境质量保障区开展督查。现场查看了 22 个地市 30 多个县的 250 多家企业、污水处理厂和 10 多个省际交界断面。召开五省区区域协调会,督促省际交界区域市县完善协调机制,亚运会期间实行值班制度。

三是督促地方解决突出环境问题。通过上海世博会和广州亚运会的环境质量保障专项督查,督促 8 个省市区重点解决 250 多起领导批示及挂牌督办案件、重点信访案件、跨界污染纠纷案件,推动了区域环境执法联动,积极解决协调解决重点、难点和敏感性环境问题,改善和

保障区域环境质量,维护社会和谐稳定。

四、改革完善排污收费制度

1978 年开始实施的排污收费制度,是环境管理"八项基本制度"之一,体现"污染者付费"原则的排污收费是主要的环境保护经济政策,在进一步促进污染防治、节约和综合利用资源、控制环境恶化趋势、提高环保监管能力等方面发挥了重要作用。2003 年 7 月 1 日正式实施的《排污费征收使用管理条例》,是对排污收费政策体系、收费标准、使用、管理方式的一次重大改革和完善。

（一）排污收费成为环境执法的重要手段

按照加快实现历史性转变的要求,各级环保部门在加强环境监督执法的过程中,十分重视排污收费作为综合执法手段的运用,强调排污者依法缴纳排污费的责任。将积极追缴违法排污者排污费、加大惩罚力度作为日常环境执法和环保专项检查的重要内容。新修订的《水污染防治法》也以排污收费数额作为计算超标罚款金额的基数,在企业上市环保核查、环保专项资金安排等工作中,都将是否依法足额缴纳排污费、履行排污者责任作为前置条件。

（二）总量排污收费支持和促进了污染减排

总量多因子收费充分体现了"多排污多收费、少污染少交费"的原则,运用经济手段促使企业自觉治污,有力地支持和推动了污染减排。环境保护部鼓励地方结合本地工作实际,酌情调整排污收费标准,一些地方先行提高二氧化硫等污染物的收费标准,充分发挥排污收费的经济杠杆作用,进一步调动了排污单位污染治理的积极性和主动性,推动了主要污染物减排目标的实现。

（三）为筹集环保专项资金开辟了渠道

从 2003 年《排污费征收使用管理条例》实施至 2011 年的八年间,全国征收排污费达 1257 亿元,为此前 24 年总和的 1.8 倍。2011 年全国排污费征收额突破 200 亿元,为"十二五"规划取得开门红。2003 年以来,排污费征收使用管理体制发生了重大改变,仅中央本级八年补助地方和企业的资金就达到 125 亿元。实行排污收费制度,集中资金促进污染防治,多层次、全方位地为筹集环保专项资金开辟了渠道。

（四）培育发展一大批环境管理人才

排污收费是量大面广、政策性强、专业要求高的监督管理工作。20世纪 90 年代,原国家环保局以排污收费队伍为主建立统一的环境监督执法队伍,职能由最初的排污收费逐步扩展到污染源及生态环境监管、排污申报、环境应急管理、环境纠纷查处等现场执法的各个领域。可以说,环境监察是在排污收费工作基础上发展壮大的,为建立"完备的环境执法监督体系"培养了环境管理人才。

（五）夯实了排污申报等环保基础工作

2003 年排污收费改革以后,排污申报登记工作被纳入环境监察基本职责。目前,排污申报登记内容基本覆盖了排污单位生产经营、污染治理和排放的各个环节,形成了规范的工作模式。排污申报核定已实现了全面的信息化管理,建立了国家重点监控企业基础信息数据库。全面系统的排污申报基础数据,已逐步应用于污染减排、工业污染源普查、环境统计、环境专项执法、日常监管、环境行政管理和应急处置等各项环境管理工作中。

五、拓展领域提高环境执法效能

（一）环境行政执法处罚

环境行政处罚工作以"规范自身、指导地方、服务科学发展"为主线,既抓行政处罚制度建设,又直接查办处罚案件;既抓环境保护部自身工作的制度化、规范化,又加强对地方工作的指导;既抓业务工作,又抓执法效能和廉政建设。

一是规范处罚行为。为适应新形势下环境执法要求,环境保护部门修订了《环境行政处罚办法》,规范行政处罚行为,细化处罚程序,强化可操作性。梳理执法依据,界定处罚职责,列出权力清单,制定《法律、行政法规和部门规章设定的环保部门行政处罚目录》。为规范行使自由裁量权,制定《主要环境违法行为行政处罚自由裁量权细化参考指南》和《关于规范行使环境监察执法自由裁量权的指导意见》。为加强对环保部门处罚文书制作的规范和指导,发布了《环境行政处罚主要文书制作指南》。为规范环境行政处罚听证程序,保障当事人的听证权利,发布了《环境行政处罚听证程序规定》。为规范证据的收集、审查和认定工作,提高案件办理质量和水平,发布了《环境行政处罚证据指南》。为规范和监督地方环保部门环境行政处罚工作,制定了《环境行政处罚案卷评查指南》。

二是规范内部工作程序和规章制度。制定了《环境行政处罚案件办理程序暂行规定》,规范环境保护部办理环境处罚案件的内部工作程序。制定了《环境监察通知书管理办法》,规范环境监察通知书的使用,加大查处环境违法行为力度,强化环境监察执法。两个规范性文件的出台,对规范自身环境执法行为起到良好效果,也对地方环保部门执法起到示范作用。

三是加大查处环境违法案件力度。严格环境准入,重点处罚违反环评和"三同时"制度的违法行为,办理环境保护部直接立案的行政处罚案件100余件,组织调度、核实和审查地方环保部门处罚案件60余件。通过严格依法处罚,发挥行政处罚较强的威慑力,把好环评最后一道关,为污染物减排和科学发展保驾护航。

四是加强对地方的业务指导。为提高执法水平,环境监察部门研发建立了"环境执法案例库",在12369环保热线网站供社会查询,并与《中国环境报》《环境保护》杂志社合办"环境执法典型案例"栏目,在《环境监察工作通讯》开辟"典型案例"专栏,在全国环境监察系统广泛征集对环境执法有借鉴意义、警示效应、示范作用的案例,组织对案例进行筛选、审核、点评等,为环境执法经验交流提供了一个平台,增强了对地方行政处罚工作的业务指导。

五是加强人员培训。在环境监察机构负责人岗位培训、法制岗位培训以及地方环保部门组织的专题培训中设置处罚内容,讲授《环境行政处罚办法》、证据、文书、执法程序等课程。组织有关专家编写《环境行政处罚》和《环境典型案例分析与执法要点解析》等环境监察系列培训教材。

六是注重调查研究。环境保护部领导多次赴江苏、重庆、安徽、湖南等地进行工作调研,了解省、市、区(县)各级环保部门行政处罚工作的现状和存在的主要问题,有针对性地提出指导性意见和建议。针对环境执法手段不足、力度不够、监督落实不力等问题,组织开展加强环境执法与环境司法的协同配合、行政处罚案件移送移交机制、处罚案件执行、处罚自由裁量权等专题研究。

环境行政处罚工作按照科学发展观的要求,突出以人为本,强化服务意识,做到四个"突出",即突出以人民群众为本、突出以环境执法人员为本、突出以市场主体为本、突出服务污染减排和科学发展。

一是在工作目标上,强化服务意识,以人为本,从便民利民出发,依法保障当事人合法权益。在办理处罚案件时,既惩罚当事人的违法行为,又注重保护违法者的合法权利。当事人申请听证后,本着便民利民的原则,将听证会安排在当事人所在城市,并精心准备和组织,依法定程序进行并接受监督,确保《行政处罚法》赋予当事人听证权利的实现。在案件办理的告知、送达、执行等环节中,全过程与当事人沟通,宣传环境法律法规,提供守法服务,增强当事人守法意识。

二是在工作重点上,以规范处罚行为为切入点和突破口,破解执法难题;以处罚违反环评制度和"三同时"制度的违法行为为重点,为污染减排把好关口。

通过调研,发现困扰基层执法的难题主要是执法"不作为"、"难作为"和"乱作为"问题。以规范处罚行为,特别是规范行政处罚自由裁量权为切入点和突破口,通过建章立制,实现"依法处罚、规范处罚、廉洁处罚",树立和提升环境执法的地位和权威,摆脱地方保护主义的束缚。加大直接处罚力度,服务经济发展方式转变和结构调整,服务科学发展。

三是在工作方式上,一手抓行政处罚工作的制度化和规范化建设,一手抓具体案件的办理。环境监察部门顺应一线执法人员的要求,制定或修订了《环境行政处罚办法》及配套的 6 个规章制度,推动处罚工作的制度化和规范化。从严审查案件调查材料和初步处罚意见,精心制作法律文书,严密组织行政处罚听证会。对每一起案件严格做到事实清楚、证据确凿、适用法律正确、程序规范。

四是在工作方法上,注重原则性与灵活性相结合,既坚持严格执法,依法处罚,又实事求是,因案制宜。考虑现实问题和特殊案情,创造性地办理案件,既维护了法律的严肃性和行政处罚决定的合法性、权威性,又充分考虑了公共利益、民生问题,实现了处罚结果与教育效果的良好结合,实现了社会效益、法律效益和环境效益的统一。

(二)行业执法检查

近年来,为加强重点行业监管,环境保护部陆续组织各地对医药制造企业、危险化学品生产企业和涉及危险废物的重点企业、产能过剩和重复建设行业、增塑剂、持久性有机污染物等行业企业开展了专项执法检查,严肃查处各类环境违法行为。

一是开展医药制造企业专项检查。各地环保部门根据《关于开展医药制造企业专项环境执法检查的通知》要求,结合实际情况制订工作方案,明确工作任务和职责分工,结合污染源普查、排污申报登记以及以前执法检查的情况,组织对制药企业进行了全面排查。各地环保部门共出动执法人员 41302 人次,检查医药制造企业 4438 家,重点对医药制造企业建设项目执行环境影响评价、环保"三同时"制度情况,废水、废气污染物达标排放情况,危险废物贮存、处理处置情况,污染防治设施运行情况等进行了检查,发现存在问题的企业 655 家。各地针对发现的问题,结合实际,严肃查处了企业的违法行为,取缔关闭 9 家,停产整治 110 家,限期治理 150 家。

二是开展危险化学品和危险废物专项检查。发布《关于开展化学品环境管理和危险废物专项执法检查的通知》,制定了检查工作方案,在环保专项行动和重点行业企业环境风险及化学品检查的基础上,认真组织开展涉危险化学品生产企业和产生、收集、处置利用危险废物的企业专项检查。

三是开展产能过剩和重复建设行业专项检查。环境保护部按照《国务院办公厅关于落实抑制部分行业产能过剩和重复建设有关重点工作部门分工的通知》要求,切实解决产能过剩、重复建设带来的环境问题,促进节能减排工作有序开展,印发《关于对部分产能过剩和重复建设行业超标超总量排污企业实施限期治理的通知》,于 2010 年 2 月至 5 月组织各省(区、市)环保部门对钢铁、水泥、平板玻璃、煤化工、多晶硅、风电设备等六个存在严重产能过剩和重复建设问题的行业超标、超总量排污企业实施限期治理。截至 2010 年 6 月底,共排查 6 大行业4179 家企业,包括钢铁企业 755 家、水泥企业 2596 家、平板玻璃企业123 家、煤化工企业 486 家、多晶硅企业 108 家、风电设备企业 111 家。对其中超标超总量排放的 323 家企业进行了限期治理,包括钢铁企业68 家、水泥 209 家、平板玻璃 14 家、煤化工 28 家、多晶硅 4 家。对违反产业政策的 346 家企业进行了关闭。

四是开展增塑剂生产企业专项检查。各省(区、市)环境保护厅(局)对涉邻苯二甲酸辛酯和邻苯二甲酸丁酯的增塑剂生产企业进行了专项执法检查,共检查邻苯二甲酸辛酯和邻苯二甲酸丁酯的增塑剂生产企业为 37 家。本次检查中,除 4 家废水不外排、1 家在建、1 家停产企业外,各地对其余的 31 家企业排放邻苯二甲酸辛酯和邻苯二甲酸丁酯情况进行了专项监督性监测,监测结果均达标。专项检查发现,绝大多数的市、县环保部门没有增塑剂监测能力,样品都要由各省级环境监测站进行监测,监测频次不够,监管难度大。个别企业仍存在环境违法行为或环境安全隐患。

五是开展持久性有机污染物相关企业检查。为落实《中华人民共和国履行〈关于持久性有机污染物的斯德哥尔摩公约〉国家实施计划》

和环境保护部、国家发展改革委等部门《关于禁止生产、流通、使用和进出口滴滴涕、氯丹、灭蚁灵及六氯苯的公告》要求,环境保护部2011年,下发了《关于开展滴滴涕、氯丹、灭蚁灵及六氯苯生产和使用企业执法检查的通知》,组织天津市、河北省、江苏省、浙江省环境保护部门对滴滴涕、氯丹、灭蚁灵及六氯苯生产和使用企业开展执法检查工作。

通过组织行业执法检查,指导地方各级环保部门按照统一标准,采取一致措施,严格规范行业企业的环境执法监管和环境整治,一定程度上避免了区域之间重污染行业的转移。同时,环境保护部组织各地及时查处行业检查中发现的典型性问题。行业执法检查作为环保专项行动的灵活补充,在全国环境监察执法工作中发挥着极大的作用。

(三)开展流域执法检查

一是长江流域专项执法检查。为加强长江流域环境监管工作,严肃查处超标排放污染物的环境违法行为,促进污染物减排目标实现,2009年2月至3月,环境保护部组织上海、江苏、安徽、江西、湖北、湖南、重庆、四川、贵州、云南10省(市)环保部门,在长江干流及其10条主要一级支流(雅砻江、大渡河、岷江、沱江、嘉陵江、乌江、沅江、湘江、汉江、赣江)开展了环保执法行动。各级环保部门共出动2万余人次,对2137家企业和长江及其10条主要支流沿岸共2503个排污口进行了检查。其中工业企业排污口961个,污水处理厂排污口130个,市政排污口1412个。通过对排污口及其主要污染物排放情况的全面检查,查清了长江干流及其10条主要一级支流接纳主要污染物的总量,严肃查处了私设排污口、超标排放污染物的环境违法行为,建立了长江流域主要河流沿岸排污口数据库。

二是松花江流域水污染防治突击检查。2012年3月,环境保护部联合吉林、黑龙江两省环保厅开展了松花江流域水污染防治突击检查,共检查饮用水水源保护区7个、工业企业及污水处理厂105家、河流断面及入河排污口26个,通过快速监测,取得化学需氧量和氨氮数据280个。共发现存在不正常运行污染治理设施、超标排放、不按照环评批复建设等环境违法行为的企业 22 家,占总检查数量的 21%,占生产、运行数量的 28%,较 2007 年突击检查时 80% 的违法率,松花江流域企业违法率下降明显,工业企业和污水处理厂总体运行水平有所提升。近年来基层环保部门对企业的监督检查较以往更加频繁,建立了常态化的日常监督检查机制。

三是南水北调东线和中线专项检查。为落实国务院南水北调工程建设委员会第六次全体会议精神,督促有关地方做好南水北调东线、中线水源地和沿线水污染防治工作,确保东线 2013 年、中线 2014 年竣工通水,环境保护部组织江苏、湖北、山东、河南、陕西等省对辖区内的南水北调东线和中线调水干线以及南四湖周边支流开展环境执法专项检查,督促各地落实《南水北调东线工程治污规划》和《丹江口库区及上游水污染防治和水土保持规划》有关要求,摸清南水北调东线和中线工程输水干线规划区各控制单元接纳主要污染物的总量和各控制断面水质监测达标情况,分析造成断面超标问题的原因,严肃查处私设排污口、超标排放污染物等环境违法行为,确保输水水质达标。环境保护部会同国务院南水北调办公室对江苏、山东两省工作开展情况进行了督查。

除专项组织的流域执法检查外,环境保护部根据监督性监测发现的重金属超标断面情况,及时组织上下游流域相关的地方环保部门进行会商,通报超标问题,研究调查和处理工作方案,对问题长期得不到解决的,及时派员进行现场调查处理。

（四）督办重点环境案件

环境保护部以挂牌督办、区域限批、后督察为抓手,不断加大重点案件的查处力度。2009 年 9 月,印发《环境违法案件挂牌督办管理办法》,对违反环境保护法律法规,严重污染环境或造成重大社会影响的环境违法案件,公开督促省级环保部门办理,并向社会公开办理结果,接受公众监督。自 2003 年以来,环境保护部共对 170 起案件进行了挂牌督办,督促了违法问题的整改,并追究了有关人员的责任。

（五）强化执法后督察

2010年12月，发布《环境行政执法后督察办法》，自2011年3月1日起施行。2011年初，印发《关于贯彻实施〈环境行政执法后督察办法〉的通知》，要求各地充分认识加强环境行政执法后督察工作的重要性，把后督察作为环境行政执法的一个重要程序，全面推进环境行政执法后督察工作。过去几年，环境监察部门每年都对本级督办的重点案件整改情况组织开展后督察，并对后督察情况进行逐一分析，对仍未整改到位的问题进行通报，督促地方环保部门对相关问题进行进一步查处，促进了部分久拖不决、整改缓慢问题的解决。

（六）推行信息公开接受社会监督

为进一步贯彻落实《政府信息公开条例》和《环境信息公开办法（试行）》，发挥环境违法信息公开在推动公众参与、强化环境执法中的作用，2010年环境保护部印发了《关于进一步规范环保不达标生产企业名单定期公布制度的通知》，要求各省环保部门进一步加强和规范环保不达标生产企业名单定期公布制度。

为充分保障人民群众的知情权和监督权，推进政务公开、信息公开的力度，2011年环保专项行动工作方案中明确要求各省（区、市）要在全面排查铅蓄电池企业的基础上，在公开媒体上公布辖区内所有铅蓄电池企业有关情况，接受社会监督。

六、持续开展环保执法专项行动

2003年，国务院决定在全国范围内持续开展环保执法专项行动，环境保护部、国家发展改革委等九部门每年围绕解决一两个突出环境问题，组织各地人民政府，持续开展环保专项行动，整治违法排污，保障群众健康。国务院领导连续多次做出重要批示，环保执法专项行动得到了国务院有关部门和地方各级政府的支持。环保执法专项行动开展9年来，切实解决了一批影响群众健康的突出环境问题，遏制了环境违法行为，促进了重点行业结构调整，改善了部分区域环境质量，强化了环境执法监管。

（一）加强部门联动，保障环保执法专项行动有序开展

环保专项行动中，相关部门充分发挥各自职能，指导各地综合运用法律、经济、行政手段，严厉查处环境违法企业，综合解决突出环境污染问题。各级经济主管部门加大结构调整力度，遏制高耗能、高污染项目重复建设；工业主管部门严厉查处不符合产业政策和环境准入条件，违反国家产业政策的行为；监察部门加大了对违反环保法律法规的行政责任追究力度；工商行政管理部门加大了对取缔关闭企业营业执照注销或吊销的检查力度；司法行政部门开展了环保法制的宣传与教育活动；安全监管部门加大了对企业安全生产的监管力度，促使企业减少因生产安全事故引发的环境污染；电监部门开展了对取缔关闭企业断电措施落实的监督检查。

（二）加强督察督办，深入基层指导工作

九年来，国务院九部门共派出88个督察组，对26个省（区、市）的340余个市县开展环保执法专项行动情况进行了现场督察。其中，部级领导带队49人次。各省每年均派出各种督查、检查组深入基层指导工作，山西、江苏、山东、广西等多个省级政府主管领导亲自带队，对突出环境问题现场检查办公，及时解决。

（三）完善管理机制，提升环保执法专项行动效能

监察部和环保总局联合出台了《环境保护违法违纪行政处分办法》，建立了环境行政责任追究制度。各地通过健全政府负责、环保部门统一监管、各部门分工协作的工作机制，建立了部门联合执法、案件移交移送等制度，重点案件挂牌督办制度，环境行政执法后督察制度，区域、流域、行业限批制度等一系列行之有效的管理办法。

（四）坚持不懈，环保执法专项行动成效显著

环保执法专项行动开展九年来，先后组织各地针对"十五小"企业连片污染、集中式饮用水源地环境安全、城市污水处理厂超标排污、重污染行业盲目发展造成的区域流域污染、工业园区和建设项目违规上

马等问题,以及造纸、钢铁、火电、铅蓄电池及其他重金属排放重点行业等方面开展了大规模的环保专项检查和集中整治,取得了积极成效。

一是解决了一批影响群众健康的突出环境问题。各级政府挂牌督办解决了 3 万余件群众投诉集中而又未妥善处理的突出环境案件。受理和解决了 190 余万件污染投诉。取缔了近 1200 个饮用水源一级保护区内的工业排污口,清理二级保护区内 2000 余个建设项目,重点城市集中式饮用水源地水质达标率逐年提高。

二是环境违法高发势头得到有效遏制。九年来,全国共出动执法人员 1600 余万人(次),检查企业 689 万多家(次),查处环境违法问题16.5 万余个。严厉打击了环境违法行为,遏制了环境违法行为高发的态势。

三是促进了重点行业结构调整。关闭、淘汰了一批钢铁、水泥、电解铝等"两高一资"企业,2007 年造纸行业关闭取缔 2194 家企业,淘汰落后产能 635 万吨,减排化学需氧量 63 万吨,企业平均规模由 1.25 万吨/年提高至 1.5 万吨/年。2011 年组织对全国 1962 家铅蓄电池企业进行了全面排查和整治,按照环保专项行动"六个一律"的整治要求,取缔关闭 736 家,停产整治 565 家,停业 284 家。全国 81% 的铅蓄电池企业已被取缔关停,只有 315 家企业正常生产,浙江省被关闭或停产整治企业达 98%。

四是改善了环境执法监管条件。持续、深入的执法专项行动提升了全社会关注环境保护、落实科学发展观的意识。各地全面清理了违反环保法律法规的"土政策",一些地区还结合实际出台了新的法规。全国环保执法机构的执法能力投入逐年增加,执法人员出动和检查企业的次数逐步上升。

第三节　环境应急能力日益增强

我国已进入环境风险凸显期和环境事件高发期。大力加强环境应急管理和处置应对能力,对于有效防范和减少环境风险,妥善处置突发环境事件,维护人民群众生命财产安全,具有重要作用。

一、应急管理体系建设不断推进

(一)环境应急预案体系基本形成

目前,国家环境应急预案体系基本形成,环境应急管理法制、体制和机制建设取得重要突破,环境应急管理能力不断提高,初步形成适应当前经济社会发展需要的中国特色现代环境应急管理体系。

一是国家层面环境应急预案基本完备。环境保护部制定《国家突发环境事件应急预案》,并适时修订。针对特殊敏感时期、节假日以及重大活动制定部门临时应急预案。

二是省级层面环境应急预案体系初步形成。省级环保部门环境应急预案修订率达80%,设区的市级预案编制率达90%以上,北京、天津、山西、重庆等地市、县级环保部门环保应急预案备案率达100%。

三是企业层面环境应急预案管理不断加强。环境保护部印发《石油化工企业突发环境事件应急预案编制指南》,组织起草《企业突发环境事件应急预案编制指南》和《企业突发环境事件应急预案评估指南》,指导和规范企业环境预案编制工作。各地积极编制企业层面应急预案,重庆市企业环境应急预案备案率达到100%,江苏省积极开展工业园区环境应急预案编制探索。

四是环境应急预案管理不断规范。2010年,环境保护部印发《突发环境事件应急预案管理暂行办法》。2011年,环境保护部印发《关于贯彻实施〈突发环境事件应急预案管理暂行办法〉的通知》,全面规范预案管理,并对预案培训、演练、信息化管理等提出明确要求。

五是积极开展培训和应急演练。环境保护部每年指导各省(区、市)至少举办一次环境应急演练。2009年以来,累计组织地方环境应急管理人员2076人次参加应急预案管理业务培训。组织指导地方开展2008年北京奥运会反化学恐怖应急演练、中意环保合作长沙溢油事故环境应急演练、2009 年辽宁省丹东市突发环境事件实战检验性演练、苏州市"环安一号"环境应急综合演练、2010 年上海世博会环境安全保障应急演练,2010 年环境保护部—重庆市人民政府次生突发环境事件应急联合演练、2011 年全国环境应急监测演练、2011 年安徽省淮河流域突发环境事件应急演练。

(二)环境应急管理体制取得重要突破

近年来,环境保护部采取措施深化环境应急管理体制建设。一是国家环境应急管理机构基本建成。2002 年,原国家环保总局成立环境应急与事故调查中心作为国家级的环境应急管理机构,并将华东、华南、西北、西南、东北和华北区域环保督查中心纳入环境保护部环境应急响应体系。二是省级环境应急管理机构体系初步形成。全国 31 个省级环保部门和新疆生产建设兵团环境保护局均成立环境应急管理组织协调机构,近三分之二的省份成立省级环境应急管理机构。江苏全省和重庆大部分区县,安徽安庆、宿州,辽宁沈阳、大连、本溪,贵州贵阳、安顺、黔东南、铜仁,湖南岳阳、常德,甘肃陇南等地成立地市级的环境应急管理机构。三是突发环境事件应急体制基本明确。按照"统一领导、综合协调、分类管理、分级负责、属地管理为主"的应急管理体制原则,初步建立重、特大突发环境事件由国家直接调查,一般突发环境事件由省(区、市)调查,情况不清的由区域环保督查中心分别督查的体制。

(三)环境应急管理法制建设逐步推进

党中央、国务院把环境应急摆在更加重要的位置。中共中央关于制定国民经济和社会发展第十二个五年规划《建议》和《纲要》提出,"十二五"期间要加强对重大环境风险源的动态监测与风险预警及控制,加强应急能力建设,健全重大环境事件和污染事故责任追究制度。国务院《关于加强环境保护重点工作的意见》第一次对环境应急管理进行了专门部署,将有效防范环境风险和妥善处置突发环境事件列为十六项重点工作之一。《国家环境保护"十二五"规划》将防范环境风险纳入指导思想,将环境应急能力建设作为重要内容。

环境应急管理的法律依据更加明确。《水污染防治法》中增设"水污染事故处置"专章,《大气污染防治法》中加入应对大气污染事故条款,《太湖流域管理条例》中增加突发环境事件预防、预警和应对等内容。

（四）环境应急联动机制建设不断拓展

2009年,环境保护部《关于加强环境应急管理工作的意见》明确指出,"创新环境应急管理联动协作机制",提出"大力推动环保部门与公安消防部门等综合性及专业性应急救援队伍建立长效联动机制"以及"与交通、公安、安监等部门建立联动机制"等具体要求。

一是建立环保、安监应急联动机制。2010年,环境保护部与安监总局联合印发《关于建立健全环境保护和安全监管部门应急联动工作机制的通知》,全国大部分省级环保部门与安监部门签署了应急联动机制协议,部分市县级环保部门与安监部门也建立了多种形式的应急联动机制。

二是积极推进与公安消防的应急联动。2011年,环境保护部联合公安部消防局召开全国环境保护与公安消防应急联动机制建设工作交流会,全面推进应急联动机制建设。天津、山西、黑龙江、浙江、云南、甘肃等地环保和公安消防部门,已签署协议建立应急联动机制。

三是积极拓展与水利、交通、纪检监察和发展改革等部门的合作。北京、河北建立"京冀突发水环境事件应急协调机制",上海、江苏、浙江建立"长三角地区环境应急联动机制"。湖南省成立主管副省长为组长的省环境安全应急处理协调领导小组,统一指挥协调环保、安监、水利、交通等部门妥善处置全省突发环境事件。山西省环保厅与交通厅建立危险化学品运输环境应急联动机制。河南省环保厅和水利厅共同出台意见,明确互通水质和水文信息,共同防范处置水污染事件。广西环保厅建立纪检监察与环境监察联动机制,规范环境应急处置执法程序。四川环保厅与发展改革、工商管理部门联动,定期通报审批企业信息,加强对"高污染、高环境风险"行业的监管。

（五）环境应急管理专家和应急救援队伍不断壮大

一是环境应急管理专家库建设初步完成。2009年,环境保护部遴选300多位专家纳入环境应急专家库,挑选26位专家组成国家环境应急专家组,环境保护部印发《环境保护部环境应急专家管理办法》。积极指导地方环保部门依托高等学校、科研单位和企业组建环境应急专家库(组),如安徽省环境应急专家库有兼职环境应急专家38人。

二是推动环境应急救援队伍建设。2008年,指导山西省朔州市人民政府依托消防部门成立突发环境污染事件应急指挥中心,组建专职的应急救援队,在环保、消防部门专家的指导下执行突发环境污染事件现场救援任务。2010年,指导沈阳市人民政府组织环保、公安消防和企业人员组成环境应急救援队伍。救援队日常管理由沈阳市环保局负责,经费由财政保障,按照平战结合的原则,队员平时在各自单位,遇有重大突发环境事件,根据市应急指挥中心调度,参与现场救援。重庆"社会化模式"是由企业应急队伍负责现场救援,政府负担费用。重庆市环保局委托重庆天志环保危险废物应急处置队、长寿化工有限责任公司应急处置队和长风化工有限责任公司应急处置队按照市应急救援总队的统一调度,承担危险化学品泄漏、燃烧、爆炸和次生环境污染事件等灾害事件的救援任务,相关应急救援费用由政府补助。

（六）环境应急管理能力显著提高

一是推进全国环境应急能力标准化建设。2010年,环境保护部印发《全国环保部门环境应急能力建设标准》,研究拟制《全国环保部门环境应急能力标准化建设达标验收暂行办法》。指导江苏省制定一级标准示范单位创建方案、辽宁省编制应急能力建设试点工作方案。

二是启动中央财政主要污染物减排专项资金—重点地区突发环境事件应急项目建设,规划三年内(2011—2013年)为各省配备5辆高性能环境应急监测车。

三是开展应急物资储备建设。为提高突发环境事件处置的物资保障能力,环境保护部组织编制了包括 4 大类 223 个子项物资的《环境应急物资目录》,筛选整理近 2000 家物资生产企业,以及各省市环保系统和近 5 万家大型风险企业的物资储备信息,开发了可进行物资名称、行政区划,以及污染物类型、事故发生地距离等地理信息查询的环境应急物资信息数据库。同时,积极开展物资库建设。河南省积极推进国家中部地区应急物资储备中心和支援保障基地建设,陕西省初步建成关中、陕南、陕北三大区域环境应急储备库。

四是推进应急指挥系统与平台建设。环境保护部开发了环境应急管理信息系统,初步实现环境风险管理、信息报告、案例资料的数字化管理。山东省基本建成省级环境安全预警与突发事件应急处置指挥平台系统。

五是积极组织应急管理培训。近年来,累计培训环境应急管理工作人员 2000 余人。特别是为支持新疆发展,每年专门举办 1 期援疆培训班。地方也结合实际开展形式多样的培训,如重庆市结合"防灾减灾宣传周"活动,广泛开展环境安全宣传;甘肃省组织培训应急管理负责人和部分重点企业负责人。

二、妥善处置环境突发事件

在党中央、国务院的正确领导下,全国各级环保部门恪职尽责,同心协力,积极防范和妥善处置各类突发环境事件,保障国家重大活动环境安全,积极推进环境应急管理体系建设。

(一)妥善解决危害群众健康的突发环境事件

据统计,全国环保系统 2002—2011 年共妥善处置 9769 起突发环境事件,环境保护部直接调度处置了 1076 起突发环境事件,包括 15 起特别重大突发环境事件,78 起重大突发环境事件。特别是妥善处置了松花江水污染事件、山东省临沂市 2 起邳苍分洪道砷污染事件、陕西省凤翔县儿童血铅超标事件、福建省紫金山金铜矿湿法厂含铜酸性溶液泄漏重大污染事件、大连输油管道爆炸火灾污染事件等一批严重威胁群众健康的污染事件。在处置中石油兰—郑—长输油管道渭南支线柴油泄漏事件过程中,环保部门采取污染处理和闸坝调度相结合的综合措施,有效控制事态发展,确保了黄河中下游民众饮用水安全。福建紫金矿业集团紫金山金铜矿湿法厂泄漏污染事件发生后,环境保护部迅速派出工作组赶赴现场,指导、督促地方政府和有关部门开展应急处置工作,通过实地勘查核实澄清有关事项,对事后处置及环境安全隐患防范措施进行评估,并督促企业整改到位。大连输油管道爆炸火灾事故发生后,环境保护部牵头协调组织交通、海洋、农业等部门和辽宁省、大连市政府,全力开展海上及沿岸清污工作,实现了党中央、国务院提出的"油污不流向公海,不蔓延到渤海"的目标。

(二)有效应对重大自然灾害次生环境问题

近年来,全国环保系统积极应对地震、山洪泥石流、洪水等自然灾害引发的突发环境事件。

一是成功应对"5·12"汶川特大地震次生环境灾害。汶川特大地震发生后,环境保护部迅速派员赶赴灾区指导应急工作,组织 14 个省(区、市)对各类环境隐患进行拉网式排查,督促完成整改重大环境安全隐患 238 个,妥善应对灾区 20 余起次生环境事件,确保了灾区环境安全。

二是有效应对南方雨雪冰冻灾害次生环境问题。2008 年初南方遭遇五十年一遇的雨雪冰冻灾害后,环境保护部迅速发出《关于印发南方雨雪冰冻灾害环境保护应对技术措施的紧急通知》,有针对性地开展环境安全隐患排查,督促有关部门及时移除堆积的施用过融雪剂的积雪,仔细核查雨雪冰冻灾害对当地企业污染治理设施的损害情况,严密监控可能产生的水环境影响,确保了灾区饮用水安全。

三是圆满完成青海玉树抗震救灾环境应急任务。玉树地震发生后,环境保护部连夜制定《环境保护部青海玉树地震次生环境污染事件应急响应实施方案》,会同地方环保部门对震区附近的环境风险源进行排查,指导地方采取措施消除环境安全隐患。组织制定《玉树地震灾区环境应急监测方案》、《灾后危险废物和危险化学品清理指南—现场操作手册》,指导地震灾区现场处置。

四是妥善应对舟曲特大山洪泥石流等重大灾害的次生环境问题。舟曲特大山洪泥石流灾害发生后,环境保护部指导督促地方环保部门做好应急监测、隐患排查和信息报送。

在吉林省永吉县化学原料桶被洪水冲入松花江后,环境保护部及时派出工作组赶赴现场指导工作,协调调度无人机进行技术支援,成功打捞被冲走的7000多只化学品桶,温家宝总理给予了"组织有力、科学部署、打捞成功"的高度评价。

(三)积极做好重大活动环境质量安全保障

北京奥运会开幕前,北京市出现极端不利气象条件,主要污染物浓度持续升高。环保部门果断启动应急措施,对6000余个重点污染源进行全面排查,紧急关停、暂停北京周边480家企业或生产线,及时消除环境安全隐患,保障了奥运会的顺利举行。在我国60周年国庆期间,全国环保部门累计出动环境执法人员37.6万余人次,检查企业21万余家,排查出环境安全隐患5090处,重大环境安全隐患整改率超过80%,国庆期间未发生重大以上突发环境事件和影响较大的因环境问题引发的群体性事件。上海世博会期间,环保部门快速、有效地处置了上海和浙江的3起突发环境事件,确保了世博会的顺利举行。为保障广州亚运会环境安全,环境保护部组织开展专项督查,特别是在亚运会开幕式前夕,成功控制北江铊污染事件,保障了亚运会的顺利召开。

三、探索实施环境风险管理

(一)开展重点行业企业环境风险及化学品检查

为积极防范环境风险,环境保护部自2010年5月起,历时两年在全国范围内开展重点行业企业环境风险及化学品检查。全国环保部门出动数万人次,历经准备试点、部署培训、检查登记、数据分析汇总、验收总结5个阶段,基本摸清石油加工与炼焦业、化学原料及化学制品制造业、医药制造业 3 大类 10 中类 35 小类 43510 家企业的环境风险底数,掌握企业风险单元及防范措施、企业环境应急处置及应急救援资源、企业周边水及大气环境保护目标分布等情况,查明重点行业原料、产品及副产品的种类、数量以及地区分布,并利用重点行业企业环境风险及化学品检查系统,建立企业环境风险及化学品数据库和文件档案。同时,探索性地开展企业及区域环境风险评估。采取宏观尺度的企业环境风险评估方法,对企业环境风险等级和全国 31 个省(区、市)的环境风险状况作出总体评估,并提出加强环境风险管理和危险化学品环境安全监管的对策建议。

(二)组织沿海地区陆源溢油污染风险防范大检查

为贯彻落实国务院第 171 次常务会议精神,深刻汲取蓬莱 19—3 油田溢油事故教训,切实防范陆源溢油污染风险,环境保护部会同国土资源部、交通运输部等七部委,于 2011 年 9—11 月联合开展沿海地区陆源溢油污染风险防范大检查。全国各级共出动 1.5 万余人,对沿海 11 个省(区、市)、1239 家陆上石油勘探开采、炼制储运和港口码头等企业进行全面检查,基本摸清陆源溢油风险,查找出安全隐患,提出对策措施,并向国务院报送《关于沿海地区陆源溢油污染风险防范大检查情况的报告》,圆满完成沿海地区陆源溢油污染风险防范大检查任务。

(三)扎实开展重点领域环境风险管理

近年来,环境保护部积极加强饮用水水源地、尾矿库和化工园区等重点领域的环境应急管理工作。一是加强饮用水水源地环境应急管理工作。在山东省临沂市、江苏省徐州市、吉林省吉林市组织开展饮用水水源地环境安全区域防控试点示范,并在试点基础上编制印发《集中式地表饮用水水源保护区环境应急管理工作指南(试行)》,从保障体系、预警体系、评估体系、应急响应处置等方面对饮用水水源地环境安全保障工作提出指导意见。组织天津、江苏、山东、河南、湖南、广东、贵州等省市开展城市集中式饮用水水源地水质生物毒性预警试点工作。

二是推进尾矿库环境应急管理工作。2009 年,组织开展尾矿库安全隐患排查,初步掌握全国 1 万多座尾矿库的基本情况和周边环境敏感点分布,建立了尾矿库信息台账。2010 年在河北省进行尾矿库环境应急管理试点,总结试点经验编制印发《尾矿库环境应急管理工作指南》(试行),明确了环保部门"管什么"和"怎么管"的问题,组织召开全国尾矿库环境应急管理工作现场会议,全面推进尾矿库环境应急管理工作。组织编制《尾矿库环境风险信息表》,建设尾矿库环境风险信息报送管理系统,并在河北省张家口市开展试填报工作。开展尾矿库环境风险分级分类技术方法研究,建立技术方法模型。对张家口市尾矿库开展环境遥感监测,编制《张家口市尾矿库遥感影像图集》。举办尾矿库环境应急管理工作专项培训。三是推进化工园区环境应急管理工作。起草《化工园区环境应急管理工作指南》,组织天津市环保局、滨海新区环容局开展化工园区环境应急管理试点工作。

（四）积极推进环境风险评估和环境污染损害评估与恢复工作

环境风险评估和突发环境事件环境污染损害鉴定评估正式纳入环境应急响应流程。一是成立环境风险管理与损害鉴定评估中心,开展风险防范阶段的环境风险评估和事后恢复阶段的损害评估,并在豫鲁交界徒骇河水污染事件、浙江洋溪水污染事件和浙江苕溪饮用水水质异常事件经受了实战检验。二是以严重危害公众环境安全的突发水环境事件和重金属突发环境事件为突破口,选取 13 个典型事件进行污染损害评估测算,并形成案例评估汇总报告。推动突发环境事件环境污染损害鉴定评估工作的规范化、制度化。三是健全损害评估工作机制。组织编制《突发环境事件污染损害评估工作指南》,规定突发环境事件环境污染损害鉴定评估工作启动条件、组织方式、评估范围、适用方法、评估结论审核应用等工作流程。推动建立高效便民的突发环境事件环境损害鉴定评估机制,逐步规范运行模式,完善管理制度。四是推动专业队伍的建设。加强与中国人民大学、清华大学等单位的交流合作,引导这些机构加强对环境损害评估工作的关注和支持,鼓励主动参与环境损害评估机制的完善和技术规范的制定工作,共同做好突发环境事件环境损害评估。五是做好事后管理和分析总结。出版《突发环境事件典型案例汇编(2010)》,总结分析 50 起突发环境事件典型案例。

四、认真做好 12369 环保举报热线受理

(一)全国 12369 环保举报热线网络基本建成

2001 年以来,全国各级环保部门陆续开通"12369"环保举报热线。经过十年发展,全国"12369"环保举报热线网络基本形成。一是大部分地区开通"12369"环保举报热线。全国有 14 个省级环保部门开通"12369"环保举报热线,开通率 45%;365 个地级环保部门开通"12369"环保举报热线,开通率 91%;2218 个区县级环保部门开通"12369"环保举报热线,开通率 79%。二是部分地区设立环境投诉受理中心。全国有 704 个县级及以上环境保护部门设立投诉受理中心,集中受理群众环境投诉。三是建成一支环境投诉受理队伍。全国约有6000 余人从事"12369"环境举报受理工作,其中区县级 3695 人,地市级 1428 人,省级 164 人。四是硬件水平得到较大提高。截至 2011 年年底,全国有 1532 个县级及以上环保部门安装"12369"电话自动受理系统,可通过语音自助受理群众的举报,其中区县级 1201 套,地市级309 套,省级 22 套;有 1891 个环保部门实现 24 小时人工接听群众举报。

(二)环境举报受理工作实现规范化管理

为加强和规范环保举报热线管理工作,更好地服务于民,环境保护部颁布《环保举报热线工作管理办法》,并于 2011 年 3 月 1 日起开始实施。各地因地制宜,不断完善规章制度,理顺工作机制,规范化建设管理"12369"环保举报热线。北京市建立《"12369"信访系统转办件对账单制度》等 40 余项工作制度,涉及诉求办理、突发事件应急处置、部门联动、监督考核、信息公开、业务培训等各项工作以及岗位管理、电话回访、文明接待等各项工作制度。山西省制定实施《"12369"环保举报热线月考评分细则》等,不定时对各市"12369"环保举报热线工作人工值班情况进行抽查。通过规范化管理,使"有报必接、违法必查"落到了实处,提高了举报件的办理效率,保证了办理效果,树立了环保为民的良好形象。

（三）切实解决影响群众健康的污染问题

2002—2011 年,全国"12369"环保举报热线共接收群众投诉 387 万件,受理 370 万件,办结 367 万件,办结率达 99%。环境保护部"010—12369"环保举报热线自 2009 年 6 月 5 日开通以来,共接听群众电话和网络反映、咨询问题 106324 次,办理群众举报 60320 件,其中办理电话举报 37482 件,网络举报 22838 件。受理举报 4966 件,其中电话举报 2572 件,网络举报 2394 件,办结率 99%。过去三年,环境保护部直接调度、办理涉及突发环境事件和群体性事件倾向的举报 81 起,区域环保督查中心督查督办 109 起群众反复投诉的举报件。通过加大督查督办力度,各地环保部门累计依法取缔、关闭或关闭生产线 634 家,实施停产治理 754 家,限期治理 1065 家,现场纠正 419 家,经济处罚 181 家,警告 85 家,依法责令 817 家企业采取完善治污设施、限期清理废渣等措施,较好地履行了"有报必接、违法必查、事事有结果、件件有回音"的工作要求。

第十章 环境保护宣传教育、信息公开与国际合作

环境宣教、信息公开和国际合作是加强和推进环保工作的有效方式和重要载体。环境保护部门在环境宣教方面,不断创新环境宣传教育形式,积极开展环境教育实践活动,努力构建全民参与环保的社会行动体系建设,初步形成了政府引导、部门联动、社会参与的环境宣传教育格局,环境舆论引导能力显著增强,全民环境意识普遍提高;在信息公开方面,不断完善政府信息公开体制机制,努力加大各类环境信息主动公开力度,及时做好社会关注的环境信息公开,切实加强依申请公开工作,促进了环保部门依法行使权力和履行职责,提高了政府的公信力和执行力,充分发挥了政府信息对人民群众生产、生活和经济社会活动的服务作用;在国际环境合作方面,不断提升国际环境合作水平,认真履行国际环境公约,积极树立负责任大国形象,引进了一大批国际先进的环保理念、管理思想、资金和技术,全面加强了与国际社会的交流与合作,有力地促进了我国环保事业的发展。

第一节 加大环境宣传教育力度

为深入宣传党中央、国务院关于加强环境保护的一系列决策部署和所取得的成效,全国环境宣传教育工作紧紧围绕党和国家中心工作,积极服务环保事业发展大局,不断创新体制机制和方式方法,不断增强

工作的主动性、积极性和针对性，积极开展各种形式的环境宣传教育活动。通过宣传教育，环境保护思想日渐深入人心，公众环境意识不断提高，有力地服务和配合了环境保护全局工作，为推进环境保护历史性转变、探索环境保护新道路、促进环境保护事业发展发挥了积极作用。

一、创新环境宣传教育形式

1.“六·五”世界环境日宣传纪念系列活动亮点纷呈。环境保护部利用每年的世界环境日，积极开展有影响、有创意的主题活动，提高公众环境意识，鼓励公众参与环境保护。从2005年起，环境保护部在每年联合国环境规划署发布世界环境日主题的同时，发布当年的世界环境日中国主题。各年的世界环境日中国主题分别是：“人人参与，创建绿色家园”（2005年）；“生态安全与环境友好型社会”（2006年）；“污染减排与环境友好型社会”（2007年）；“绿色奥运与环境友好型社会”（2008年）；“减少污染——行动起来”（2009年）；“低碳减排·绿色生活”（2010年）；“共建生态文明，共享绿色未来”（2011年）；“绿色消费　你行动了吗?”（2012年）

2009年“六·五”世界环境日，环境保护部联合全国人大环资委、发展改革委、科技部、教育部、共青团中央、全国妇联共同举办了“六·五”世界环境日纪念暨“千名青年环境友好使者行动”启动仪式，号召公众加入到节能减排行动中。举办了“探索环保新道路——‘六·五’世界环境日”特别论坛，对树立公众的生态文明理念，激发参与环境保护的热情产生了积极影响。2010年“六·五”期间，李克强副总理在人民大会堂参观了环境保护展览并接见社会各界环境友好使者。2011年围绕“共建生态文明，共享绿色未来”的世界环境日中国主题，环境保护部面向不同人群策划组织了一系列形式多样的宣传活动，包括：举办“十一五”环保成就展暨第十二届中国国际环保展览会，全面展示了“十一五”期间环境保护的成果与经验，记录了环保战线干部职工以及各部门、各行业深入贯彻落实科学发展观，积极建设生态文明，加快推进环境保护历史性转变,努力探索中国环保新道路的光辉历程,向社会昭示了环保事业的良好形象,李克强副总理等党和国家领导同志参观展览,并给予高度肯定;举办"千名青年环境友好使者行动"总结启动会,总结了使者行动前期工作成果,并启动了2011—2013年项目;举办2011年"六·五"世界环境日暨"环保嘉年华"启动仪式;精心设计制作了以"共建生态文明　共享绿色未来"为主题的一套四幅宣传海报,向社会发放。2012年,环境保护部举行了以环境保护优化经济增长暨纪念"六·五"世界环境日高层论坛;联合共青团中央、全国妇联和联合国环境规划署共同主办"绿色消费　你我同行"——2012"六·五"世界环境日文艺晚会,各级领导及环保人士齐聚一堂,传播环保理念,分享环保经验,提升全民"绿色消费"意识。通过开展一系列"六·五"世界环境日宣传纪念活动,公众参与环境保护的热情不断提高,为环境保护工作的开展营造了良好氛围。

2. 充分展示探索环境保护新道路所取得的成就。2009年9月19日,"辉煌六十年——中华人民共和国成立60周年成就展"在北京展览馆隆重开幕,环境保护部负责的"环境保护全面加强"展区分布在7号厅和4号厅,展览内容分为六个部分:"不断提升环境保护战略地位"、"推动环境与经济协调发展"、"积极应对气候变化"、"运用综合手段,提高环境保护能力"、"全民环境意识日益提高,公众积极参与环境保护"、"参与国际环境合作,树立负责任大国形象"。展区通过50张图片以及文字说明,20余件珍贵历史实物,环境监测和南宁糖业循环经济两个模型,滚动播放的环保影像资料,向观众展示新中国成立60年来,环境保护事业不断发展壮大,努力推动环境保护历史性转变,积极探索中国环境保护新道路,建设生态文明和人与自然和谐的环境友好型社会的历史足迹。2012年,"科学发展　成就辉煌"大型图片展"生态文明建设全面展开"分展区中,环境保护部作为牵头单位之一,配合第一牵头单位发改委就生态环境保护相关内容积极开展参展材料收集、筛选、报送工作。通过30多张图片,分"能力保障措施不断加

强"、"解决突出环境问题"、"在发展中保护　在保护中发展"和"公众
环境意识得到加强"四个主题,系统反映了党的十六大以来,我国在加
大环境保护力度,建设生态文明和环境友好型社会方面所取得的成就。

3. 繁荣环境文化产品的创作和生产。2011 年,为祝贺第七次全国
环境保护大会胜利召开,环境保护部制作了《探索中国环境保护新道
路》宣传片,在天安门广场大屏幕滚动播出,并利用机场、车站、商圈等
地的电子屏幕等社会媒体,广泛传播环境保护思想和生态文明理念;在
第七次全国环境保护大会期间,协调组织并成功举办了"环保惠民
绿色跨越"大型环保主题特别节目,在营造浓厚热烈气氛的同时,以新
颖的表现方式积极宣传环境保护。积极支持《河长》、《黄河女人》、《绿
色风暴》、《消失的村庄》、《星际精灵蓝多多》等一系列环保影视片的宣
传及推广工作,向国家广电总局推荐环保题材电影《河长》参加 2011
年度中国电影华表奖评选,向国家广电总局推荐把环保电影《黄河女
人》列为重点影片,并向各省环保部门下发文件,要求组织观看,依托
影片开展相关宣传活动;推荐支持环保电影《绿色风暴》在电影频道播
出;向中宣部推荐《河长》、《黄河女人》参加"五个一工程奖"评选。
2011 年,环境保护部拍摄了农村环保科教片《种菜也要讲环保》,以喜
剧电影故事片的形式,邀请巩汉林、句号、金珠、何云伟等明星共同参
与,旨在以农民喜闻乐见的形式介绍《农药使用环境安全技术导则》和
《化肥使用环境安全技术导则》,在农村宣传环境保护的理念和方法。
该片于 2011 年获得由广电总局、国家新闻出版总署和中国科教电影电
视协会共同主办的"科蕾奖"。该片通过中影农村数字化播放平台放
映,共放映 2 万场,覆盖 17 个省(区、市),受众 500 万人次。

4. 认真开展"讲清楚、说明白"系列采访活动。2011 年,环境保护
部主动组织新京报、京华时报、21 世纪经济报道、南方周末、环球时报
等影响较大的市场媒体,以及人民日报、新华社、中央电视台、中国青年
报等主流媒体,就"十一五"节能减排指标完成和 $PM_{2.5}$ 等社会关注的
环境热点问题访谈环境保护部和中国环境科学研究院、中国环境监测

总站等单位专家,较好满足了公众了解环境保护方面信息的需求,增强了环境新闻宣传的针对性和时效性。2011 年,媒体和网民高度关注血铅超标、空气污染、铬渣倾倒、水电开发、减排政策等诸多话题,环境保护部积极组织回应:一方面积极受理、安排媒体采访申请;另一方面以发布新闻通稿、召开新闻发布会、通气会等形式,由新闻发言人、有关司局负责人或邀请专家出面通报和解释,受到舆论好评。

5. 开展新闻宣传交流和培训。2011 年,环境保护部举办第三届全国环境新闻发言人培训班,全国环境宣教系统 118 名主要负责同志参加了学习。培训班邀请国台办、外交部、清华大学等机构的学者专题授课,与学员开展互动交流,收到了良好效果。为提高环境新闻应急能力,召开涉核新闻应急工作交流会;根据网络新闻宣传形势的需要,举办网络新闻宣传培训会;遵照国新办安排,与澳门特区政府新闻考察团就如何做好新形势下新闻发布工作进行交流。环境保护部还注重深化与主流媒体合作,与新华社合办的电视新闻栏目——《环境》,2011 年1—11 月共播出中英文版 88 期、352 次,播出重要环境新闻逾 120 条,制作热点话题 19 期,受到了海内外观众好评。自 2011 年 12 月开始,《环境》扩版为每周两期,进一步加大栏目信息量,增强了我国在国际环境领域的传播能力。

二、积极开展各类环境保护教育实践活动

1. 绿色创建活动有声有色开展。一是创建绿色学校。"绿色学校"是指在实现其基本教育功能的基础上,以可持续发展思想为指导,在学校日常管理工作中纳入有益于环境的管理措施,并持续不断地改进,充分利用校内外的一切资源和机会全面提高师生环境素养的学校。它是 1996 年的《全国环境宣传教育行动纲要》中首次提出的。为肯定和鼓励在"绿色学校"创建活动中取得显著成绩的学校,原国家环保总局和教育部于 2000 年发出通知,决定每两年表彰一批国家级的"绿色学校",并于当年 11 月,在深圳召开了全国"绿色学校"表彰大会,表彰了首批 105 所学校。开始于"九五"期间的"绿色学校"创建活动,其社会影响已越来越大,越来越多的学校自愿参加到创建活动中来,目前参与学校已经突破 4 万所,进一步增强了师生的环境素养和参与能力,丰富和活跃了素质教育的内容和形式,提高了中小学校青少年的环境意识,树立了良好的环境道德观念和行为规范,大力推进了素质教育和社会主义精神文明建设。这些学校所培养出来的广大青少年已经成为我国环境保护事业的一支重要生力军。二是创建绿色社区。根据《2001—2005 年全国环境宣传教育工作纲要》的要求,全国各地开展了创建"绿色社区"活动。在 2005 年的全国绿色创建活动表彰大会上,原国家环保总局对首批全国创建"绿色社区"活动的"先进社区"进行了表彰。这项活动被纳入中央文明办工作部署之中,成为社会主义精神文明建设的内容之一。绿色社区创建活动增强了广大市民的环境意识和环境道德观念,提高了社区居民保护环境的自觉性和积极性,并带动了社区环境规划与建设,为城市环境保护与经济社会的可持续发展做出了贡献。三是创建绿色家庭。由原国家环保总局和全国妇联联合开展的创建"绿色家庭"活动是建设资源节约型、环境友好型社会的重要细胞工程。从 2003 年以来,两部门联合开展了创建"绿色家庭"的系列宣传活动,各地结合实际情况,面向家庭,面向妇女开展了丰富多彩的环境宣传活动,倡导有利于环境的生活观念和生活方式,提倡合理消费,宣传推广各种节水节能环保型产品。首批 100 家全国"绿色家庭"在 2005 年受到两部门的表彰。从"绿色学校"到"绿色社区"再到"绿色家庭",绿色创建领域不断拓展,正在向机关、乡村、工矿、医院、饭店等行业、单位延伸,呈现出蓬勃发展的势头。

2. 大力开展环境教育基地建设。环境保护部高度重视环境教育基地建设工作,积极组织有关单位开展全国环境教育基地建设课题研究。2012 年,环境保护部委托湖北省环境保护厅对全国环境教育基地现状进行调研。为贯彻落实《国家中长期教育改革和发展规划纲要(2010—2020 年)》和《全国环境宣传教育行动纲要(2011—2015 年)》

有关要求,环境保护部与教育部进行磋商,准备在全国范围内,遴选一批适合面向中小学生开放的植物园、科技馆、文化馆、博物馆、科研院校的实验室、民间环保社团等机构,共建中小学生社会实践基地。组织实施"国家级环境教育基地"建设研究项目,引导公众特别是广大青少年科学认识人与环境的关系,培养他们的环境意识和环境文化素养,形成热爱自然、珍惜环境、尊重自然规律的态度,养成践行生态文明、保护生态环境的行为习惯,提高公民的环境意识和生态文明素养。

3. 积极推进环境职业教育。2011 年,根据教育部的意见,环境保护部组建了"环境保护职业教育教学指导委员会"。通过制定《环境保护职业教育教学指导委员会工作细则》,建立起环保行业职业教育组织机构和工作制度,为环保职业教育教学指导奠定了组织保障。环境保护部组织相关环保职业院校就学校教学、专业设置、学生就业等情况进行调研,评估了一线环保人才的社会需求,分析了环保职业教育发展状况,在调研的基础上完成了《2010 年环境保护职业教育发展报告》和《2011 年环境保护职业教育发展情况》。为推动和指导环保职业教育教学改革与教学模式创新,环境保护部向教育部推荐了 11 位环保职业教育教材评审专家,为探索中国环保新道路和提高生态文明水平提供人才储备和智力支持。

三、构建全民参与环保的社会行动体系

1. 积极建立环境宣教大格局。2006 年 12 月,原国家环保总局、中宣部、教育部共同发布的《关于做好"十一五"时期环境宣传教育工作的意见》提出,环境宣传教育是实现国家环境保护意志的重要方式,环保、宣传、教育部门要充分认识加强环境宣传教育工作的重要意义,增强做好环境宣传教育工作的紧迫感、使命感。要求努力形成与建设环境友好型社会相适应的环境宣传教育格局,着力抓好面向公众的环境宣传教育,切实加强环境宣传教育队伍与能力建设。2009 年 6 月,环境保护部、中宣部和教育部联合下发了《关于做好新形势下环境宣传

教育工作的意见》,明确要求各级环保、宣传、教育部门要认清形势,积极配合,上下联动,形成政府主导、各方配合、运转顺畅、充满活力、富有成效的环境宣教工作格局;积极推进面向公众的环境宣传教育,重视环境宣传教育理论研究工作,加强环境宣传教育能力建设和组织保障。2011年4月,全国环境宣传教育工作会议在京召开。会议交流总结了"十一五"以来全国各地开展宣教工作的做法和经验,研究新形势下环境宣教工作如何围绕中心、服务大局的工作思路与措施,并部署了新时期的宣教工作。同月,在认真总结"十一五"经验和广泛调研基础上,经多次召开座谈会征求地方环保宣教部门、社会专家学者意见和建议,反复修改、精心研酌、多方协调,历时一年多,《全国环境宣传教育行动纲要(2011—2015年)》正式以环境保护部、中宣部、中央文明办、教育部、团中央、全国妇联等部门名义向各地印发,成为首个以六部门名义印发的指导全国五年环境宣教工作的规划纲要。该纲要勾画了"十二五"环境宣教新蓝图,为全国各级环保、宣传、文明办、教育、共青团、妇联制定宣教工作计划和年度工作要点提供了重要依据。

2. 加强对环保社会组织的引导和管理工作。2010年,环境保护部下发《关于培育引导环保社会组织有序发展的指导意见》,在社会上产生了积极的反响。2011年,环境保护部通过《宣教工作简报》平台,广泛交流各地贯彻落实《关于培育引导环保社会组织有序发展的指导意见》情况;同时创办了《环保NGO动态》,及时搜集环保NGO的有关动态信息及相关分析,加强对环保NGO的服务、规范和引导,同时,开展了全国环保社会组织数据库建设的先期筹备工作。

3. 召开环保社会组织工作座谈会。2012年4月,环境保护部在京召开环保社会组织工作座谈会,强调环保部门要继续规范和深化环保信息公开工作,不断扩大公开范围,细化公开内容,切实保障公众对环境的知情权、参与权和监督权;同时,要积极探索建立与环保社会组织的沟通交流机制,为环保社会组织健康有序发展营造良好环境。会议要求各级环保部门认真贯彻落实《关于培育引导环保社会组织有序发展的指导意见》精神,加强对环保社会组织的规范引导,促进环保社会组织规范运作,建立与环保社会组织之间的沟通交流机制,定期听取他们的建议和意见,及时回应他们的有关诉求,深化与环保社会组织的合作,支持他们开展环保公益宣传活动,参与有关环境政策的制定。进一步加大对环保社会组织的政策指导力度,推进环境保护信息公开,及时传递中央关于环保工作的重大决策部署,以及环境保护部有关工作安排方面的重要信息,并积极为环保社会组织开展国际民间环境交流合作搭建平台。来自中国政法大学污染受害者法律帮助中心、自然之友、公众环境研究中心、北京环境友好公益协会、达尔文自然求知社等20余家环保社会组织的代表参加了座谈会。

4. 开展"千名青年环境友好使者行动"。"千名青年环境友好使者"项目于2011年,获得"青年环境友好使者"荣誉称号的志愿者深入社区、机关、学校、企业、公园和广场,对公众开展节能减排宣讲。"千名青年环境友好使者"代表于2011年12月赴德班参加联合国气候变化大会,向国际社会充分展示中国青年应对气候变化的思考和行动,呼应了中国政府代表团气候变化谈判的立场,加强了环保外宣工作。

5. 开展绿色中国年度人物评选和中国环境大使选聘工作。为树立环境保护先进典型,提升环保宣教品牌活动影响力,从2005年开始,环境保护部积极支持中国环境文化促进会,周密策划组织绿色中国年度人物评选和中国环境大使选聘活动,在社会上引起了很大的反响,对弘扬我国的环境文化起到了积极的推动作用。

6. 面向妇女儿童等群体开展形式多样的环保实践活动。为提高妇女儿童的环境素养,推动节能减排工作的开展,在全社会树立可持续发展理念,环境保护部开展了形式多样的环保实践活动。在新浪网发起了面向全国中小学生"寻找中华绿色小记者"博文大赛活动。鼓励在校中小学生及大学生,用记者的视角发现身边的环保故事,并以小主人翁的姿态记录绿色生活。博文大赛共征集到来自全国27个省(区、市)的作品4830篇,其中儿童作品近3000份。举办了"生态文明·节能减排"全国小学生环保知识网络竞赛。比赛历时 6 个月,全国 31 个省(区、市)近 36 万名小学生参加了初赛,74280 名小学生进入了决赛,活动有效促进了生态文明和节能减排知识在全国各地小学生间的传播,提高了学生参与节能减排的积极性。每年举办"ITT"(ITT 为一家水科技企业)杯全国中学生水科技发明比赛暨斯德哥尔摩国际青少年水奖中国选拔赛。2010 年环境保护部推荐选送的《"释能保氮土壤重塑"抗污染新技术的研究与应用项目》获得"斯德哥尔摩青少年水奖"唯一特别奖。由环境保护部启动的"酷中国 2009—2010 年全民低碳行动项目",在全国 9 个试点城市相继开展了一系列环保宣传和实践活动,项目对近 3000 户家庭进行为期一年的家庭能源消耗、交通出行、废弃物产生等调查。活动参与人数达 39 万,妇女儿童的参与比例为80%,她们在积极参与社区环境改造,实施家庭节水、节电、垃圾分类和践行绿色消费方面发挥了重要的作用。编辑出版了一批适合妇女儿童阅读的环保读本、教材及科普书籍,例如:《低碳公民手册》、《世界环境》、《绿色未来》等。上述环境类书籍图文并茂,通俗易懂,极好地普及了环境保护知识,弘扬了环境文化。

7. 稳妥推进部属出版社、报刊改制工作。按照国家新闻出版行业改革总体要求,环境保护部对中国环境科学出版社转企改制工作做出了安排部署,认真办理出版社转企改制、方案审定、清产核资、财务审计、资产评估等事宜,加强督促指导,并努力为转制工作的顺利推进创造条件。2011 年 4 月 26 日,中国环境出版有限责任公司正式挂牌成立,标志着环境科学出版社转企改制任务已基本完成。目前,环境保护部部署报刊转企改制工作正在稳步推进。

根据中央对非时政类报刊改革的总体部署,环境保护部拟定了《环境保护部主管期刊改革发展调研报告》,并召开了专家咨询会,征询专家意见,形成了改革思路和初步方案,为部属期刊改革提供了依据。2011 年 8 月,环境保护部所属的《中国环境报》、《中国环境年鉴》杂志、《中国环境经济》杂志、《中国环保产业》杂志被中央改革办列为第一批报刊转企改制单位。为此,环境保护部成立报刊出版单位体制改革工作领导小组及办公室,全面启动部属报刊转企改制工作。

8. 认真规范部属期刊、出版管理。一是开展部属期刊审读工作。环境保护部在总结 2010 年开展期刊审读经验的基础上,调整了 2011 年审读工作思路,以扶持重点刊物、促进期刊与专家交流为目的,有效促进了期刊与审读专家之间的交流。二是加强环保图书出版管理。多次向全国环保系统报刊转发新闻出版总署的文件和通报,配合新闻出版总署开展图书专项检查,开展报刊年检,研究审批报刊变更、图书出版配光盘等事项。此外,环境保护部还协助、支持了《"十一五"全国环境宣传教育工作文件汇编》、《中国区域环保丛书》以及《全民环境教育知识读本》等图书的出版。

第二节　扎实做好信息公开

在我国,推行政府信息公开,是人民政府的本质要求。人民政府的根本宗旨是全心全意为人民服务,人民群众享有对政府工作的知情权、参与权、表达权和监督权。推行政府信息公开,是建设法治政府和服务政府的重要内容。政府信息的公开有利于促进政府依法行使权力、履行职责,提高政府的公信力和执行力,有利于发挥政府信息对人民群众生产、生活和经济社会活动的服务作用。推行政府信息公开,是加强反腐倡廉建设的重要举措。政府信息的公开,创造了人民群众了解和监督政府的条件,有利于提升行政透明度,让权力在阳光下运行,从源头上防治腐败。

党中央、国务院高度重视政府信息公开工作。温家宝总理指出,国务院及各部门都要大力推进政务公开,完善各类公开办事制度,建立健全政府信息公开制度,提高政府工作透明度,让人民群众随时了解政府的工作、监督政府的工作。只有这样,才能提高行政效率和服务水平,增强政府执行力和公信力。

　　政府信息公开是社会发展的必然,时代进步的标志,广大群众的期盼,也是推进行政管理改革和政府自身建设的重要内容。政府部门必须站在政府工作全局的高度,充分认识政府信息公开工作的重要地位和作用,扎扎实实做好各项工作;与时俱进地认识和把握政府信息公开工作的形势和任务,突出重点,掌握好原则,把握好节奏和力度,推动工作平稳健康发展。

　　2008年5月1日,《政府信息公开条例》正式施行,公开政府信息成为行政机关的法定义务。国务院有关会议多次研究部署政府信息公开工作。国务院办公厅先后印发多个配套文件,推动《政府信息公开条例》实施。

　　随着我国经济社会的不断发展,社会公众参与环境保护工作的意识以及对环境保护工作的期望值、关注度显著提高。《国务院办公厅关于印发2012年政府信息公开重点工作安排的通知》把环境保护信息公开工作作为政府信息公开工作的八个重点领域之一,充分体现国务院对环境保护工作的高度重视,体现了科学发展的理念和以人为本、执政为民的宗旨。

　　《政府信息公开条例》施行以来,各级环保部门坚决贯彻国务院的统一部署,加强组织领导,强化制度建设,狠抓措施落实,认真落实《政府信息公开条例》规定,扎实推进政府信息公开工作,取得了显著成效。

一、完善政府信息公开体制机制

　　1. 逐步理顺政府信息公开工作体制机制。目前,各级环保部门普遍明确了政府信息公开工作主管部门,配备了专职或兼职人员;不少地方建立了政府信息发布协调机制。各级环保部门对政府信息公开工作的重要性都有了比较深刻的认识,能够及时、准确公开政府信息,认真办理政府信息公开申请,工作自觉性、主动性不断增强。

　　2. 逐步建立和完善环境信息公开制度。为贯彻落实《政府信息公开条例》，原国家环保总局于2007年4月1日发布了《环境信息公开办法（试行）》，于2008年5月1日与《政府信息公开条例》同步实施。印发了《环境保护部信息公开目录（第一批）》、《环境保护部信息公开指南》。出台了《环境保护部政府信息依申请公开工作规程》等一系列规章制度。2010年7月，环境保护部制定印发《环境保护公共事业单位信息公开实施办法（试行）》，在全国环保公共事业单位开展信息公开工作。2010年，印发《关于进一步规范环保不达标生产企业名单定期公布制度的通知》，要求各级环保部门主动公开超标、超总量排污企业名称和违法行为。2011年4月，印发《关于加强核电厂核与辐射安全信息公开的通知》和《环境保护部（国家核安全局）核与辐射安全监管信息公开方案（试行）》，进一步推进和规范了核与辐射安全信息公开工作。各级环保部门大都建立完善了政府信息公开内部流程和主动公开、依申请公开、保密审查等工作制度，有的还建立健全了工作考核、举报受理等制度。

3. 不断完善政府信息公开载体和渠道。各级环保部门普遍通过政府网站、政府公报、新闻发布会以及报刊、广播、电视等载体和渠道，公开和解读政府信息。通过行政服务大厅受理公众信息公开申请。公布政府信息公开机构和电话，认真解答公众信息公开咨询。在政府网站开设"信息公开"专栏，并建立面向公众开放的"环境数据中心"。设立政府信息公开电子信箱，倾听公众意见和建议。一些地方还积极利用手机短信平台、微博等发布政府信息，使公众更加方便快捷地获取政府信息。

二、加大各类环境信息主动公开力度

《政府信息公开条例》施行以来，环境保护部通过部政府网站、《中国环境报》、《环境保护部公报》等媒介，主动公开环保政策法规、科技标准、总量减排、环评审批、环境监测、污染防治、生态保护、核与辐射安全等政府信息。仅在部政府网站就主动公开了各类政府信息2万余条,其他环保信息 5 万多条。

环境保护部主动公布地表水水质自动监测数据、重点城市空气质量数据、全国重点流域断面水质数据等与民生密切相关的环境信息,并发布重点排污企业和违法排污企业名单,回应公众关切的问题。2011年在环境保护部、国家发改委等九部委联合开展的整治违法排污企业保障群众健康环保专项行动中,将铅蓄电池企业的整治作为首要任务进行了部署。环境保护部政府网站上设置了"重点行业环境整治信息公开"专栏,各省(区、市)于 2011 年 7 月底前在公开媒体上公布了辖区内所有铅蓄电池企业名单、详细地址、生产状态、工艺、污染物排放等情况。这是首次将一个行业所有企业名单及其环保整治信息向全社会公开,接受公众监督。

三、及时做好社会关注的环境信息公开

环境保护部高度重视突发环境事件应对、处置、调查、处理信息的公开,及时公布了安徽怀宁、浙江德清、湖南衡阳血铅超标事件,云南曲靖铬渣非法倾倒事件,广西龙江河镉污染事件的相关信息,保障公众知情权。2011 年福岛核事故发生后,环境保护部在部政府网站开设福岛核电事故应急专栏,发布权威消息,开展科普宣传,消除公众疑虑,维护社会稳定。在 78 天的应急响应时间里,共发布 121 期新闻、300 期辐射监测数据、23 期辐射监测情况综合信息、20 篇核与辐射科普知识、78期日本原子力安全保安院关于日本福岛核电灾害报告的中文译文。同时,通过各大权威新闻媒体发布相关信息,解答公众关心的热点问题。

行政权力公开透明运行也是政务公开的重要内容。"十一五"以来,各级环保部门按照权力"取得有据、配置科学、运行公开、行使依法、监督到位"的要求,积极推进行政权力公开透明运行,切实加强对行政权力的监督制约,保证公开内容真实可信、过程有据可查、结果公平公正。一是全面清理行政职权,依法合理确定职权来源和依据,理顺部门职能分工,并配合编制、法制等部门做好相应的审核把关工作。二

是完善行政决策制度和程序,规范行政权力的自由裁量。各地出台了一系列权力运行规范性文件,绘制并公布行政权力运行程序流程图,统一工作标准,固化行政程序,把权力行使条件、承办岗位、办理时限、监督制约环节、投诉举报等内容向社会公开。福建省在清理裁量依据过程中,共梳理法律条文24大类165条。山东省制定了一次告知制、首问负责制、收件回执制、责任追究制、服务承诺制、限期办结制等多项行政权力运行制度。三是按照便民利民的要求,坚持传统方式与新型方式并举,大力发展电子政务,积极探索提高行政效率、方便群众知情、便于群众监督的公开载体。各级环保部门基本建立了网上审批系统,形成了行政许可"网上受理,网下办理,网上答复"的工作程序,所有审批环节在网上留下"档案"以供查询。四是加强对行政权力的监督制约,从源头上预防不公正行为和腐败问题的发生。北京市开展廉政风险防范管理工作,共查找廉政风险点4000余个,制定防控措施500余条,建立规章制度50余项。甘肃省组建一支由社会各界人士组成的行政权力社会监督员队伍。广西壮族自治区建立行政许可电子监察系统,对所有行政许可事项进行网上实时监督。

四、切实加强依申请公开工作

在依申请公开方面,全国环保系统不断规范工作程序,改进办理方式,重要敏感事项、行政复议事项大都得到妥善处理。

各级环保部门普遍建立了当面申请、信函申请、网上申请等多种信息公开申请渠道,健全受理、答复等工作机制,为群众申请获取政府信息提供便利条件。《政府信息公开条例》施行以来,各级环保部门按照《环境信息公开办法》要求,编制并公布了环境信息公开指南和环境信息公开目录,在各级环保部门政府网站开设"信息公开"专栏,一方面提供信息公开相关法律、法规,信息公开目录和信息公开指南;另一方面提供网上受理依申请公开服务,方便公众操作。环境保护信息社会关注度高,与人民群众生产、生活密切相关,信息公开申请办理难度大、数量多。各级环保部门在办理依申请信息公开中,坚持按照"公开为原则,不公开为例外"的原则,依法依规及时予以答复。截至2012年6月底,环境保护部机关共受理信息公开申请764件,全部给予及时、有效答复。

第三节　认真做好环境信访工作

做好环境信访工作,是环保部门了解民意、改善民生、维护社会和谐的重要手段,也是环保工作以人为本、为民服务、创先争优的内在要求。随着环境意识、法制意识的不断增强,人们对生存环境越来越关注,对环境污染越来越敏感,对做好环境信访工作提出了更高要求,全国环保系统认真处理群众来信,耐心细致接待群众来访,解决了大量关系群众切身利益的环境问题。

一、认真分析环境信访形势

认真分析形势是做好工作的前提。经认真研究、分析,当前环境信访工作呈现出四个明显特点:一是从反映环境问题数量上看,环境信访投诉总体呈快速增加趋势,并维持在高位运行。据统计,2002—2008年间,全国环境信访量明显增加;2008年后,环境信访量维持在高位运行,每年约有3%的波动。2011年,全国环保系统受理环境信访72余万件。二是从反映的问题看,涉及面越来越广,问题越来越复杂。既有环境违法行为,也有执法部门不作为、作为不到位和执法不当的问题。三是从解决问题看,难度越来越大,要求越来越严。信访人所反映的问题往往涉及多个部门,同时也涉及政策法规的配套和完善问题。四是从信访人的愿望看,对上级部门和领导解决环境信访问题的期望值越来越高。

二、努力做好环境信访工作

全国环境信访工作坚持以人为本、服务大局,不断创新工作机制,通过办理具体信访事项,切实解决群众合理合法诉求,化解环境信访案件纠纷,为维护群众权益、维持社会和谐稳定发挥了重要作用。

（一）不断提高对环境信访工作的认识

改善环境质量,让人民群众喝上干净的水,呼吸上清洁的空气,吃上安全的食品,在优美的环境中生产生活,是环保工作的出发点和落脚点。做好环境信访工作,切实解决损害群众健康的环境问题,是环保为民的重要体现。环境保护部通过组织专题学习、经验交流、能力培训、挂职锻炼,强化对各级环保部门信访工作人员的培训,不断提高信访工作人员的服务意识、大局意识,确保认真负责地解决好群众反映强烈的环境信访问题。

（二）认真贯彻落实信访工作责任制

环境保护部高度重视信访工作,部领导亲自接待来访群众、批阅信访材料,明确要求机关工作人员要认真处理好与本职工作相关的信访事项,经常听取工作情况汇报,帮助解决工作中遇到的实际困难;机关各司局负责人定期接待来访群众,认真办理相关事项。地方环保部门严格落实领导责任制和岗位责任制,按照分级负责、"谁主管、谁负责"和"属地管理"的原则,结合各自实际和职责范围,将信访工作目标任务层层分解细化,逐级具体落实,保证信访工作组织领导到位、责任措施到位、协调指导到位,确保全国环境信访工作一盘棋。2011 年,地方环保部门负责同志共接待来访 7304 批次,组织干部下访 7673 批次,领导包案 6841 件。

（三）重点解决关系民生的环境问题

环境保护部把信访工作与监督执法结合起来,以饮用水源安全、重金属污染为重点,以群众来信来访为线索,解决群众最关心、最直接、最现实的问题。对信访反映的严重影响群众生产生活的环境问题,信访部门及时向领导报告,提出办理建议,并督促落实领导要求。对长期影响群众生产生活、严重损害群众健康、造成较大经济损失的企业从严查处,由环境保护部直接挂牌督办,当地重点查办。通过矛盾纠纷排查,各级环保部门查处了一大批违法排污行为,有效维护了群众环境权益。

(四)认真规范信访工作程序

规范办理程序是做好环境信访工作的重要保证。环境保护部对环保系统信访事项办理、答复、报告的时限、内容、格式提出要求,指导基层环保部门在答复信访人时告知其复查复核的权利,在报告办理结果时说清群众反映是否属实、行政处罚是否落实到位、行政调解是否形成书面文件、信访人对办理结果是否满意等;对信访统计表细化完善,增加新型环境污染、新信访渠道等项目。经过规范,各类材料上报更及时更规范,答复、复查、复核程序更清晰,内容更严谨;群众对维权途径更了解,行为更理性;各级环保部门在信访业务上联系更加紧密、配合更加协调、办事效率和质量明显提高。

(五)不断加强对基层环境信访工作的指导

抓基层、打基础,把信访问题控制在基层、化解在基层、解决在萌芽状态,是掌握工作主动权,努力实现由应急之策向长效机制转变、由末端治理向源头预防转变、由被动应付向主动化解转变的必然要求。环境保护部在实际工作中落实"重心下移"原则,要求地方环保部门重点把握好初信初访源头,把工作做细、做深、做实,积极化解矛盾,防止由写信转为上访,由一般信访转为集体上访、越级上访。将上访老户和重复信访案件列为重点,采取领导包案措施,明确负责领导、承办人员、办结时间。对群众反映的问题,凡有条件解决的,要及时加以解决;暂时解决不了的,要耐心说明道理,避免矛盾激化。对信访受理中的重信重访、越级上访等问题,督促地方环保部门重点组织排查,彻底解决问题。对严重环境违法及损害群众环境权益的问题,实行民举官究,纳入环境监管执法,加大查办力度、坚决解决。

(六)严格执行环境信访管理制度

一是充分发挥信访联席会议制度的协调作用。对涉及群众切身利益但又超出环保部门职能的信访事项,主动向同级联席会议报告,请其协调有关部门和单位,解决农作物(养殖物)损失鉴定、住宅搬迁、承包地置换、饮用水、灌溉水等民生问题。二是落实环境信访月通报制度。每月编印信访工作月报,定期通报各地的信访工作情况、重要信访案件的办理进展,重点督促积案办理,促进信访案件的处理和办结,减少和避免了重复上访。三是完善环境信访案件后督察制度。环境信访与环保专项行动实施联动,将环境信访反映的问题作为专项行动检查的重点,加大对违法企业的查处力度,切实解决好群众反映强烈的环境问题。四是实行环境信访重点管理制度。要求各级环保部门办理行政审批、安排能力建设项目时,按规定进行公示,听取群众意见,对群众反映的问题进行调查核实。在群众合理合法诉求未得到解决前,暂缓审批。信访部门参加项目环评审批、上市公司环保核查、环保模范城市及生态示范区创建以及重大项目资金安排的研究讨论,就具体信访举报案件办理、完善工作机制等发表意见建议。

（七）切实加强信访工作能力建设

从 2009 年起,环境保护部每年安排专项资金近 200 万元,分步实施全国环境信访信息系统建设项目。目前,该系统软件已基本开发完成,并已在部机关及北京、天津等 10 余个省级环保部门试用。系统开通运行后,各级环保部门将在同一个平台上办理环境信访事项,实现一级录入、四级共享。

三、做好环境信访工作的经验和体会

一是要坚持提前预判。环境保护部坚持对可能引发群体上访的环境污染、生态破坏等问题进行重点研判,提前准备,早做部署。每年年初,针对群众关心、媒体关注的重金属污染和血铅污染事件等热点问题,开展专项排查,对涉铅冶炼企业的污染物排放、防护距离内住户搬迁、群众血铅超标等可能存在的问题进行重点查处。同时,对新闻媒体报道的环境污染问题,及时核实;对影响较大的,及时派出工作人员和专家组,赴现场协助当地政府做好相关工作,及时发布信息,控制事态发展。

二是要坚持耐心接访。环境保护部工作人员每天不接待完毕、不

送走信访人不下班，认真接待每位信访人；信访接待中根据具体内容，及时协调相关部门人员解释政策法规、提出初步调查处理方案。对重要事项，派员赴现场协调解决问题。接访人员耐心接访、细心解释，基本上做到了上访人"带怨言和意见来，伴微笑和满意归"。

三是要坚持直接交办。针对上访人员反映的情况和诉求，环境保护部对凡是涉及重金属、饮用水以及涉众型环境纠纷事件，都作为重点信访事项交办到所涉地方环保部门和相关单位，明确办理责任和时限。每年年初，环境保护部都组织筛选多次来信来访的重访事项，交相关省（区、市）环保厅（局）作为重点进行核实处理，明确办理期限，及时跟踪办理进展和结果，促进了信访案件的及时办结，化解积案。

四是要坚持联动督查。按照谁的职责谁办理、谁落实以及总体督办的原则，实现信访工作与信息公开、政策法规、环境监察工作信息共享，建立案件联动督查机制，定期向相关领导报告办理情况，通过机关各部门之间、部机关与省级环保部门之间的联动督查，确保上访人员反映环境信访问题件件落到实处。

五是要坚持"双向"反馈。对于已办结信访案件，第一时间向上访人员反馈，征求上访人员意见，随后将案件办理情况及群众意见向相关领导反馈，并针对领导和群众意见进一步抓好整改，确保领导批办案件100%得到处理反馈。

六是要坚持环保宣传。广泛普及和宣传环境科学知识和法律法规，通过报纸、广播、电视等新闻媒介，不断地对群众和企业经营者进行环境保护宣传教育，使社会各界对环保部门的职能有正确认识，对环保工作给予充分理解和支持，在全社会逐步形成人人了解环保、参与环保、支持环保的局面。

第四节　国际环境合作稳步推进

国际环境合作是我国环保工作的重要领域之一，是我国对外交往、交流、合作非常活跃的领域,已成为国际关系和国务活动、外交活动的重要内容。

党的十七大首次将国际环境合作作为我国和平发展道路的重要组成部分,与国家对外政治、经济、外交、文化和安全等重大战略并重,标志着国际环境合作进入了国家环境保护工作的主干线、主战场和大舞台,迎来了空前难得的历史机遇和战略地位。

2002—2012年,世界经济格局及环发形势发生深刻变化,我国环境保护事业深入推进,国际环境合作从认识理念到实践行动都得到很大发展,能力不断增强。国际环境合作通过在国际公约和合作机制中维护我国的合法权益,参与制定国际环境保护规则,多方引进先进理念、管理思想、机制、技术和资金,有力促进了我国环保事业的发展,取得了显著效果。

一、努力提升国际环境合作水平

（一）妥善处理中俄跨界水污染纠纷,成为国际环境合作的典范

2005年11月13日下午1点45分,中国吉林省吉林市中石油石化公司双苯厂车间发生爆炸,爆炸发生后,约100吨苯、苯胺和硝基苯等流入松花江,造成江水严重污染,沿岸数百万居民的生活受到影响。2005年11月21日,哈尔滨市政府向社会发布公告称全市停水4天。此污染带沿松花江流向中俄界河——黑龙江/阿穆尔河（俄方称谓）,污染事件涉及中俄两国共有河流,从而成为一起国际事件。俄方对污染带的流向及对水质的影响极为关切,与中国接壤的俄罗斯东部地区哈巴罗夫斯克24日宣布该地区进入紧急状态。

松花江水污染事件发生后,党和国家领导人先后致信或会见俄方国家首脑,强调中俄两国人民同饮一江水,保护跨界水资源对两国人民的健康和安全至关重要,并表示会采取一切必要和有效的措施,最大限度地降低污染程度。在双方的共同努力和密切配合下,最大限度地减少了这一事件给俄方造成的影响和损害。两国首脑的频繁接触和对

话,使松花江水污染防控工作得到了俄方的大力支持和配合,有效化解了可能产生的国际矛盾。

松花江水质污染事故发生后,我国外交部、原国家环保总局等有关部门和负责人均向俄罗斯有关方面积极通报有关情况。2005 年 12 月 5 日,国务院批准由原国家环保总局牵头,外交部、水利部、黑龙江省政府等 16 人组成的中国政府代表团,前往莫斯科、哈巴罗夫斯克、犹他州代表国家向俄方通报情况,协商下一步合作解决问题方案。与此同时,监测和预防水污染合作也全面启动。

中俄合作携手抗污的成功,推动中俄环保合作进入了一个全新阶段。为进一步发展中俄在环境保护领域,特别是两国边境地区污染防治与生态保护领域的合作,搭建了机制平台。2006 年,原国家环保总局与俄罗斯联邦自然资源部签署了《关于中俄两国跨界水体水质联合监测的谅解备忘录》和成立中俄环保合作分委会的《议定书》。同年,中俄总理定期会晤委员会机制下的中俄环保合作分委会正式成立,下设 3 个工作组和 2 个专家工作组,两国进入多层次、多领域、全方位环保合作时期,合作成果日渐丰富。2009 年 6 月 18 日,《中俄元首莫斯科会晤联合声明》高度评价了中俄环保合作取得的成效,认为两国环保合作发展迅速,已成为中俄战略协作伙伴关系的重要组成部分。通过该合作机制,双方高效合作、友好协商,妥善处理了随后出现的一些跨界环境污染问题,进一步增进了互信。两国领导人将中俄环保合作评价为“中俄合作的典范”。为表彰周生贤部长为中俄环保合作所做出的杰出贡献,2010 年 8 月 30 日,俄罗斯自然资源与生态部部长特鲁特涅夫专程来华,代表俄罗斯总统梅德韦杰夫向周生贤部长颁发了“俄罗斯联邦总统奖”。

(二)中美环境合作丰富了我国环境管理的内涵

作为世界上最大的发展中国家和发达国家,中美环境合作历史悠久,内容和成果极为丰富。中美环境合作始于 20 世纪 80 年代初期,2000 年至 2010 年是中美环境合作的第 3 个 10 年。这一阶段的中美环境合作的突出特点是步入了机制化的合作轨道,合作领域的广度和深度不断得到拓展。目前中美环境合作主要在中美环境合作联委会、中美战略与经济对话下的中美能源和环境十年合作框架和中美商贸联委会下的环境工作组三个机制框架下展开。

十年来,中美双方签署了大气、水、化学品、固体废物、环境监察以及环境法律等六个附件,在环境保护政策法规与标准、环境污染控制、环境影响评价、排污许可证制度、排污收费与排污权交易等领域开展了卓有成效的合作。这些务实合作对我国环境保护工作起到了积极的借鉴和支持作用,在环境保护机构设立、法规实施、标准制定方面产生了重要影响。2011年,美方在中美战略与经济对话下首次举行的环境合作议题对口磋商中表示,两国环保部门间的合作已成为中美双边合作中的典范。

中美环境合作不仅促进了双方的环境交流,也对双边经贸关系的改善做出了贡献。中美商贸联委会环境工作组于2004年成立后,开展了一系列活动,先后签署多个中美环保经贸项目的合作协议或商务合同。2008年10月,首届中美环保产业论坛在北京召开,进一步促进了双方产业部门在环保领域的合作。2010年10月,中国环境保护部和美国环保局、商务部以及美国贸易发展署在美共同举办了第二届中美环保产业论坛。17家企业在论坛上签署了9项合作协议和意向。

(三)中日环境合作进一步深化,成为国际环境合作中的亮点

中日双方秉持政府积极引导,实现政治、经济与环境共赢的环保合作理念,加强双边合作。党的十六大以来,合作成果丰硕。2007年4月两国政府共同发表了《关于进一步加强环境保护合作的联合声明》,2007年12月中日两国政府《关于推动环境能源领域合作的联合公报》在北京发表,2008年1月两国政府又在东京签署了《关于进一步加强中日环境保护合作的联合声明》。上述合作共识与愿景标志着双方合作进入了一个崭新阶段。

日本是向中国提供环境贷款和赠款最多的国家。10年间,通过日

元贷款、技术开发、合作研究、人员培训、宣传教育合作等方式开展了形式多样且具有规模效应的环境合作项目。

1. 借助日元贷款,解决主要环境问题。2001 年至 2005 年期间,中日双方签署了 30 个环保项目,如中国西部大开发环境保护项目等,协议金额达 2914 亿日元,约占同期日本对华贷款总额的 44%。

2. 促进技术交流,实现合作双赢。2002—2008 年,中日开展第三阶段及后续阶段的技术合作项目,重点关注沙尘暴、酸雨等影响整个东亚地区的环境问题、二噁英等新的环境问题,以及资源有效利用、废弃物再生利用、循环利用等课题,开展了循环经济、企业环境监督员制度、环境影响评价公众参与细则、黄沙联合研究、二噁英分析技术转让等合作。

3. 加强环保人才培养与能力建设合作。在两国实施的中日环保领域的培训项目中,在 2000—2008 年间,仅通过中日友好环境保护中心,共培训环保人员 2300 余人次,培训内容涉及酸雨及二氧化硫污染控制、持久性有机污染物、循环经济、西部地方环保局长培训等多个领域。

（四）中欧环境合作积极开拓区域与双边合作新模式

在中国同欧盟发展全面战略伙伴关系的进程中,环境合作发挥了积极促进作用,成为中欧合作重点。2002 年中国与欧盟首次建立了中欧环境政策部长对话机制,至 2012 年已召开了四次中欧环境部长政策对话会,并针对双方确定的环境优先领域和重点问题实施了中欧生物多样性保护、中欧流域综合管理、中欧政策对话支持、中欧环境治理,以及中欧低碳与可持续发展等合作项目。

中国还进一步巩固和加强了与欧洲各国的环境合作,中德、中意、中挪、中瑞(典)合作继续深入,中荷、中法、中瑞(士)合作稳步推进,中丹、中匈、中芬双边往来日趋频繁。例如,2011 年中德环保合作纳入中德首轮政府磋商议题;中国与瑞士于 2010 年签订《关于中瑞清洁空气立法与政策及气候变化项目合作的谅解备忘录》,启动了双方在清洁空气立法和黑碳排放控制等领域的合作;中法在 2010 年签订《环境法领域合作意向书》,通过研讨会和培训等方式交流双方在环境立法、环境经济政策等领域的经验和做法。

(五)推动中日韩环境合作,树立高层对话与合作的区域典范

在我国积极推动下,中日韩三国环境合作进入了新阶段,对话机制日臻完善,各领域合作稳步推进,了解与信任逐步加深,合作项目日趋具体和深入,形成全方位、多层次、宽领域的合作格局,树立了高层对话与互动合作的区域典范。

从发展历程看,自1999年中日韩首次环境部长会议到2012年召开的第十四次部长会议,经过多年的探索,目前中日韩环境部长会议已成为三国开展高层环境对话、信息交换、探讨和解决共同面临区域环境问题的有益合作平台,有效推动了三国实施务实的环保合作,促进了东北亚地区的可持续发展。

从政治成果层面看,十年间,三国环境部长会议每年在三国轮流举办,每次会议均发表《中日韩环境部长会议联合公报》,就重要区域和全球环境问题达成共识。其中,尤其值得关注的是2010年5月,第十二次中日韩环境部长会议审议通过的《中日韩环境合作联合行动计划》,该文件为三国开展具体合作提供了重要指引。2012年在第十四次中日韩环境部长会议上,周生贤部长首次提出中日韩三国应在尊重各国国情的基础上"同舟共济、利益共享、共同呵护"的区域环境合作原则,这体现了随着我国经济发展,环境治理成效日益显著,表明了我国自信和积极的合作姿态,有利于树立我负责任大国的良好形象。

从合作领域看,三国合作范围和程度得到扩展和加深。根据区域环保新形势的要求和三国共同关注,2009年,第十一次中日韩环境部长会议确定了新的十大合作领域,包括:环境教育、环境意识与公众参与;气候变化;生物多样性保护;沙尘暴;污染控制;环境友好型社会/3R/资源循环型社会;电子废弃物越境转移;化学品管理;东北亚环境管理;环保产业与环保技术。

作为东北亚最重要的环境合作机制,中日韩环境部长会议不仅为

三国开展高层环境对话、增信释疑、探讨和解决共同面临的区域和全球环境问题提供了交流平台,而且成为了中日韩领导人合作机制的可持续发展的典范。

(六)积极推进核安全双边合作的具体落实,核安全监管能力得到提高

采取"急需先行、统筹兼顾、突出重点、全面推进"的原则,积极推进核安全双边合作。自中国引入美国 AP1000 和法国 EPR 核电机组以来,中美、中法核安全合作稳步推进,通过人员培训、技术审评、信息交流、经验共享等方式深入开展核安全双边合作,吸取了国外先进的核安全技术和监管经验,为提高我核安全监管能力和保障我国内运行和在建核电项目的审评监督做出了贡献。尤其在福岛核事故应急中,通过中日核安全双边合作及时收集第一手事故信息及各国反应,为及时了解事故进展情况和做出决策提供了依据。

(七)不断完善中国环境与发展国际合作委员会高层政策咨询机制,成为激发中国环境与发展的重要动力

国合会是 1992 年由中国政府批准成立的国际性高层政策咨询机构,由中外环境与发展领域高层人士和专家组成,到 2012 年已走过 4 届、历时 20 年。作为向中国政府领导层与各级决策者提供前瞻性、战略性、预警性政策建议的高层机构,2002—2012 年这十年来,国合会机制不断完善。国合会紧跟国际环境与发展形势,与时俱进,实时关注和研究中国环发领域内重大问题,向中国政府建言献策,积极配合中国改革进程,支持促进中国实施可持续发展战略,激发中国环境与发展动力,不断推动中国环境与发展进程。

国合会每五年一届,现在是第五届(2012—2016 年),2002 年至 2012 年是第三届和第四届时期。每届均由中国政府邀请 50 名左右中外高层人士和专家出任国合会委员;历任主席均由国务院领导同志担任,其中,第三任国合会主席由时任国务院副总理曾培炎担任(2003—2007);国务院副总理李克强自 2008 年担任第四任国合会主席。

国合会创造了新型的国际环境合作模式,打造了一个深受国内外广泛关注的独特品牌,成为中国历史最长、层次最高、影响最大的中外环发领域高层对话合作机制,是世界环境与发展领域具有影响的独一无二的咨询机构。国合会具有三大独特性:

第一,组织层次高,参与广泛。国合会中外委员由政要、知名学者、商界领袖、国际组织和环保非政府组织代表组成。24个联合国机构、国家、地区组织、非政府组织、跨国公司和基金会先后为国合会提供了约6000万美元的资金支持。每年邀请200多位中外专家学者参与国合会的研究工作。

第二,主题鲜明,成果直达高层。国合会的政策建议通过以下三条途径传递到中国政府:一是国家领导人每年接见出席国合会年会的委员和代表,当面听取政策建议。温家宝在任副总理和总理期间,已连续15次会见国合会委员;这种"直通车"机制,确保了国合会政策建议直达国家领导人。二是邀请国务院领导同志和相关部委、机构负责人参加年会,就政策建议进行交流和讨论。历任国合会主席宋健(时任国务委员)、温家宝(时任副总理)、曾培炎(时任副总理)、李克强(现任副总理)先后出席了20次年会并发表重要讲话。三是国合会政策建议以书面形式报送国务院和相关部委,辅以政策研究报告以供参考。

第三,支持有力,与时俱进。除中国政府的高度重视和国际合作伙伴持续的资金及智力支持外,国合会有效的管理模式和运行机制也是其20年中始终保持活力的重要因素。国合会内部管理层次清晰、分工明确:为了提高政策咨询的质量、效率和效果,国合会在中外委员组成、研究主题的识别、研究工作的组织形式和运行机制等方面进行了多次改革和阶段性调整。通过管理培训、提升综合分析能力等方式,国合会内部的技术支持能力也得到不断提升。

二、积极履行国际环境公约

目前,环境保护部牵头谈判、履行的环境国际公约5项、核安全国际公约 2 项、议定书 4 项。2002—2012 年这十年间,新批准公约和议定书包括《关于持久性有机污染物的斯德哥尔摩公约》和《生物安全议定书》等共计 4 项。十年来,环境保护部以"积极稳妥参与、主动加强引导、有理有节、趋利避害、树立形象、维护权益、为我所用"为指导思想,积极、深入、有效地参与国际环境公约履约,取得丰硕成果,为全球可持续发展做出积极贡献。

（一）坚持"共同但有区别的责任"原则,认真履行国际环境公约

在国际环境公约谈判中,我们坚持"共同但有区别的责任"原则,精心组织,积极主动发挥牵头作用,与相关部门密切配合,为我国履行已承诺的环境责任和义务创造了良好的外部环境。在履行国际环境公约中,防止消耗臭氧层物质的《蒙特利尔议定书》、《生物多样性公约》及防治持久性有机污染的《斯德哥尔摩公约》等多边环境公约方面都取得了积极进展与显著成效。

根据联合国环境规划署 2012 年发布的《全球环境展望 5》的报告,1992—2009 年世界各国通力合作削减了 93% 的消耗臭氧层物质。目前臭氧层空洞已停止扩张。联合国前秘书长科菲·安南称赞,《蒙特利尔议定书》可能是最成功的国际公约。我国自加入议定书以来,已淘汰 10 万多吨消耗臭氧层物质,约占发展中国家淘汰总量的一半,为全球保护臭氧层事业做出突出贡献。截至 2007 年 7 月 1 日,中国已提前两年半完成氟氯化碳(CFCs)和哈龙的淘汰目标;截至 2010 年 1 月 1 日,中国已按时完成四氯化碳和甲基氯仿的淘汰目标,目前,正在进行含氢氯氟烃(HCFC)的淘汰工作。在 2007 年《蒙特利尔议定书》第十九次缔约方大会上,中国政府获得蒙特利尔议定书实施奖。

中国政府高度重视《生物多样性公约》履行工作,在国家一级设立了由环境保护部牵头、20 多个相关政府部门参加的公约履约协调机制——中国履行《生物多样性公约》工作协调组。为加强生物物种资源的保护和管理,2004 年又建立了物种资源部际联席会议制度。目前中国已颁布了《中国生物多样性国情报告》,制定并实施了《中国生物

多样性保护行动计划》,开始着手制定遗传资源获取与惠益分享的有关政策、法规。

中国政府高度重视《生物安全议定书》的履行工作。作为履行公约的牵头部门,环境保护部专门成立国家生物安全管理办公室。制定了《中国国家生物安全框架》,提出了中国转基因生物安全管理的政策体系、法规体系和能力建设的国家方案,同时逐步加强和完善对现代生物技术的生物安全管理,并先后发布了《基因工程安全管理办法》、《人类遗传资源管理暂行办法》、《农业转基因生物进口安全管理办法》、《进出境转基因产品检验检疫管理办法》等相关管理办法,初步建立了中国转基因生物安全管理的政策体系和法规体系。

在履行《斯德哥尔摩公约》中,我国成功推动公约技术转让中心的建立和技术转让资金评估,允许发展中国家在开展技术转让活动时使用全球环境基金的资金,使我主办的巴塞尔公约协调中心同时成为《斯德哥尔摩公约》的区域中心。

在制定汞文书谈判进程中,我国与广大发展中国家团结一道,坚守了"共同但有区别的责任"原则;作为涉汞经济和环境利益最大的国家,我国面临国际社会的巨大压力,但我们摆事实,讲道理,坚持以理服人,站稳了脚跟,有力维护了我国权益,取得了谈判的阶段性成果。

(二)充分利用履约机制,引进资金与技术,提高国内环境保护能力建设

环境保护对外部门充分利用履约机制,通过各种资金机制和渠道为国内履约争取资金和技术支持,极大提高了国内环境保护相关领域的能力建设。

在《蒙特利尔议定书》谈判中,我们为我国提前淘汰氢氯氟烃争取到相应履约资金支持(约8亿美元);开辟了我国通过《斯德哥尔摩公约》申请淘汰持久性有机污染物、通过蒙特利尔多边基金申请淘汰甲基溴的资金渠道。多边框架下新获得批准项目总计1.05亿美元赠款规模;促成的双边合作项目涉及金额约900万美元;由环境保护部牵头

实施的生物多样性保护和环境公共治理援助项目,获得欧盟有力的资金支持。

（三）通过履约行动,推动国内产业升级换代,提升国际竞争力

我国通过国际环境公约履约,以外促内,极大推动了国内相关领域政策、法规、标准建设,推动了国内相关产业的大发展。

2005 年,我国批准成立了由 11 个国务院部门参加的"国家履行《斯德哥尔摩公约》工作协调组",为促进国内环保工作起到重要作用。2010 年,我国颁布实施了《消耗臭氧层物质管理条例》,这是我国第一个国际环境公约在国内法律法规的直接转化。同时,在政策法规和管理体系方面,形成了以消耗臭氧层物质生产、消费、进出口配额许可证制度为核心的政策管理体系。正是由于实施了淘汰消耗臭氧层物质战略,全面促进了我国家电等行业技术升级,提升了竞争力,为我国家电大量进入国际市场扫清障碍。

我国全面履行《控制危险废物越境转移及其处置的巴塞尔公约》和《关于在国际贸易中对某些危险化学品和农药采用事先知情同意程序的公约》,防止危险废物和危险化学品进入国内,保护我国环境和人民健康。

（四）积极承担国际义务,认真履行核安全国际公约

环境保护部牵头负责并圆满完成历次的《核安全公约》履约任务,获得国际社会一致好评。十年履约过程,也是我们不断完善法规监管体系、不断提高核安全监管能力和水平、不断加强核安全监管独立性和有效性、不断吸取各国核安全管理经验的过程。鉴于我在国际核安全领域的地位,各成员国一致推举中国为《核安全公约》第五次审议大会主席国,圆满完成了公约规定的各项议程。此次审议大会是日本福岛核事故发生不到一个月后在核安全领域召开的首次国际大会,对于今后各国在核安全领域的工作具有重要的指导意义。

2006 年 4 月 29 日,我国第十届全国人大常委会第二十一次会议正式批准了《乏燃料管理安全和放射性废物管理安全联合公约》（简称

《联合公约》）。该公约于 2006 年 12 月 12 日正式对我国生效。随后我国正式履约,环境保护部牵头组成的中国政府代表团参加了 2009 年和 2012 年的《联合公约》第三次、第四次审议大会。各国对我国在乏燃料安全和放射性废物管理安全方面取得的进步表示认可,认为我国履行了公约义务。《联合公约》的加入进一步加强了我国内的乏燃料安全和放射性废物管理安全,推进了我在乏燃料与放射性废物管理政策及战略、乏燃料贮存、中低放和高放废物处置发展规划领域工作的开展。

三、树立负责任大国形象

在国际环境合作中,环境保护部积极推动与东盟等发展中国家的环境保护合作,积极参与大湄公河次区域环境保护合作,大力推动中非环境保护合作,不断强化与联合国环境规划署的合作,树立了负责任的大国形象。

(一)成立中国—东盟环境保护合作中心,推动区域环境合作平台建设

中国—东盟环保合作作为不断推动和检验中国参与国际环境合作和国际及区域环境治理能力发展的重要实践,不仅发挥周边稳定剂的积极作用,更是服务于我国政治经济外交大局、服务于我国环保重点工作的国际合作新探索。

2007 年环境保护被列为中国—东盟领导人会议机制下第十一个重点合作领域。温家宝总理在第十一届中国—东盟领导人会议上提出:"我们愿同东盟探讨制订中国—东盟环境保护合作战略,建立中国—东盟环境保护合作中心,建议适时建立中国—东盟环境部长会议机制。"2009 年,双方通过了《中国—东盟环境保护合作战略(2009—2015)》,明确了合作的目标与原则、优先领域、实施机制等内容。随后中国与东盟进一步联合制订并通过了《中国—东盟环境合作行动计划》。这两个文件为双方开展环保合作打下了坚实基础。此外,中国

还专门为推进双方环保合作设立了机构。2010 年,中国政府正式组建中国—东盟环境保护合作中心,这是我国政府建立的首个南南环境合作机构。

2010 年 10 月,在越南河内召开的第十三次中国与东盟领导人会议上,温家宝总理在讲话中提出"双方要根据《中国—东盟环保合作战略》,尽快制订行动计划,发挥中国—东盟环保合作中心的作用,探讨开展'中国—东盟绿色使者计划'活动,扎实推进在循环经济、绿色经济、节能环保等领域的交流与合作"。会议发表的《中国和东盟领导人关于可持续发展的联合声明》,宣布中国和东盟"支持发挥中国—东盟环保合作中心的作用,积极落实《中国—东盟环保合作战略 2009—2015》,特别是在通过与东盟生物多样性中心合作保护生物多样性和生态环境、清洁生产、环境教育意识等领域开展合作"。会议通过的《落实中国—东盟面向和平与繁荣的战略伙伴关系联合宣言的行动计划(2011—2015)》也表示积极支持中国—东盟环保合作中心,推动务实区域环境合作。

温家宝总理讲话精神和领导人会议倡议为中国—东盟环保合作指明了方向,为中国—东盟环保合作注入了新的活力,标志着中国—东盟环保合作的新起点和新机遇。而中国—东盟环境合作也成为我国开展区域环境合作平台建设的重要集成,其具有如下独特性:

1. 战略性　体现在东盟国家在我国政治经济外交中具有的重要地位,直接服务于我国争取战略机遇期、"走出去"等国家战略,领导人高度重视;

2. 基础性　加强中国—东盟环保合作是稳定周边、维护我周边环境利益的需要;

3. 示范性　中国—东盟环保合作是发展中国家之间的合作,属于南南合作范畴,开展合作对于探索南南合作新模式具有重要示范意义。

因此,加强我国与东盟环保合作,要不断深化内容,丰富内涵,创新机制。根据国家领导人指示精神和中国—东盟领导人会议的具体成果,中国—东盟环保合作将主要依托中国—东盟环保合作中心,围绕《中国—东盟环保合作战略》,以《中国—东盟环保合作行动计划》为纲领,推动区域环保合作的务实发展,并不断探索南南环保合作的新模式。为落实领导人讲话精神,2011年,《中国—东盟环保合作行动计划(2011—2013)》获得中国与东盟秘书处批准。同年10月,环境保护部与广西壮族自治区人民政府联合举办了主题为"创新与绿色发展"的首届"中国—东盟环保合作论坛",建立了中国与东盟环保交流的高端平台,并正式启动了"中国—东盟绿色使者计划"。

（二）积极参与大湄公河次区域环保合作,开创周边环境合作实践的新模式与新典范

跨越中国、缅甸、老挝、柬埔寨、泰国和越南的大湄公河(我境内称澜沧江)使六国山水相连,并形成了大湄公河次区域(GMS)这一地理概念。20世纪90年代,随着全球与区域经济一体化发展,以及六国对大湄公河次区域合作认识的不断深化,在亚洲开发银行的支持下,大湄公河次区域合作机制得以建立,环境也与交通、贸易便利化、农业、旅游等议题并称合作九大领域。2005年,环境保护部和亚洲开发银行共同倡导,经大湄公河次区域各国领导人批准,建立了大湄公河次区域环境部长会议机制和"大湄公河次区域核心环境项目—生物多样性保护走廊计划"。主要有以下特征:

1. 层次高、关注广成为大湄公河次区域环境合作的特色。作为发起国,第一届大湄公河次区域环境部长会议于2005年5月在中国上海成功举办,根据每三年一次在领导人会议之前召开的组织原则,目前大湄公河次区域环境部长会议已举办了三届。特别值得关注的是,环境部长会议也是大湄公河次区域九大合作领域中第一个举办部长级的高层对话机制。

2. 推动区域务实合作,为探索大湄公河次区域可持续发展道路开拓实践。2005年至2011年,环境保护部为加强与次区域五国在环境领域的合作,在亚洲开发银行区域合作框架下,参加了为期6年、总资

金3100万美元的大湄公河次区域核心环境项目活动。大湄公河次区域核心环境项目（CEP）是大湄公河次区域合作机制建立以来规模最大的，同时也是亚行首次吸收发达国家大规模捐资的环境合作项目。该项目主要与经济走廊相挂钩，形成以"南北走廊、越南—广西、东西走廊、南部走廊"为地域划分，以"生物多样性走廊建设项目、战略环境影响评价、环境绩效评估、能力建设"为主导的项目合作机制。其中，作为核心环境项目，我国联合亚洲开发银行发起的生物多样性走廊建设项目旨在化解水资源开发与利用带来的巨大生态压力，为我国实现"增信释疑"的区域合作目标、缓和区域水资源开发利用压力提供了强有力的国际实践。目前，核心环境项目已顺利过渡到二期阶段（2012年至2016年）。

（三）中非环保合作初显成效，潜力巨大

巩固和加强同非洲的环境合作关系是我独立自主和平外交政策的重要组成部分，对我经济发展和总体外交都具有重要战略意义。

1. 丰富对话内涵与层次，重点突破双边环境合作。通过举办"面向非洲的中国环保"主题活动，以及"中非环保合作会议"，增进政策对话与相互理解，促进高层对话与平台建设。中方还通过加强与非洲国家的双边联系，采取重点突破的模式，签署了系列双边协议。截至2012年6月，中国已与南非、摩洛哥、埃及、安哥拉签订了双边环境保护协定，为双方进一步开展优先领域的合作打下了良好基础。

2. 以"中非合作论坛"为新起点，务实推动中非对话与合作。2000年10月召开的"中非合作论坛"是中非关系的新起点，也是中非环保合作进入实质性阶段的开端。"中非合作论坛"已成为新形势下中非集体对话与务实合作的有效机制，也是中非环保合作的重要平台。论坛结束后，中国政府高度重视中非论坛后续行动的落实工作，专门成立了由20多家部委组成的中方后续行动委员会，环境保护部是中方后续行动委员会成员单位。"中非合作论坛"为中非环保合作确定了重点合作领域和原则。

3. 加强能力建设项目,实施"中非人力资源环境培训计划"。2006年1月12日,中国政府发表了《中国对非洲政策文件》,承诺与非洲国家"加强技术交流,积极推动中非在气候变化、水资源保护、荒漠化防治和生物多样性等环境保护领域的合作",初步确定了中非在环保方面的合作方向。

自2005年起,截至2012年5月,在"中非合作论坛"平台推动下,利用中国政府的援外资金,由中国商务部举办,环境保护部下属机构承办的涉非环境管理研修班在北京已成功举办12期,主要培训了来自非洲大陆的300多位环境高级官员,培训主题涉及水污染和水资源管理、生态环境保护管理、环境管理、城市环境管理、环境影响评价管理等广泛的环境保护领域。培训取得了很好的效果,得到了有关国际组织的认可,特别是培训班得到了参训学员的充分肯定,该援外培训项目,被联合国环境规划署誉为"南南合作的典范"。

2006年5月,原国家环保总局代表作为特邀嘉宾应邀出席了在刚果(布)召开的非洲国家环境部长会议开幕式,这是继中非环保合作会议后,中非环境领域的又一次高层交流。会后,环境保护部代表出席了由我国政府出资捐赠的"联合国环境署中非环境中心"揭幕仪式,标志着中非环境合作取得实质性进展。

2002年至2012年期间,我与发展中国家的环境合作稳步开展,取得了积极进展。2002年以来,我与埃及、安哥拉、摩洛哥、古巴、巴西、秘鲁、智利、哥斯达黎加和伊朗先后签署了双边环境合作文件,并与约旦草签了合作谅解备忘录。2012年,环境保护部成为对外援助部际协调机制成员单位,凸显了环境保护议题在我国对外援助整体工作中的重要地位。2005年以来,环境保护部组织开展了24期环境援外培训,共有来自98个国家的566人次接受了培训。我国环境保护对外培训巩固了我国与广大发展中国家之间的传统友谊,加强了交流,为受援国环境保护工作提供了有益的参考和借鉴,取得了实实在在的效果。

（四）强化与联合国环境规划署的合作，成效显著

环境保护部与以联合国环境规划署（简称"环境署"）为代表的联合国各机构及其他国际组织的合作日益加深，成效显著。

1. 推动高层交流，强化相互支持意愿。十年来，中国与环境署的合作层次不断提高。胡锦涛主席、吴邦国委员长、原国务院总理朱镕基、全国政协主席贾庆林、李克强副总理、原国务院副总理曾培炎、原国务委员宋健等党和国家领导人成功访问联合国环境署总部，中国政府代表团出席了历次环境署理事会和特别理事会会议，奠定了中国与环境署深入合作的政治基础。

2011 年，环境保护部周生贤部长访问了环境署总部，并出席了环境署特别为其举办的专场报告会，向环境署高官和驻联合国使节介绍了中国在践行科学发展观、推动绿色经济方面的成就，宣传了中国环境保护的政策和实践，并现场回答了听众的提问。报告会在环境署高官和内罗毕外交使团中引起很大反响，一些国际主流媒体给予了高度关注和积极评价。

环境署历届主要负责人均来华访问，与我国家领导人、外交部、环保部交流，强化与中国合作意愿。环境署前执行主任托普菲尔、现执行主任施泰纳均担任国合会委员。

环境保护部与环境署合作机制不断完善。2003 年，环境署在中国设立北京办公室，这是环境署在发展中国家设立的第一个国家办公室。2006 年，环境保护部与环境署建立了机制化的年度工作会议制度。2009 年，周生贤部长与环境署执行主任施泰纳共同签署了双方合作谅解备忘录，这是环保部与环境署签署的第一份高层次的合作协议。合作机制的建立规范了环境署和其他国际环境组织在华开展活动，为双方合作奠定了良好的制度基础。

我国对环境署的资金支持不断加强。2010 年，我国对环境署的捐款增加到 50 万美元，比 2006 年增加了一倍。2012 年 6 月温家宝总理在联合国可持续发展大会演讲时宣布，中国向联合国环境署信托基金

赠款 600 万美元,用于组建信托资金,支持发展中国家的环境保护能力建设,推动南南合作。

2. 搭建合作桥梁,引进先进理念。环境保护部与联合国环境署的合作从内容到形式都不断丰富和深化,通过环境署平台,不断引进国际环境与发展领域的先进理念,将其转化为国内政策和行动。

2007 年,环境保护部与环境署共同主办了"创新与可持续发展国际论坛"、"全球环境展望(四)中国发布会";与环境署巴黎办签署"环境事故应急合作协议"。

2009 年,环境保护部首次承办了环境署可持续资源管理国际委员会会议。积极响应环境署提出的"绿色经济"和"绿色新政"倡议。与环境署开展的深入合作,极大推动了"绿色经济"在中国转化为实际政策和行动,也向国际社会大力宣传了中国在发展绿色经济方面的国家经验。同时,双方在可持续生产与消费、环境标志、绿色采购、环境应急响应、环境绩效评估、化学品综合管理等领域也开展了长期合作,填补了我国在这些领域的空白。

3. 利用多边平台,宣传和树立负责任大国形象。我们利用联合国环境署这个多边平台,大力宣传中国在推动全球可持续发展以及解决自身环境问题中作出的巨大努力和取得的成就,有效地树立和维护了负责任大国的形象。

2005 年,曾培炎副总理率团出席了联合国环境署第 23 届理事会,发表了题为"加强环境保护、实现可持续发展"的主旨演讲。这是中国代表团出席环境署理事会(特理会)历史上级别最高、规模最大的一次,向世界展示了中国政府对全球可持续发展以及环境保护工作的高度重视和行动的决心。

2008 年,北京奥运会开幕前夕,当时一些西方媒体对北京空气质量说三道四,导致有些国家对我举办奥运的环境保障心存疑虑。环境署执行主任施泰纳在肯尼亚报纸上发表署名文章,赞赏中国政府为改善环境所作出的努力,对北京空气质量改善情况予以了及时客观公正的评价,肯定北京奥运的环境保护成就,赞扬中国环保部门在确保奥运成功提高环境质量方面做出的巨大努力和取得的明显成效。联合国环境权威机构的正面评价与表态在国际上产生了重大影响,国际上多家主流媒体转载或发表评论,对我成功举办奥运会起到了积极作用。

2009 年,我代表团在环境署理事会期间举办了"北京绿色奥运展览",大力宣传北京 2008 奥运会取得的环境成就。这是环境保护部首次在联合国会议上举办大型展览,为我们今后利用多边舞台宣传环保成就积累了经验。环境署执行主任施泰纳在"北京 2008 奥林匹克运动会独立评估报告"新闻发布会上盛赞中国兑现"绿色奥运"承诺。环境署作为全球负责环境事务的联合国机构,客观求实的评价,在一定程度上引导了国际媒体的声音,抑制了"中国环境威胁论"我国形象的歪曲。

第十一章　核与辐射安全监管

　　半个多世纪以来,我国核能与核技术利用事业稳步发展,逐步形成了较为完整的核工业体系。特别是近十年来,核电事业发展迅速,在保障能源安全、优化能源结构、促进节能减排和应对气候变化等方面发挥了重要作用;核技术在工业、农业、国防、医疗和科研等领域得到广泛应用,有力地推动了经济社会发展。

　　核安全是核能与核技术利用事业发展的生命线,事关核能与核技术利用事业发展、环境安全和公众利益。长期以来,我国核能与核技术利用始终坚持"安全第一、质量第一"的根本方针,贯彻纵深防御等安全理念,采取有效措施,保障了核与辐射安全。

　　党中央、国务院历来高度重视核与辐射安全监管工作,核与辐射安全监管工作者兢兢业业,一丝不苟,各项工作都取得了突出的成绩。党的十六大以来,在役核设施安全运行,在建核设施质量得到有效保障。运行核电厂、研究堆、核燃料循环设施、放射性废物贮存和处理处置设施以及放射性物品运输活动均未发生二级及以上的安全事件或事故,运行和在建核设施的事件、不符合项得到了及时处理。

　　全国核设施和核技术利用项目数量不断增加,辐射环境质量总体保持良好。环境电离辐射水平保持稳定,核设施、核技术利用项目周围环境电离辐射水平总体未见明显变化;环境电磁辐射水平总体情况较好,电磁辐射设施周围环境电磁辐射水平总体未见明显变化。

第一节　夯实核与辐射安全基础

一、持续深化对核与辐射安全基本规律的认识

李克强副总理在 2011 年 12 月召开的第七次全国环境保护大会上专门强调了核安全问题。他指出，一桩大的核事故，不仅会带来难以估量的损失，甚至会毁掉整个核事业。2011 年 3 月发生的日本福岛核事故，对我们是一个警示。我们一定要慎之又慎，丝毫不能放松警惕，坚持安全至上，组织力量对我国核电进行全方位评估和论证，抓紧编制核安全规划，确保核电安全万无一失。同时，要切实加强放射源管理，避免发生公共事件，祸及人民群众。李克强副总理的重要指示为我国核与辐射安全监管工作指明了方向。核与辐射安全工作必须放在世界经济一体化的进程中，放在国民经济发展的全局中，放在全国环境保护的总体工作中统筹、谋划和推进。

（一）确保核与辐射安全，是维护国家安全稳定的重要保障

人类利用核能不过短短几十年，在悠久的历史长河中不过匆匆一瞬。但就在这几十年里，已经留下了十分深刻的教训。1986 年发生的切尔诺贝利核事故，给苏联带来了沉重灾难；2011 年发生的福岛核事故，对日本政局产生了较大影响。迄今仅有的两起 7 级核事故，都引发了世界大国的政治风波。前车之覆，后车之鉴，不能不引起高度警惕。核事故之所以能够引起如此强烈的政局动荡，主要在于核与辐射安全体现了国家机器的掌控能力，牵动着公众对国家安全的信心。尽管我国的体制具有独特的优势，但同样难以承受核与辐射安全事故带来的严重冲击。尤其当前，我国正处于加速转型的历史阶段，更需要杜绝一切可能的安全隐患，在稳定中谋求发展。

（二）确保核与辐射安全，是转变经济发展方式的有力支撑

我国正处在工业化、城镇化快速发展阶段，稳定可靠的能源供应必不可少，同时又面临着发展的资源环境代价过大的基本国情和现实问

题,这是我国加快转变经济发展方式的重要出发点。核能作为目前唯一可大规模发展的替代能源,对于确保我国能源供应安全、优化能源结构、促进节能减排、应对气候变化都具有十分重要的意义。但任何技术的开发和利用,都不能明显增加公众的风险,核能与核技术的开发利用也必须以安全为基础和前提。这就要求我们不断加强监管,并妥善处理处置放射性废物,促进核能与核技术利用事业安全、健康发展,既为当前和未来的能源供应增添保障,又使得生态环境安全免受放射性物质的危害。

(三)确保核与辐射安全,是保障和改善民生的必然要求

近年来,人民群众对核安全问题越来越关注,对辐射环境质量也越来越关心。总体而言,群众对我国核与辐射安全状况是放心的,对全国核与辐射安全监管工作也是满意的。但必须看到,一起核事故就可能导致数百平方公里土地变成荒坟;一罐放射性废物的泄漏就可能污染一条江河,断绝无数人的水源;一枚放射源的丢失就可能引起若干人遭受辐射伤害甚至死亡。如果缺乏有效的监管,这些威胁群众健康的潜在风险,就有可能变成现实的危害。2009 年 7 月,河南杞县发生钴—60 放射源卡源事件,导致许多群众拖家带口外出避难。福岛核事故不仅引发日本民众的极大恐慌,甚至导致我国一些地方出现了"抢盐风潮",这些就是例证。

(四)确保核与辐射安全,是树立良好国际形象的有效举措

核能与核技术利用作为人类文明进步的优秀成果,成为少数有核国家综合实力的重要组成部分,成为当前国际社会博弈的焦点之一。对内提升核与辐射安全水平,对外积极稳妥参与国际合作,既有助于提升有核国家的形象,也牵扯到一些核心利益。正因为如此,福岛核事故发生后,日本政府曾在国际舞台的多个场合频繁道歉,反映了该国寻求谅解的迫切愿望。我国是核能与核技术利用大国,总机组数量和总装机容量均为世界第四,在建机组数量则是世界第一。我国核与辐射安全水平的高低,关系我国核能与核技术利用事业的发展空间,关系国家

形象及在国际事务中的影响力和公信力。

相对于环境保护其他领域的工作,核与辐射安全监管既有共性,又有特殊性,必须深刻把握其特有规律,才能实施有效监管,收到良好成效。

一是正确认识安全规律的可知性,树立确保核与辐射安全的坚定信心。1898 年 12 月 26 日,居里夫人宣告发现了"镭"元素,标志着人类认识自然规律的历史性跨越,再度证明了马克思主义的一条普遍真理,即自然规律是可以被认知和利用的。但时至今日,传统的观念在认识上仍然存在两个误区:一是认为核安全固若金汤、万无一失,不会出现问题,从而盲目乐观。抱有这种思想,工作就会麻痹大意,迟早会出问题。二是福岛核事故后,有人认为人类的道德水平和认知手段不能够有效驾驭核能,安全没有保障,这就犯了虚无主义的错误,导致对核事业前途没有信心,过于悲观。这两种思想都是不正确的,更是有害的,都应当摒弃。实际上,"核"并不可怕,按规律办事,核就是绵羊,可以为我所用;不按规律办事,核就是出笼猛虎,必然会伤人。对待核安全,既不能掉以轻心,也不能因噎废食。要树立信心,坚持以科学的方式、谨慎的态度开展工作,核与辐射安全就能够得到确保。

二是正确处理安全保障与核事业发展的关系,努力除弊兴利。人类社会的任何一项文明成果,都是利弊共存。就核能与核技术利用而言,生产活动与安全问题总是如影随形、不可分割。要实现可持续发展,就必须在享受"核"带来的福利和便利的同时,又努力避免不可接受的安全风险。安全是商品,既有价值,又有使用价值,这就需要付出一定经济代价才能获得。在核安全方面,一定要舍得投入,千方百计提高安全水平。随着公众对安全的要求更加严格,特别是福岛核事故后,社会舆论普遍认为"安全大于天",要以压倒一切的态度予以重视。因此,在安全保障与核事业发展的矛盾中,我们必须正确处理两者之间的关系,理清工作思路,确保实现安全发展。

三是正确对待人类认知的局限性,遵循纵深防御的根本原则。人类认知存在局限性,对于自然现象、规律乃至人类自身的行为,还有很多空白,必须采取纵深防御的原则和多重保护的手段,应对可能发生的各种安全问题。具体来说,在安全问题上,我们坚持做到有事没事,当有事准备;一事多事,当多事准备;小事大事,当大事准备,只有这样才能有备无患。核事业把细节考虑得更多一些,把情况设想得更复杂一些,把防御措施设计得更完善一些,把安全余量打得更充足一些,这样做尽管会提高一定的成本,但从全局、从长远来看是有益的,也是必要的。

四是正确把握必然与偶然的关系,采取预防与缓解并重的应对措施。安全问题具有或然性,就是安全事故发生与否是概率问题,可高可低,但总会大于零。任何安全措施都只能降低事故发生的概率,而无法彻底消除事故发生的可能。这就要求我们做好两手准备,一方面要做好源头防范,进一步提高安全功能的保障能力和可靠性,尽一切可能降低事故发生的概率;另一方面要做好应急处置,一旦发生事故,要有切实可行的应对措施,有效缓解事故的负面影响,尤其是要让群众健康免受侵害、让社会稳定免受干扰、让资源环境免受污染、让公私财产免受损失。

五是正确理解安全问题的短板效应,推动核与辐射安全监管向全过程延伸。安全问题具有系统性和普遍性,任何活动、任何环节都有可能产生安全问题。安全事故无孔不入,即使其他安全措施做得再好,一个细微不足都将成为短板,降低整个系统的安全水平。过去发生的许多震惊世界的安全事故,往往是一个螺丝、一个阀门上的疏忽或缺陷引发的。因此,必须从相关行业生产经营活动的全过程着手,做好核与辐射安全监管工作;采用系统性的方法,在设计、制造、建造、运行、退役的"全生命周期"加强监管,在技术研发、生产管理、建造监理、质量控制等所有领域与环节,弥补安全不足,强化安全保障。

二、加强核与辐射安全机构和队伍建设

1998 年至 2003 年间,国家核安全局是作为国家环保总局的内设

司局,负责全国核安全、辐射安全、辐射环境管理的监管工作。2003 年开始,调整为国家环保总局,对外保留国家核安全局的牌子,由国家环保总局副局长任国家核安全局局长,原由卫生部负责的一部分辐射安全监管职能调整到国家环保总局。

2006 年,国家核安全局的派出机构上海、广东、成都和北方核安全监督站变为直属于国家环保总局的地区核与辐射安全监督站,并新组建了东北和西北核与辐射安全监督站。6 个监督站都确定为司局级单位,总人数增加至 100 人,职能增加了放射源监管。北京核安全中心改名为国家环保总局核与辐射安全中心,增加了放射源、核设施环境影响评价等方面的职能,人员编制增加到 162 人。

2008 年,国家环保总局升格为环境保护部,部内首次设立了核安全总工程师。各级地方环保部门的核与辐射安全监管力量也大幅增强,全国 31 个省级环保部门全部设置了辐射站等专业技术队伍,28 个省级环保部门设置了辐射处等专职内设机构。各地还加大纵向队伍建设深度,1/3 的省(区、市)实现所有地市级环保部门设立核与辐射安全监管机构。

2010 年,核与辐射安全监管人员编制得到较大扩充,六个派出机构的"参公"编制由 100 个增加到 331 个,完成了更名并增加了部分职能;核与辐射安全中心的事业编制由 162 个增加到 600 个,加挂了"核安全设备监管技术中心"的牌子并全面重组了内设机构;核安全司增加了 21 个行政编制。

2011 年,经中央编办批准,浙江省辐射站加挂了"环境保护部辐射监测技术中心"的牌子,并增加了 35 个事业编制。环境保护部核安全司撤销,新设立了三个核与辐射安全监管职能司;三个司的行政编制总数增加到 85 个。至此,国家核与辐射安全监管部门形成了"三司、六站、两中心"的机构格局。

三、大幅度增加核与辐射安全监管投入

十年里,中央财政对核与辐射安全监管的投入逐年增加,由不足

1000万元,增加到2012年的2.8亿元。各地也纷纷加大投入,支持核与辐射安全监管能力建设。

　　十年里,面对各项重大事件有针对性地开展核与辐射安全监管能力建设,不断补强薄弱环节,提高监管能力。2003年"非典"疫情爆发后,及时开展了放射性废物等危险废物库建设项目,全国各省(区、市)都建设了城市放射性废物库,收存处置废物、消除安全隐患效果显著;2006年针对国外边境地区核试验的突发情况,大力加强核与辐射应急监测体系建设,迅速提升了应急能力;2008年汶川地震后,环境保护部协调财政部门为四川、甘肃、陕西争取灾后重建资金3.12亿元;2011年福岛核事故后,环境保护部组织实施了重点省市核与辐射应急监测能力建设工作,投资2亿元,支持边境、正在首次建设核电厂以及西部核设施综合基地所在地等重点省市加强辐射环境监测机构的能力建设;为突破技术瓶颈,启动了国家核与辐射安全监管技术研发基地建设工作,计划建设一批核与辐射安全监管基础技术研发项目。这些项目的开展,大幅提升了我国核与辐射安全监管能力,为确保工作成效奠定了基础。

四、严格从业人员资质管理

(一)加强焊工资质管理

　　2007年底,《民用核安全设备焊工焊接操作工资格管理规定》(HAF603)正式出台。2008年3月,国家核安全局召开了民用核安全设备焊工焊接操作工资格管理工作会议,启动了焊工资质管理工作。面对当时复杂局面,在会议上定下了考培分开、考管结合的原则,取得了较好的效果。2009年2月,国家核安全局发出《关于举行民用核安全设备焊工焊接操作工基本理论知识考试的通知》和《焊工理论考试程序》,2010年2月,发布《关于加强民用核安全设备焊工焊接操作工资格管理的通知》,2010年4月,举办第一次考试,同年7月,发出第一批焊工资格证书。

（二）规范反应堆操纵人员管理

2010年，为处理操纵人员岗位管理出现的一些混乱，国家核安全局发布了《关于进一步规范核电厂操纵人员岗位管理的通知》，规范了操纵人员执照岗位，确定了实际核动力厂运行经理在新建核动力厂高级操纵员和值长培养中的重要地位。近期，国家核安全中心编制了《核动力厂人员的挑选、培训和授权》一书，批准后将成为核反应堆操纵人员管理的基础性法规。

（三）明确注册核安全工程师关键岗位人员要求

经过调研，国家核安全局发文将注册核安全工程师分为核安全综合管理、核质量保证、辐射防护、反应堆运行以及辐射环境监测与评价五个执业范围。这个规定为核能与核技术应用中与核安全管理有关的人员分类打下了基础。同时，国家核安全局发布了《注册核安全工程师执业资格关键岗位名录》（第一批），对每个单位在每个执业领域的最少人数提出了明确要求。

第二节　强化核与辐射安全监管

一、健全核与辐射安全监管体系

（一）核与辐射安全监管队伍得到较大发展

国家核与辐射安全监管队伍经过"十五"、"十一五"的建设和发展，已初步建立了由国家、省和地市三级核与辐射安全监管监测机构组成的监管监测体系。目前，国家层面共有环境保护部核安全管理一司、二司和三司，6个地区核与辐射安全监督站、环境保护部核与辐射安全中心、环境保护部辐射环境监测技术中心等11个国家级辐射环境监管监测机构；省级层面，西藏自治区、海南省、重庆市、江西省和内蒙古自治区相继建立了独立编制的辐射监测机构，实现了全国31个省市区全部建立省级辐射环境监测机构的目标；地级市中，210个地市设立了辐射环境监管机构，其中106个地市还设立了辐射环境监测机构。全国核与辐射安全监管监测人员队伍建设得到较大发展。截至 2011 年底，全国省级辐射环境监测机构总人数 1092 人，比 2002 年底的 506 人增长了 115%。

（二）核与辐射安全监管能力不断增强

环境保护部在辐射环境监测领域先后实施了 2008 年中央财政污染物减排专项资金核与辐射监测能力建设项目、边境地区辐射监测能力建设项目、国家辐射环境监测国控网建设项目、国家环境突发事件应急监测项目、国家环保总局处置化学与核恐怖袭击事件应急项目等能力建设项目，总经费近 3.2 亿元。

目前，全国 31 个省级辐射环境监测机构和青岛市辐射环境监测机构共有各类辐射环境监测仪器设备 2472 台（套），业务用房面积 52689m^2，其中实验用房面积 26693m^2。全国 106 个地市级辐射环境监督（监测）机构共有辐射环境监测仪器设备 1384 台（套），业务用房面积 18214m^2，其中实验用房面积 6510m^2。

全国设置了 136 个辐射自动监测站，提升目前国控点监测自动化水平；配置了 96 辆应急监测车，2 辆放射物理移动监测车，1 辆放射化学移动监测车，124 台（套）配套的监测和应急监测等设备，使全国 100 个地级市初步具备了辐射应急监测基本能力；建设了移动应急指挥系统、反恐应急指挥中心网络平台、反核恐怖袭击事件评价及辅助决策系统、核与辐射反恐应急信息系统等应急软件体系，部分改善了地级市辐射应急监测能力薄弱的局面；建成了国家辐射连续自动监测站监测数据汇总中心和 31 个省级数据汇总中心。

二、完善核与辐射安全法规标准

（一）核与辐射安全立法工作取得积极进展

十年来我国发布涉及核与辐射安全的 1 部法律，4 部行政法规，10 项部门规章和 21 项导则。2003 年我国发布并实施了《中华人民共和国放射性污染防治法》，该法的出台改写了我国核与辐射安全领域长期空缺专门性法律的历史。国务院于2005年发布了《放射性同位素与射线装置安全和防护条例》,2007年发布了《民用核安全设备监督管理条例》,2009年发布了《放射性物品运输安全管理条例》,2011年发布了《放射性废物安全管理条例》。同时,环境保护部(国家核安全局)加紧了配套规章及导则的制定,为法律法规的有效实施奠定了坚实的基础。

(二)核与辐射安全法规体系基本形成

十年来,在积极推进立法的同时,国家核安全局积极开展工作,研究、组织编制核与辐射安全法规体系。2010年5月,国家核安全局印发了《核与辐射安全法规体系(五年规划)》,明确规定了"十二五"期间需制定修订的核与辐射法规共计156部。继续完善《核与辐射安全法规体系(中长期规划)》的编写,该体系共分为四个大的层次(法律、行政法规、部门规章、导则),包含法律法规共349部,统筹考虑了核与辐射安全法规体系的完整性及延续性。

(三)成立核与辐射安全法规标准审查专家委员会

核与辐射安全领域具有高度的专业性,为了提高核与辐射安全法规标准的专业水平,严把法规标准质量关,国家核安全局于2009年5月成立了核与辐射安全法规标准审查专家委员会,并建立了与之相配套的制度,专门从事法规标准的审查工作。委员会下设核安全、辐射安全、核安全设备和电磁辐射四个专业组,对核与辐射安全法规标准体系和各类法规标准进行技术审查,提出专业建议。自委员会成立以来,共召开法规标准审查会23次,审查法规标准124项,其中报批稿40项、送审稿49项、征求意见稿35项。法规标准审查委员会的工作对加快法规标准建设、提高法规编制质量、加快法规编制速度起到了重要的推动作用。

(四)核与辐射安全标准体系不断健全

国家核安全局不断完善《核与辐射安全标准体系》,该标准体系分为通用系列、核动力厂系列、研究堆系列、核燃料循环设施系列、放射性废物管理系列、核材料管制系列、民用核安全设备管理系列、放射性物品运输管理系列、放射性同位素与射线装置监督管理系列、辐射环境保护系列等10个专业领域,其中核辐射与电磁辐射环境保护标准62项,涉及核安全基本原则和技术要求的国家标准108项,其他相关标准约400多项。

三、毫不松懈地抓好日常监管

（一）加强核材料管制和实物保护

我国对含有铀235、铀233、钚239、氚、锂6以及其他需要管制的核材料实行许可证制度。自1987年《中华人民共和国核材料管制条例》颁布以来,国内所有涉及管制范围内的核材料持有单位都取得了核材料许可证。目前,我国并网核电机组达到15个,在建机组26个,持有核材料许可证和运行许可证的核电站包括：秦山核电厂、秦山第二核电厂、秦山第三核电厂、大亚湾核电厂、岭澳核电厂和田湾核电厂等；持有核材料许可证和运行许可证的核燃料循环设施包括：中核陕西铀浓缩公司、中核兰州铀浓缩公司、中核北方核燃料元件公司、中核建中核燃料元件公司及中试厂等。

依据现行有关核材料与核设施实物保护的法规标准,目前我国核材料和核设施实物保护实行分级、分区管理。根据核设施拥有核材料的质量、数量、危害程度以及核设施的重要程度和潜在风险等级等因素,核材料和核设施划分为三个实物保护等级。一级实物保护设施保护区域划分为控制区、保护区和要害区三区管理；二级实物保护设施保护区域划分为控制区和保护区两区管理；三级实物保护措施保护区域仅为控制区管理。三区呈纵深布局,即要害区在保护区内,保护区在控制区内。从实物保护系统的物防、人防、技防等三方面考虑,不同实物保护等级对核设施的警卫与守护、实体屏障和技术防范措施的要求各异。

（二）强化运行核电厂安全监管

党的十六大以来,我国的运行核电机组由 3 台发展到 15 台,装机容量由 227.8 万千瓦增加到 1253.8 万千瓦。秦山第二核电厂 1、2 号机组,岭澳核电厂 1、2 号机组,秦山第三核电厂 1、2 号机组,田湾核电厂 1、2 号机组,岭澳核电厂 3、4 号机组,秦山第二核电厂 3、4 号机组相继投入运行。环境保护部(国家核安全局)通过《核电厂运行许可证》审批、核与辐射安全现场监督和关键控制点审批等手段对运行核电厂进行核与辐射安全监管。十年来,运行核电厂未发生二级及二级以上事件或事故,未发生危及公众和环境安全的放射性事件或事故。

（三）严格在建核电厂监管

目前,我国开工建设的核电机组达到了 26 台,总装机容量达到 3154 万千瓦。采用的技术既有自主设计的二代加核电技术,也有引进的三代先进核电技术。环境保护部(国家核安全局)通过《核电厂建造许可证》和《核电厂首次装料批准书》审批、核与辐射安全现场监督和关键控制点审批等手段对在建核电厂进行核与辐射安全监管。全国核电工程建设按计划推进,建造质量受控。其中,广东岭澳核电厂 3、4 号机组和秦山第二核电厂 3、4 号机组完成了从开工建设到投入运行的整个建造过程。

（四）做好民用研究堆监管

近年来,环境保护部(国家核安全局)主要进行了在役研究堆《运行许可证》换发审批、拟建研究堆《建造许可证》审批、在建研究堆《首次装料批准书》审批、研究堆《退役批准书》审批、研究堆核与辐射安全现场监督和关键控制点审批等手段对研究堆进行安全监管。整体来看,中国在役和在建民用研究堆维持了安全运行状态,未发生危及公众和环境安全的放射性事件或事故。2 座微型反应堆实施了退役,中国实验快堆完成了建造并实现了首次安全达临界,医院中子照射器完成了建造并投入使用。

（五）稳步开展核燃料循环设施安全监管

在民用核燃料循环方面,核燃料监管工作范围涵盖铀纯化转化设施、铀浓缩设施、燃料元件加工制造设施和乏燃料接收与贮存、乏燃料后处理以及高放废液处理与处置设施。因此,核燃料循环设施监管范围广,环节复杂。根据核燃料循环设施发展的需要,环境保护部每年都完成大量的核安全审评、审批和许可证颁发工作。2006年至2012年5月期间,核燃料循环设施相关的审评、审批和许可的新建、扩建、改造项目多达八十多项,平均每年审评、审批和许可项目达十多项。目前,持有环境保护部核安全运行许可证的民用核燃料循环设施共13座,这些设施总体运行状态良好,未对工作人员、公众和环境造成不可接受的核与辐射危害。

四、切实做好核与辐射事故应急管理

国家核与辐射事故应急监测工作,坚持平战结合,常备不懈的方针,围绕"叫得应,拉得出,打得响"这一目标,以能力建设项目为抓手,以重大活动和突发事件的应急监测及准备工作为切入点,不断加强和改进应急监测工作,成效显著。

（一）应急准备常备不懈

环境保护部修订完善了核与辐射事故应急法规标准体系。出台了《放射性物品运输安全管理条例》,编制了《研究堆应急计划与准备》,修订了《核动力厂营运单位的应急准备和应急响应》、《核燃料循环设施的应急准备和应急响应》、《环境保护部核事故应急预案》和《环境保护部辐射事故应急预案》等。针对奥运、国庆等重大活动,环境保护部组织制定实施了《环境保护部北京奥运会期间处置核与辐射恐怖袭击事件应急预案》、《世博会期间核与辐射突发事件应急监测实施程序》、《广州亚运会期间核与辐射突发事件应急监测实施程序》等专项预案和应急程序。全国核与辐射安全监管系统新购置了一批应急监测车辆及设备。该批应急监测车集成了 GPS、GIS 系统,可以实现连续 γ 辐射剂量率测量、γ核素能谱测量、气溶胶采样、I—131采样与测量、自动气象参数测量、GPS定位、实时数据远程移动通讯，能根据事故发生的情况，快速反应并监测可能的放射性核素，为应急决策及处置服务。

（二）加强了核应急培训和演练

2009年，国家核安全局参加了"神盾—2009"首次国家核事故应急演习，全面启动各级核应急组织，演练突出实战要求，检验应急指挥体系运作的有效性、应急人员响应行动的合理性、应急预案的可操作性，锻炼了队伍，磨合了机制。组织开展了全国辐射应急监测技术和全国民用核设施应急人员专业技术等培训。

（三）成功处置和应对了汶川大地震、日本福岛核事故等突发辐射事件

在2008年5月12日汶川地震发生后几分钟内，国家核安全局负责人在第一时间发布指令进行应急和抗震救灾工作部署，各省（区、市）辐射环境监测单位立即响应，启动相应的应急监测程序积极开展各项辐射应急监测和抗震救灾工作。四川、浙江、陕西、湖北、广西、重庆和广东等省（区、市）辐射站的应急技术人员，临危不乱，勇往直前，从5月12日当晚开始一直持续到6月底，对重点核设施、灾区饮用水源、广元青川关庄镇地区等开展了辐射应急监测等工作。经过艰苦奋斗，共同努力，环境保护部及时得到了地震期间有关的辐射环境质量和应急监测结果，编制了地震对我国辐射环境影响的专题报告，为国家决策提供了强有力的依据。

2011年3月11日，日本发生福岛核事故后，环境保护部迅速落实中央领导的重要指示和批示，迅即启动核事故应急机制，设立应急指挥部，调集核与辐射安全中心、辐射监测技术中心、华北、华东、华南、西南、东北和西北6个核与辐射安全监督站及各省（区、市）环境保护厅（局）及其所属的辐射环境监测机构等相关部门进入应急状态，一是密切跟踪、分析研判日本福岛核事故进程，积极研究并采取有效应对措施。二是持续开展了辐射环境监测。环境保护部（国家核安全局）组

织各级环保部门投入辐射应急监测人员逾千人,投入辐射自动监测站、高纯锗伽玛能谱、超大流量采样器等大型监测设备160多台套,监测项目覆盖了31个省区市的42个城市空气吸收剂量率连续监测和38个城市空气样品人工放射性核素伽玛能谱分析,2个高灵敏惰性气体氙的预警监测,在我国的东、中、西、南部设立土壤、水源地、沉降灰、生物样品监控点,进行人工放射性核素分析,在20个沿海城市还实施了环境γ辐射空气吸收剂量率移动监测。三是积极推进和实施信息公开。在环境保护部政府网站第一时间公布监测结果并每天更新全国31个省区市空气中放射性碘、铯的监测数据。

（四）圆满完成了重大活动的各项应急任务

圆满完成了北京奥运会、新中国成立六十周年、上海世博会和广州亚运会等重大活动及场所的应急备勤和应急监测工作任务。在举世瞩目的北京奥运会、残奥会举办期间,辖区内有奥运场馆的北京、天津、上海、山东、河北、辽宁等6个省市的辐射站、环境保护部辐射环境监测技术中心及对口支援的各省辐射监测机构,根据环境保护部应急响应指令和工作部署,制定和完善了有针对性的核与辐射应急监测预案,配备了先进的监测设备和骨干监测人员,积极开展应急监测培训与演练。应急人员每天坚持开展辐射环境监测,报告奥运城市环境质量,完成了其有史以来责任最重、历时最长、范围最广、要求最高的一次围绕奥运场馆辐射安全保障和奥运反恐应急备勤任务,为平安奥运作出了突出贡献。针对六十周年国庆期间的辐射安全和应急,组织开展了"北京护城河"专项督查行动,对发现的问题和隐患迅速查处,并整改到位。核安全技术中心、浙江省辐射环境监测站和中国原子能科学研究院分别组建一支辐射应急监测组,作为京区备勤分队,24小时待命。建立零报告制度、日报制度和周报制度,北京、天津、河北及新疆等省(市、区)的环保厅(局)每日向环境保护部核与辐射应急办公室报告,其他省(市、区)的环保厅(局)每周一上午向环境保护部核与辐射应急办公室报告,确保了国庆期间核与辐射的环境安全。世博会应急备勤为期

189天,实行24小时不间断值勤制度,先后共有60余人次参加应急值班工作,完成应急监测数据上报189次,保证了上海世博会期间的辐射环境安全。广州亚运会应急备勤为期3周,应急监测工作人员严格按照"应急监测实施程序"要求,每天2次对车载大型设备和便携式设备的工作状态进行周密的检查,确保仪器处于正常状态,并于每天16时准时收取γ辐射24小时连续数据,顺利完成了亚运应急监测备勤的各项工作任务,保证了广州亚运会期间的辐射环境安全。

第三节 高度重视放射性污染防治

一、规范放射性物品运输管理

(一)加强法规制度建设

随着核能和核技术的广泛应用,放射性物品的运输安全问题越来越突出。为了保证放射性物品运输过程中的辐射安全和实现放射性物品的有效控制,环境保护部起草了《放射性物品运输安全管理条例》,经国务院常务会议通过并公布,2010年1月1日起开始实施。

为落实《放射性物品运输安全管理条例》规定的各项要求,保证放射性物品运输安全,环境保护部组织制定了相应部门规章,包括《放射性物品运输行政许可管理办法》、《放射性物品运输安全监督管理办法》等。

此外,环境保护部还配合交通运输部制定了《放射性物品道路运输管理规定》;配合公安部起草了《放射性物品道路运输审批规定》;配合民航局制定了《放射性物品航空管理办法》;与海关联合下发放射性物品进出境运输管理文件。

(二)强化标准程序建设

为有效开展放射性物品运输相关审批工作,环境保护部制定发布了各类标准程序,其中相关标准包括《放射性物品运输容器设计安全评价(分析)报告的标准格式和内容》、《放射性物品运输的核与辐射安全分析报告书的标准格式和内容》和《放射性物品运输容器安全性能评价》。相关程序包括《一类放射性物品运输容器设计批准书取证（延续、变更）申请审批程序》、《一类放射性物品运输容器制造许可证取证（延续、变更）申请审批程序》、《一类放射性物品运输核与辐射安全分析报告申请审批程序》、《进口一类放射性物品运输容器使用批准书的申请审批程序》和《二类放射性物品运输容器设计制造及使用备案程序》。

（三）规范放射性物品运输行政审批

自《放射性物品运输安全管理条例》发布以来，环境保护部按照既定程序，依据各项标准受理各类放射性物品运输相关申请，批准了10项一类放射性物品运输容器设计，向三家单位颁发了一类放射性物品运输容器制造许可证，审批了40项次放射性物品运输活动。目前，全国放射性物品运输核与辐射安全风险处于受控状态，未发生辐射安全与环境安全事件。

二、严格实施放射性废物安全监管

（一）加强放射性废物管理，积极推动遗留放射性废物处理和处置

《放射性废物安全管理条例》于2011年11月30日经国务院第183次常务会议通过并公布，2012年3月1日起施行。2008年汶川"5·12"地震后，国家加大了军工核设施退役和历史遗留放射性废物治理力度，国务院批复实施了《核安全与放射性污染防治规划》和《部分重点单位中长期退役治理规划》。针对部分重点的核设施退役和放射性废物治理项目以及其他放射性废物处理处置项目，环境保护部开辟了"快速通道"，为加速核设施退役和放射性废物治理提供了保障。

（二）积极推动处置场建设和运行管理

国家核安全局完成了西北和广东北龙低、中放固体废物处置场的运行许可证审批，完成了四川飞凤山低、中放废物处置场的选址审批，正在开展四川飞凤山低、中放废物处置场建造阶段。环境保护部广东

遥田低、中放固体废物处置场选址阶段环境影响报告书的审查。积极推动华东地区（浙江、福建）的低、中水放射性废物处置场的规划选址工作，同时鼓励三大核电集团在核电选址过程中积极考虑低、中水平放射性固体废物处置场的选址，目前中核、中广核、中电投分别在浙江、福建、广东粤北和山东海阳等区域开展有关选址工作，并已取得一定进展。

（三）开展放射性污染与辐射环境调查

环境保护部完成了包头及白云鄂博伴生放射性污染和辐射环境调查，自2007年组织开展这项工作以来，已完成航测、巡测、取样分析及辐射环境评价工作。通过组织开展这项工作，基本摸清了包头市和白云鄂博受到包头钢铁矿开采和冶炼的放射性污染现状、污染源项、污染的主要途径等重要信息。针对伴生放射性矿开发利用中的放射性污染问题，先期安排清华大学、中国原子能科学研究院、中国辐射防护研究院开展重点省份（云南、新疆等）伴生矿放射性污染调查。组织起草了伴生放射性矿开发利用的辐射安全监督管理办法（征求意见稿）。从2011年开始，组织部分单位开展了《全国核基地与核设施环境放射性污染现状调查与评价》工作，该项目的实施对于全面掌握全国核基地与核设施环境放射性污染现状，促进全国核基地与核设施放射性污染治理，提高全国核基地与核设施环境核与辐射安全和监管水平，保障环境、社会和人员的安全具有重大意义。

三、确保核技术利用安全

（一）核技术利用辐射安全监管法规体系基本建成，技术标准和规范建设逐步推进

自2003年《中华人民共和国放射性污染防治法》（简称《放污法》）颁布实施以来，环境保护部按照《放污法》的规定，对核设施、核技术利用等放射性污染防治工作实施统一监管，初步理顺了核技术利用单位此前的多头管理、职责不清等问题。国务院进一步针对放射性同位素

与射线装置有关许可和辐射安全等颁布了《放射性同位素与射线装置安全和防护条例》,规范和调整核技术利用单位以及监管部门的法律责任。环境保护部按照法规规定切实履责,先后制定颁布了《放射性同位素与射线装置安全许可管理办法》(简称《许可管理办法》)、《放射性同位素与射线装置安全和防护管理办法》、《放射源分类办法》、《射线装置分类办法》。制定修订《γ辐照装置的辐射防护与安全规范》(GB10252—2009)、《γ辐照装置设计建造和使用规范》(GB17568—2008)等十余项相关技术标准。为规范环保系统内部监管行为,还颁布了《环境保护部辐射安全与防护监督检查大纲》,下发了《环境保护部辐射安全与防护监督检查技术程序》。

(二)辐射安全监管体系初步建成,监管能力逐步增强

2005年12月1日,国务院《放射性同位素与射线装置安全和防护条例》实施以来,国家环保总局及时出台《许可管理办法》,有效推进了核技术利用单位纳入政府监管,极大地降低了核技术利用项目可能对环境、公众以及职业人员造成的潜在风险。将核技术利用项目中使用的放射源和射线装置,按照它们在运行中的潜在风险大小分别分为5类和3类,从而使我国核技术利用单位的二级(国家、省)发证,四级(国家、省、市、县)监管的辐射安全管理体系得以实施,使有限的行政资源得以充分有效地发挥作用。同时,国家不断加大经费投入,仅在"十一五"期间,国家财政就投入4.13亿元专项资金,在全国开展城市放射性废物库及配套实验室建设,地方累计投资7.36亿元,建设32座城市放射性废物库及配套设施,极大提升了废旧放射源的收贮能力。

(三)核技术利用事业蓬勃发展,固有安全性得以有效提高

截至2011年12月31日,全国核技术利用单位共有55506家,已全部纳入国家和省级环保部门的监管体系。其中涉及放射源生产、销售、使用的单位11703家。在用放射源97075枚,在用射线装置103084台。由环境保护部法定监管的单位(生产放射性同位素;销售和使用Ⅰ类放射源;销售和使用Ⅰ类射线装置;甲级非密封放射物质工作场

所)共 677 家。各省(区、市)城市放射性废物库已收贮废旧放射源
21564 枚,已转运或收贮至国家放射源集中暂存库的废旧放射源 79500
枚。几年来,通过几次大的专项行动和日常的监督,核技术利用单位的
固有安全性得到持续改进,确保了我国环境、公众以及职业人员的辐射
安全。

(四)辐射事故逐年下降

近 5 年统计表明,丢源事故发生在水泥厂的有 51 起、移动探伤的
9 起、地勘地矿的 10 起、金属或不锈钢制品的 13 起、医院的 3 起、煤矿
的 3 起,其他的 2 起,辐射事故发生率呈逐年下降趋势。

第十二章　环保行政体制与机关党建工作

党的十六大以来,环境保护部门能力建设取得了长足的进步。国家环保总局升格为环境保护部,干部工作与人才建设不断加强,机构编制能力建设不断强化,全国环保队伍持续壮大,直属单位专业技术人员素质稳步提高,环境保护组织人事工作的科学化水平不断提高,选人用人工作满意度稳步提升,为环保事业的发展打下坚实的组织基础。同时,环境保护部党组认真贯彻落实中央决策部署,不断加强思想理论建设和基层党组织建设,深入开展党风廉政建设和反腐败工作,党的创造力、凝聚力和战斗力不断增强,环境保护部机关党建工作取得良好成效,为各项环保业务工作提供了坚强的思想政治保证。

第一节　改革和加强环保体制

党的十六大以来,党中央、国务院对加强环境保护作出一系列重要部署,环境保护真正进入了国家政治经济社会生活的主干线、主战场和大舞台。环境保护部组织人事工作按照中央要求和党组部署,紧紧围绕贯彻落实科学发展观、加快转变经济发展方式和提高生态文明水平新要求谋划改革思路,紧扣推进环境保护历史性转变、积极探索环保新道路的战略思想和实践活动制定改革目标,紧抓职能扩展、编制增加的历史机遇确定改革任务,针对部系统干部队伍实际情况提出改革举措、积极进取、深化改革、狠抓落实、扎实推进,工作科学化水平不断提高,选人用人工作满意度稳步提升,为环保事业的科学发展提供了坚强组织保证。

一、国家环保总局升格为环境保护部

2008 年 3 月,十一届全国人大一次会议在《国务院机构改革方案》说明中明确,为加大环境保护政策、规划和重大问题的统筹力度,决定组建环境保护部。这使原国家环保总局成为 2008 年机构改革中唯一由国务院直属机构提升为国务院组成部门的机构。2008 年 7 月,国务院办公厅印发环境保护部"三定"方案,环境保护部在原国家环保总局的基础上,强化了综合与协调职能,增设了 1 名总工程师、1 名核安全总工程师和 3 个机构,并增加了 50 名编制。环保总局升格为环境保护部,标志着中国环境保护体制进入一个新的历史时期。

二、干部工作与人才建设取得新成效

(一)着眼于增强推进环境保护历史性转变和积极探索环保新道路的意识和能力,在加大竞争、培养锻炼、深化改革上下功夫,环境保护部司处级领导班子和干部队伍建设取得新成效

抓住深化干部人事制度改革的机遇,把深化干部人事制度改革作为加强干部队伍建设的根本途径,坚持德才兼备、以德为先用人标准,按照"安排好老同志,使用好中年同志,培养好青年同志"总体思路,积极探索,稳妥推进,选贤任能,优化结构,增强功能。截至 2011 年年底,环境保护部系统司局级干部平均年龄 49.5 岁,最年轻的 38 岁;机关处级干部平均年龄 42.3 岁,最年轻的 32 岁,司局级干部具有硕士学位以上的达 60%。

1. 以竞争性选拔为主要方式,坚持"常态化、广覆盖",形成优秀人才不断涌现的新局面

在抓好日常干部选拔配备工作的同时,把竞争性选拔作为深化干部人事制度改革的重要方式,明确提出部机关副司局级以下领导职位

原则上要通过竞争性选拔方式产生,部属单位处级干部选拔原则上也要采取竞争性选拔方式产生。目前,竞争性选拔在部机关、部属单位已蔚然成风,机关80%以上的处级领导干部通过竞争性选拔产生,激发了干部队伍活力,优化了干部队伍结构。

规范制度,细化程序。环境保护部印发《环境保护部机关人事工作办法(试行)》、《环境保护部派出机构人事工作办法(试行)》等综合制度,研究起草《环境保护部竞争性选拔干部办法》,使工作有章可循。每次竞争性选拔都制定《实施方案》,细化操作流程,严格按照方案开展工作。

多措并举,科学设计。2008年以来,环境保护部采取"一述三荐一差额"的竞争性方式,在部系统内选任了部总工程师、总量司司长、监测司司长、应急中心主任、华北督查中心主任等重要岗位领导干部。2006、2010年,面向全国共公开选拔了26名副司局级干部,这是中央国家机关拿出较多职位面向全社会选拔副司局级领导干部的有益尝试,中组部《深化干部人事制度改革》简报作了报道。2008、2009年,在部机关范围内通过竞争性选拔方式,两次共选拔任用55名处级干部,推动了机关处级干部队伍建设。

扩大民主,推进公开。在竞争性选拔中,做到竞争职位、任职条件、竞争程序、考察预告、任职公示等公开,注重群众公论,主动接受群众监督。公开选拔面试过程在部机关内网同步直播,任职公示不但发布干部照片、简历,还公布笔试、面试综合成绩、职位排名以及民主测评优秀称职率等内容。在应急中心副主任竞争性选拔工作中,组织召开应急中心副主任竞争性选拔暨干部人事工作信息通报会,在部机关内网"亮"出竞争人员简要情况,"晒"出近三年主要工作业绩,增进干部群众了解。

2. 以提高综合素质和能力为导向,坚持"多措并举、突出重点",形成充满生机活力的干部培养新局面

坚持重在实践锻炼的培养方针、重在培养的工作思路,采取综合措

施培养锻炼干部,为干部成长发展提供保障。

拓宽交流渠道,推动干部交流。在做好机关和部属单位干部交流轮岗的基础上,重点推动了"一把手"交流、重点岗位干部交流和培养性交流。完善制度,规范管理,印发《环境保护部部管干部交流任职管理办法》。党的十七大以来,干部交流轮岗达260人次,其中司局级干部95人次,机关内部交流78人次,部属单位之间交流129人次,与系统外交流53人次,激发了干部热情,调动了工作积极性。

强化基层导向,推动干部在基层历练成长。按照中央要求完成援疆援藏干部、博士服务团成员、灾后重建干部选派的同时,积极选派干部到地方政府和企业挂职锻炼。党的十六大以来,共选派74名干部到艰苦地区、重要岗位挂职锻炼。新疆、西藏、青海、广西等西部艰苦地区成为选派的重点。对挂职干部严格要求,严格管理,很多干部通过挂职锻炼得到提拔使用。现在,部机关2/3以上的司局级领导干部具有两年以上基层工作经历。

突出重点对象,加快年轻干部和后备干部的选拔培养。环境保护部印发《环境保护部司局级后备干部工作规定(试行)》、《关于加强培养选拔年轻干部工作的意见》,统筹环境保护部年轻干部的培养、选拔、管理和使用工作。先后在2009年、2011年两次结合年度考核开展司局级后备干部推荐考察和调整补充,总体上形成了数量比较充足、结构比较合理、综合素质较高的司局级后备干部队伍。落实后备干部培训计划,在井冈山、延安干部学院举办部属单位新任职司局级干部和后备干部培训班,进行革命传统教育,提高思想政治素质,先后有84名同志得到培训。

3. 以转换用人机制为保障,坚持"岗位管理、合同管理",形成总量调控、监管有力的新局面

按照加快推进事业单位分类改革的总体要求,环境保护部制定实施《环境保护部直属单位人事工作办法(试行)》、《关于进一步深化部属事业单位人事制度改革的实施意见》,深入推进事业单位干部人事

制度改革,为做大技术支撑体系提供了重要保证。

规范公开招聘工作。环境保护部制定《环境保护部事业单位公开招聘工作实施办法(试行)》,坚持统一管理与确保单位用人自主权相结合,用人单位提出应届毕业生招录岗位和应聘条件后,统一发布公告、统一资格审核、统一命制试题、统一笔试、统一确定面试名单,用人单位自行组织面试、考察、体检,确定拟录用人选,做到"凡进必考"、好中选优。10年累计录用998名事业单位工作人员。

扎实开展合同管理。环境保护部坚持以工作岗位为基础,以岗位责任为核心,与聘用人员签订合同,实现固定用人到合同用人的转变,依法进行管理。坚持在编人员和聘用人员一视同仁,实现同工同酬,努力为单位健康稳定发展运行提供基本保障。加强聘期管理,严格聘期考核,对合同期限实行差别化管理,稳定骨干人才和优秀人才。积极支持部属新闻出版单位转企改制,及时调整干部管理方式。

稳步推进岗位设置。按照总体控制、统筹兼顾、实事求是、先入轨后完善的原则,环境保护部制定了《环境保护部事业单位岗位设置管理实施方案》、《部属事业单位岗位设置有关问题的说明》和《部属事业单位专业技术二级岗位申报条件和竞聘工作程序(试行)》,提出了较为科学的专业技术岗位总量控制目标。

4. 以保障选贤任能为目标,坚持"从严管理、从严查处",形成风清气正的新局面

环境保护部认真贯彻落实四项监督制度,制定《环境保护部干部人事工作监督办法(试行)》,着力建立健全强化预防、及时发现、严肃纠正的干部管理监督工作机制,提高干部管理监督工作水平,促进干部健康成长。

严格思想教育,强化自律意识。把领导班子思想建设摆在突出位置,举办领导干部专题研讨班,突出抓好对"三个代表"重要思想、科学发展观和生态文明的学习教育。通过开展"党性教育年"、"廉政教育月"活动,运用正反两个方面的典型激励和警示干部群众。认真学习

杨善洲、李林森、田洪光等先进模范人物,教育、引导干部群众牢固树立正确的世界观、人生观、价值观,筑牢思想防线。配合有关部门召开部党风廉政和反腐倡廉会议,深入开展警示教育。

严格落实制度,强化组织监督。认真落实个人有关事项报告、经济责任审计等制度,实现监督"关口"前移。加强与各级党组织和纪检监察部门的协同配合,形成监督合力。在竞争性选拔工作民主测评环节,增加是否有拉票行为内容,增强威慑力。实施拟提拔干部廉政报告制度,对公开选拔中被列为考察对象的干部,从京外调入、从基层遴选的干部,按干部管理权限征求所在单位廉政意见,防止干部带病上岗。全面开展干部选拔任用"一报告两评议",并在部系统通报评议情况,督促有关单位及时整改。2011年部属单位干部选拔任用工作成效明显,新提拔任用干部的群众满意度稳步提高。

严格调查核实,强化纪律监督。对群众反映的干部选拔任用问题认真调查核实,对违反组织人事纪律的,发现一起,查处一起,并对有关责任人作出严肃处理,增强了各单位认真贯彻执行干部政策法规的意识,保证了法纪约束的权威。

(二)着眼于为环保事业发展提供有力支持,在加强规划、高端引领、强化培训上下功夫,环保人才队伍建设取得新成果

环保部门抓住实施人才强国战略和落实国家中长期人才发展规划纲要、干部教育培训改革纲要机遇,牢固树立"人力资源是第一资源"理念,着力构建用事业凝聚人才、用制度保障人才、用培训培养人才、用激励调动人才的格局,推动人才队伍建设再上新台阶。

1. 强化顶层设计,完善人才政策。为落实人才强国战略和党管干部原则,2003年环境保护部印发了《关于加强全国环境保护系统人才队伍建设的若干意见》,确立了新时期人才工作的总体思路。党的十七大以后,环境保护部成立环境保护人才队伍建设战略研究领导小组,完成《环境保护人才队伍建设战略研究》报告,印发《关于加强环保人才队伍建设工作的意见》。组织有关部委编制《生态环境保护人才发

展中长期规划(2010—2020年)》,经中央人才工作协调领导小组审定印发。按照全国人才资源统计工作小组部署,牵头7部委开展生态环境保护人才资源统计工作,首次全面统计我国生态环境保护人才情况,分别形成全国生态环境保护、全国环保系统及环保部系统三个人才资源分析报告。修改完善"百名环保人才工程"实施办法,形成了比较系统、完备的人才政策体系。

2. 实施人才工程,创新选拔机制。环境保护部以"做大底部、做强中间、做精高端"为原则,统筹推进各类环保人才队伍建设,优化人才发展。启动开展"百名环保人才工程",重点引进和培养高层次人才,通过国家"千人计划"引进2名海外高层次人才。创新人才选拔方式,修改完善高级职称评审定量考核赋分标准,不断提高职称评审质量。目前,全国环保系统从业人员18万人,比2002年增加了5万人。大专以上学历比例达82%,比2002年提高了20个百分点。环境保护部系统现有8名中国工程院院士,11名中央联系高级专家,157人享受政府特殊津贴,830名高级专业技术人员,8人入选"新世纪百千万人才工程"国家人选。

3. 加强培养培训,提高人才素质。一是注重规划引领。坚持规划先行,环境保护部先后印发《2001—2005年全国环保干部教育培训规划》、《2006—2010年全国环保干部教育培训规划》、《全国环保系统2008—2012年大规模培训干部工作的实施意见》,对干部培训工作作出部署,规范培训管理工作。二是注重教材编写。出版发行第三批全国干部学习培训教材《生态文明建设与可持续发展》,编辑出版《领导干部环境保护知识读本》,编撰《环保基础知识教程》,精选2008—2010年部系统干部培训成果,编印《探索中国环境保护新道路的若干思考》。三是注重扩大规模。在做好组织调训、任职培训工作的同时,坚持分级分类培训,更加突出西部,突出基层,突出境外培训,突出自主选学,提高培训效果。作为中央和国家机关司局级干部自主选学的试点部委之一,环境保护部有276人(次)选报近1.2万学时。环境保护部加大向部属单位、处级、科级干部的培训倾斜力度,以"走进革命老区、坚定理想信念、推进生态文明"为主题分期分批对部机关处级干部进行轮训;举办科级干部"进基层同劳动、学先进长才干"专题培训班,受到好评。党的十六大以来,部机关主办各类培训超过 30 万人次,其中干部培训 1.5 万人次。境外培训派出团组 240 个,2800 人次参加,取得良好效果。四是注重创新方式。每年召开全国环保系统干部培训会议暨培训班,交流培训工作经验,提高工作水平。起草《环境保护部干部培训工作指导规范》,提高培训管理能力。加强调查研究,提高培训工作针对性。根据学员任职年限和工作经历,改革地市级环保局长岗位培训班模式,取得较好效果。

4. 加大表彰力度,增强人才活力。2010 年,环境保护部在全国环保系统组织开展了全国环境监测技术大比武,获得大比武个人总分第一名的选手被全国总工会授予"全国五一劳动奖章"。完成了北京奥运会残奥会、庆祝新中国成立 60 周年、上海世博会、广州亚运会亚残运会、深圳大运会等先进表彰推荐工作,完成了"十一五"期间全国环保系统先进集体和先进工作者表彰工作,组织受表彰的 110 家单位代表和 56 名个人参加了第七次全国环保大会,在全国环保系统营造了尊重劳动、尊重知识、尊重人才的良好氛围。

三、机构编制能力建设不断加强

近年来,环境保护部抓住深化行政体制改革的机遇,坚持精简统一效能原则,积极探索,加强协调,着力解决体制机制方面的突出问题,不断做大做强支撑保障体系,取得了可喜的成绩。

(一)环境保护部着眼于做大做强支撑保障体系,在增加编制、理顺体制、创新机制上下功夫,机构编制能力建设取得新突破

1. 机构编制能力建设取得积极进展。经积极协调,环境保护部内设机构和人员编制显著增加。2003 年,原国家环保总局设立环境影响评价管理司和环境监察局,促进了环评和环境监察队伍建设,增强了环

保部门宏观调控和监督执法的能力。同时,明确由环保总局负责辐射源安全监管、生物物种资源(含遗传资源)保护,进一步强化了环保部门的职能。2008年,国务院组建环境保护部,环保地位进一步提升,宏观管理能力进一步加强。2011年,抓住应对日本福岛核事故机遇,经过努力,环境保护部机关增加核安全监管内设机构、领导职数和行政编制,核与辐射安全监管能力大幅提升。在各级党委、政府重视下,地方环保部门机构能力也得到了提升,成为政府组成部门,机构和人员力量不断得到加强。2010年年底与2002年年底相比,全国环保系统机构增加了8.9%,人员增加了26%。

2. 积极推进环保职能法定工作。积极配合开展部门组织立法和《环保法》修订,认真梳理《环保法》颁布实施以来环保体制变化、职能发展情况及今后趋势,提出建立国家环境监察制度、强化生态保护职能等建议,多次与有关部门沟通协调,取得理解和支持。经积极协调,国务院2005年、2011年分别印发的《关于落实科学发展观加强环境保护的决定》《关于加强环境保护重点工作的意见》,专门对环境管理体制机制提出新要求,为今后工作指明了方向。研究制定《环境保护部机构编制管理办法》、《环境保护部社会团体管理办法(试行)》等规章制度,增强了环境保护部系统机构编制工作的规范性。

3. 进一步完善环境监管体制。在试点的基础上,建立健全6个区域环境督查派出机构和6个区域核与辐射安全监督派出机构,环境保护与核与辐射安全监管体系进一步完善,监管能力进一步拓展。积极指导推动各地环保部门建立相应环保监管体制,为解决区域性、流域性环境问题提供了组织保障。各设区城市积极探索创新环保体制机制,目前全国有35%的设区城市实行了环保派出机构监管模式。

4. 稳妥开展事业单位改革。适应环保工作需要,环境保护部成立了卫星环境应用中心、中国—东盟环境保护合作中心、中国生态文明研究与促进会3个单位。环境保护部认真落实中央要求,成立环境保护部事业单位分类改革工作领导机构,全面部署事业单位清理规范和分类工作,研究提出解决部属事业单位历史遗留问题建议,稳妥推进事业单位分类改革。

5. 不断创新环保管理体制。环境保护部在与部门合作,与地方共建中积极创新环保管理体制。建立国家环境特约监察员制度并聘任首届 10 名代表。调整完善全国环境保护部际联席会议制度,成立中国生物多样性保护国家委员会,建立了重金属污染防治、三峡库区及其上游水污染防治等部际协调机制,与国家海洋局等部门以及多个省(区、市)签署合作协议,与发展改革等部门建立相关工作机制,促进了部门、地方之间的协作。

(二)着眼于建设模范部门、打造过硬队伍,在增强党性、提升能力、改进作风上下功夫,环境保护部自身建设取得新进步

近年来,环境保护部抓住"树组工干部形象"、"讲党性、重品行、作表率"等主题活动机遇,深化创先争优,打造过硬队伍、建设模范部门。

1. 加强党性锻炼,提高能力素质。按照建设学习型党组织的要求,环境保护部组织人事工作始终把思想政治建设摆在自身建设的首位,坚持不懈地深入开展政治理论学习和党性教育。一是学习理论,武装头脑。把党的路线方针政策和中央有关会议精神作为指路灯塔,重点学习"三个代表"重要思想、科学发展观、环境保护历史性转变、第七次全国环境保护大会和 2012 年全国环境保护工作会议精神、组织工作科学化的内涵实质,自觉同党中央保持高度一致。通过进行集中学习,举办人事业务培训,开展"讲业务、学政策、促工作"活动,深入开展体制机制和干部队伍建设前瞻性研究等方式,积极掀起"头脑风暴",在强化学习研究中知大局、懂本行、干实事。二是学习典型,提升党性修养。通过参观中央组织部部史部风展、学习红旗渠精神等现场党课,内化为党性,外化于行动。把沈浩、李林森、环保卫士田洪光、孟祥民等典型的先进事迹作为加强自身建设的生动教材,部领导带头学习并作辅导报告,广泛宣传典型先进事迹,组织部系统人事部门开展"学先进、见行动"活动,向榜样学习。新华社《国内动态清样》、中央创先办简

报、国家机关工委信息交流作了专题报道。三是学习基层,明确工作方向。把基层作为最好的课堂,把群众作为最好的老师,组织开展党日活动50余次,到汶川大地震灾区调研,与河北保定等基层联系点的党员一起过组织生活,面对面倾听基层群众诉求。四是学习业务,提升能力素质。每月召开工作调度会,举办解放思想研讨班、务虚会,组织科级干部座谈会,研讨业务,沟通思想,推动工作。通过"竞岗、轮岗、遴选、挂职、学习锻炼"等方式,注重在多岗位上历练,在实践中培养,不断提高干部的能力素质。

　　2. 转变工作作风,提高服务水平。一是让群众了解。通过"举办一个展览、开设一个网络专栏、刊登一系列专题报道、做好一批政策解读、开展一次问卷调查"等形式的重点宣传月活动,编发《环境保护部干部人事政策文件汇编》,促进干部了解人事工作。召开干部人事工作信息通报会,介绍人事工作最新进展,反馈意见建议落实情况,取得良好效果。编印《中国环境保护事业30年》、《践行科学发展观　探索环保新道路》等书籍,编发《环保人事工作通讯》23期,简报300余期,汇编环境保护部系统创先争优活动经验交流材料,加强干部人事工作信息交流,提高干部群众对人事工作的知晓率。人民日报、新华社、中国组织人事报、党建杂志等中央重要媒体刊发了环境保护部人事工作的一些主要做法和成效,扩大了影响。二是问群众需求。召开机关提高选人用人满意度工作座谈会和机关、派出机构、直属单位领导干部座谈会,开通干部人事工作信箱,认真听取干部意见建议。同时,采取专题调研、座谈走访等形式,深入部属单位和基层一线调研,征求意见建议,解决实际问题。三是帮群众解难。开展谈心谈话活动,努力做好干部思想工作。及时办理干部配偶调京手续,做好在外挂职锻炼、技术援助干部的服务工作,定期了解情况、组织慰问等,帮助解决后顾之忧,让干部群众感受到组织温暖。

　　3. 从严要求自己,强化清正廉洁。环境保护部每年召开民主生活会,成为大家深刻剖析、共同进步的大课堂。环境保护部积极开展"廉政教育月"活动,学习"贯彻落实《关于实行党风廉政建设责任制的规定》"等专题辅导报告,结合实际开展讨论,撰写学习体会,深化党性廉政纪律教育,筑牢拒腐防变的思想道德防线。严格执行党风廉政建设的各项规定,认真遵守《廉政准则》和组工干部"十严禁"纪律要求,全面查找廉政风险点,评估风险等级,制定防范措施,建立健全权力运行监控机制,让干部守住警戒线,不碰高压线,打造守纪最严、作风最正的模范部门。

4. 加强基层党组织建设,提高党建水平。积极推动环境保护部系统保持共产党员先进性教育、深入实践科学发展观活动和创先争优活动,组织召开环境保护部 2010 年年度考核表彰暨"创先争优"经验交流会。积极协调部分部属单位成立党组(临时党委),印发实施《环境保护部派出机构党组工作规则(试行)》,加强基层党组织建设。

经努力,2012 年环境保护部组织工作满意度各项指标民调结果与2010 年相比,干部选拔任用的满意度提高 0.32 分;防止和纠正用人不正之风满意度提高 3.13 分;对组工干部的满意度提高 3.64 分;对组织工作的满意度提高 6.27 分。

四、全国环保队伍持续壮大

截至 2010 年年底,全国环保系统共有 12849 个机构,193911 人,其中,县级及以上行政主管机构 3175 个,人员 45938 人;监察机构 3060个,人员 62468 名;监测机构 2587 个,人员 56468 名;科研机构 237 个,人员 6498 名;宣教机构 149 个,人员 1286 名;信息机构 150 个,人员1055 名;乡镇环保机构 1892 个,人员 7154 名。5.7% 的人员具有高级职称,14.2% 具有中级职称,17.3% 具有初级职称。81.2% 以上具有大专及以上学历。

五、直属单位专业技术人员素质稳步提高

截至 2010 年年底,全国环保系统专业技术人员共 83332 人,其中

具有正高职称1393人,占专业技术人员总数的1.67%,正高占全部高级专业技术人员8681人的16.05%;副高7288人,占专业技术人员总数的8.75%,中级17999人,占专业技术人员总数的21.60%,初级及以下56652人,占专业技术人员总数的67.98%,其中博士843人,占专业技术人员总数的1.01%,硕士5895人,占专业技术人员总数的7.07%,大学本科34922人,占专业技术人员总数的41.91%,大专及以下41672人,占专业技术人员总数的50.00%。

六、环境保护组织人事工作的认识和体会

（一）必须牢牢把握为探索环保新道路、促进环保科学发展提供组织保障这一根本方向

实践证明,围绕中心、服务大局始终是组织人事工作必须坚持的基本要求,必须遵循的工作理念。当前,组织人事工作服务中心任务,最根本的就是要为提高生态文明水平,积极探索环保新道路建机构、理职能,选干部、配班子,建队伍、聚人才。组织人事工作服务中心任务,必须关注形势发展,围绕中央和环保部党组的重大决策部署,主动了解中心、融入中心、服务中心,找准发挥作用、体现作为的切入点,努力把编制资源、干部资源和人才资源转化为发展资源,为环保事业的科学发展提供坚强的组织保证。

（二）必须牢牢把握深入推进组织人事工作改革创新这一根本动力

党的十六大以来,环保干部人事工作有一个显著的特点,就是始终坚持改革创新。实践表明,人事工作要取得新进步、实现新突破,要以创新的姿态抢抓机遇,审时度势,立足当前,着眼长远;要以创新的思路来超前研究谋划、设计安排,见微知著,持续推进;要以创新的方法来推进,切实改进领导方式和工作方法,把握好工作的重点、时机、力度和节奏,谨慎操作,区别对待,涉及发展趋势的,提早谋划,难度较大的,要积极试点,比较成熟的,要大力推进;要创新工作机制,树立"大组工"、

"大服务"的观念,善于整合资源,在大格局中开展人事工作,确保工作落实。

(三)必须牢牢把握提高组织人事工作科学化水平这一根本举措

提高组织人事工作科学化水平既是组织部门贯彻落实科学发展观的必然要求,也是加强和改进新形势下组织人事工作、提高选人用人满意度的根本举措。要抓关键,做好重点工作,解决难点问题,在领导班子建设、人才队伍建设和体制改革等重要领域、重点难点问题的改革取得突破,协调推进、整体推动人事工作向前发展。要抓细节,把质量要求体现在各个工作细节,按类别实行精细化管理,提高管理水平。要抓规范,自觉站在全系统的角度,以宽广的视野、清晰的思路和扎实的举措,及时配套中央新出台的政策规定,及时修订完善已经不适应当前情况的,及时总结归纳一些行之有效的工作做法,编制中长期规划,完善工作机制,形成相互衔接、比较完备的制度体系,才能使人事工作有章可循、规范运行,取得实效。既提高单项工作的针对性、有效性,又强化整体工作的系统性、统筹性;既要抓好制度的制定,也要抓好制度的落实,坚决维护制度的权威性。

(四)必须牢牢把握提高选人用人满意度这一根本出发点和落脚点

从根本上说,干部人事工作属于干部群众、为了干部群众,本质上就是群众工作。人事部门是服务部门,衡量人事工作的成效,关键要看环境保护部党组是否满意、干部群众是否满意。提高选人用人满意度,反映了干部群众对本单位领导班子工作的满意度,体现着党组织的凝聚力和战斗力,必须作为首要任务来抓。提高选人用人满意度必须转变作风,带着感情、带着信心、带着责任、带着追求,走进干部群众,对待干部群众,服务干部群众,才能摸到实情、听到真话、得到信任、获得支持。提高选人用人满意度是一项系统工程,必须统筹兼顾,狠抓落实,巩固拓展、深化完善干部群众认可和拥护的措施,分类分项改进薄弱环节,从干部反映最强烈的问题入手,从干部群众最关心的问题抓起,从干部群众最不满意的地方改起，扎扎实实做好每一件事，认认真真解决每一个问题，切实让干部群众感受到实实在在的变化。

（五）必须牢牢把握加强组织部门自身建设这一根本保障

十年来，环保部系统组织人事工作坚持一手抓工作，一手带队伍，按照中央要求和部党组部署，结合自身实际，先后组织开展了"树组工干部形象"、"保持共产党员先进性教育"、"讲党性、重品行、作表率"等主题活动，解决了一些思想、工作、作风等方面存在的突出问题，使广大组织人事干部的公道正派意识有了新的增强，能力素质有了新的提高。实践证明，圆满完成各项工作任务，不断提高各项工作质量，必须首先抓好自身建设，努力造就一支公道正派、作风过硬、无私奉献、敢打硬仗的组织人事干部队伍。

第二节　扎实推进机关党的建设和内部管理

党的十六大以来，环境保护部机关党建工作坚持以邓小平理论和"三个代表"重要思想为指导，深入贯彻落实科学发展观，紧紧围绕服务中心、建设队伍两大任务，全面加强党的思想建设、组织建设、作风建设、制度建设和反腐倡廉建设，党的创造力、凝聚力和战斗力不断增强，机关党建工作取得良好成效，为各项环保业务工作提供了坚强的思想政治保证。

一、认真贯彻落实中央决策部署

一是认真开展先进性教育活动。2005年1至6月，按照中央的统一部署和安排，环境保护部机关和25个直属单位共87个基层党组织、1287名党员参加了先进性教育活动。活动中，环境保护部党组高度重视，加强领导，分工负责，落实责任，成立了活动领导小组并下设办公室。活动严格按照"一步一培训，一步一部署，一步一先行，一步一督导"的要求，每个规定动作都有实施方案和培训计划等，确保活动组织得认真、开展得扎实。同时,按照胡锦涛总书记提出的先进性教育活动关键是要取得实效和把先进性教育活动办成群众满意工程的重要指示,教育活动启动后,环境保护部及时开展了"树立新形象、促进新发展"主题实践活动,按照"每个班子兴一方事业,每个单位解决一批难题,每个党员干一两件实事"的要求,坚持边学习边整改。围绕"以队伍建设为基础,努力提高干部的综合素质;以作风建设为重点,不断提高机关工作效率和水平;以体制机制制度创新为突破口,大力加强能力建设;以科学发展观为指导,统领环保工作全局;以长效工作机制建设为根本,不断推进党的先进性建设"五个方面为重点,按照马上改、限期改、逐步改、协调改4个时限要求,将266项整改措施逐项落实到具体部门和责任人。通过活动的开展,广大党员干部对共产主义理想和对中国特色社会主义的信念更坚定了,对学习实践"三个代表"重要思想的自觉性更增强了;基层党组织建设得到了进一步加强,许多同志深有体会地讲,先进性教育活动最受教育的是党员,最受实惠的是群众,最得到加强的是基层党组织;工作作风有了进一步转变,各级党组织和广大党员深入调查研究,老老实实办事,精神面貌有了新变化;议大事、抓大事能力得到了进一步提高,围绕优化经济增长和保障群众健康,不断深化环境保护,从深层次上集中研究和讨论了一批事关环保全局的重大问题,中心工作有了新开拓。

二是认真开展思想作风整顿和"五大建设"。2006年,为深入贯彻国务院《关于落实科学发展观加强环境保护的决定》和第六次全国环保大会精神,解决与历史性转变不适应、先进性教育整改不到位两大重点问题,环境保护部用两个月的时间集中开展思想作风整顿,以此为切入点,全面推进干部队伍的思想、组织、作风、业务和制度五大建设。为确保思想作风整顿切实取得成效,环境保护部党组高度重视、精心准备,通过召开座谈会、走访等形式,主动听取意见和建议。活动中,各部门、单位按照动员学习、查摆问题、整章建制、总结提高四个阶段,精心组织,认真实施。两个月的思想作风整顿,使大家进一步深化了对历史性转变的认识,做到在思想上一心一意不动摇,工作上锲而不舍不放松,作风上真抓实干不争论;通过机构调整和组建,进一步理顺职能,提高了工作效率;在认真总结松花江污染防控经验的基础上,提炼出"忠于职守、造福人民,科学严谨、求实创新,不畏艰难、无私奉献,团结协作、众志成城"的中国环保精神;党组从加强学习、加强党性修养、加强民主集中制、加强调查研究等四个方面作出加强自身建设的决定,充分发挥模范带头作用;作出了"便民高效、公开透明、接受监督、廉洁自律、公平公正、严格审批、强化验收"七项承诺,在社会上引起强烈反响;进一步改革了干部管理制度,下放管理权限,同时修订和完善了一批规章制度。在思想作风整顿的基础上,机关各部门、单位深入、持久地开展了思想、组织、作风、业务和制度五大建设,从五个方面落实长期整改、深入整改的理念,继续巩固和扩大思想作风整顿的成果。

三是认真开展深入学习实践科学发展观活动。按照中央的统一部署,2008 年下半年,环境保护部参加第一批深入学习实践科学发展观活动。学习实践活动历时半年,直属机关共有 114 个基层党组织、1848名党员参加。各级党组织紧紧围绕"党员干部受教育、科学发展上水平、人民群众得实惠"的总体要求,牢牢把握"坚持解放思想、突出实践特色、贯彻群众路线、正面教育为主"的原则,认真、扎实开展学习实践活动。部党组在活动中提出"把科学发展观作为政治信仰来追求、科学真理来坚持、行动指南来践行"的要求,先后 10 次进行专题理论学习,部机关举办了三期培训班,对 254 名干部进行专题培训,各单位、各部门共举办学习培训 154 次,培训党员干部 3599 人次。按照中央要求,各级党组织围绕破解影响发展的突出问题,深入开展调查研究,形成 118 篇调研报告。在分析检查阶段,部党组问计于民,共梳理出 125条建设性意见和建议,各单位和部门从群众中征求的意见达 1400 多条。通过调研分析,各级党组织进一步理清了发展思路,找准了影响发展的突出问题。针对存在的问题,部党组把边学边整改贯彻学习实践活动的始终,认真制定整改项目,积极落实整改责任。活动期间,部和司局领导负责解决的 31 个整改项目全部顺利完成。按照突出实践特色、解决突出问题、促进科学发展的本质要求,部党组在学习实践活动成果转化上下功夫,提出加强污染减排、强化环评审批服务等八条具体措施,为有效应对国际金融危机发挥了重要作用;提出了构建保障和促进环保事业科学发展的"六个机制";出台了《建设项目环境影响评价文件分级审批规定》等一批制度和规范性指导文件。环保系统学习实践活动扎实开展,各级党组织和党员干部在提高思想认识、明确发展方向、解决突出问题和完善体制机制等方面取得了明显成效。中央国家机关工委《信息交流》和"紫光阁"网站都对环境保护部学习实践活动进行了交流。

四是认真开展创先争优活动。2010 年 5 月以来,环境保护部认真领会中央精神、周密制订活动方案、层层建立组织机构、积极开展特色活动,深入开展创先争优活动。按照部党组制定的"五个一年一次"方案,每年开展动员部署、主题党日、综合考核、成果交流和评选表彰。在做好规定动作方面,扎实开展党员承诺活动,认真组织公示承诺、履行承诺和评议承诺等相关工作;扎实开展领导点评、群众评议活动,以"五个好"和"五带头"为指标体系,考评工作做到了所属基层党组织和党员全覆盖;扎实开展"党员先锋岗"和学习先进典型活动,共设立"党员先锋岗"2646 个、党员示范窗口 2127 个、"党员品牌工程"1365 个、党员联系点 4348 个。编印"环保卫士风采",宣传学习田洪光、孟祥民等先进人物典型事迹。在突出特色亮点方面,注重抓督促检查和分类指导。部领导对"宣教片"、"窗口单位和重点部门片"、"系统主管和主要业务部门片"、"科研和政研部门单位片"、"国际合作与社团单位片"5 个片共 37 个部门单位创先争优活动开展情况进行了实地调研,深入基层"接地气",针对不同的职能任务和特点进行分类指导,共提出有针对性的指导意见 110 余条。在提高整体水平方面,着力强化"一融入四延伸"。通过机关带系统,党组织带工青妇组织,以简报、专栏、征文、座谈交流等多种形式,把创先争优活动延伸到环保系统的每个角落。通过实施创先争优两大工程三项行动,即污染减排堡垒工程、农村环保惠民工程、环评审批整治行动和环境执法专项行动、环境突发事件应急行动,充分发挥党组织的战斗堡垒作用和党员先锋模范作用,坚持把创先争优活动融入环保中心工作。在丰富思想理论体系方面,部党组在活动之初就明确提出,要把创先争优活动作为政治责任来担当、作为内生动力来发掘、作为优秀素质来提高,逐步确立了环保系统创先争优的核心要求,就是要发扬中国环保精神。第七次全国环保大会将中国环保精神进一步升华,成为新时期环保人的核心价值取向。创先争优活动在加强队伍建设、推动中心工作、解决实际问题方面取得了实实在在的成效,得到了党中央和人民群众的高度认可。中央政治局常委、国务院副总理李克强同志就环保系统创先争优先进典型孟祥民的感人事迹,作出“对在环保一线工作的先进模范人物及其事迹应予宣传和学习”的重要批示。中央政治局委员、书记处书记、中宣部部长刘云山同志也作出“孟祥民同志事迹感人,可作重大典型推出”的重要批示。中央创先争优活动简报先后 8 次转发环境保护部建立健全创先争优长效机制等经验做法。在群众评议工作中,环境保护部直属的 45 个基层党组织中有 44 个被群众评议为“好”和“较好”,2240 名接受群众评议的党员,评议结果“好”和“较好”率 95%(含)以上占 96.43%。

二、高度重视思想理论建设

环境保护部党组高度重视思想理论建设,在实际工作中采取了大量行之有效的办法。

一是坚持抓中心组学习,充分发挥“龙头”和示范作用。制定了《关于加强和改进党委(党组)中心组学习的意见》,以中心组为“龙头”,建立了党组、党委、总支、支部四级学习机制。2008 年以来,环境保护部党组中心组按照“学习一个专题,推动一个方面工作”的要求,通过按计划学、组织专题学、围绕中心学、请专家学者辅导学等形式,集中学习 38 次,重点学习了中央一系列重要会议和领导讲话精神、《科学发展观重要论述摘编》等一系列重大理论成果。每次理论学习的收获都在有关刊物上及时刊登，或以文件形式下发。部领导带头学习，带头撰写并在有关刊物上发表理论文章。在改革开放三十周年之际，部党组撰写的《开创中国特色环境保护事业的探索与实践》理论文章，在《经济日报》和中宣部有关刊物刊载。2011年上半年，环境保护部党组中心组在学习胡锦涛总书记"七一"重要讲话时，扩大司局长与党组中心组互动，畅谈学习体会，充分发挥了中心组的"龙头"和示范作用。在中心组的带动和引领下，党组、党委、总支、支部四级学习机制的作用得到了较好的发挥，环保系统各级党组织坚持用科学理论武装头脑、指导实践、推动工作的自觉性和积极性得到切实加强，各级党员领导干部带头学理论、写体会、讲党课蔚然成风。

二是不断创新学习载体，推进"学习型机关"建设。环境保护部围绕中共党史、"十二五"环保规划、贯彻落实《国务院关于加强环境保护重点工作的意见》等内容，坚持举办"加快推进历史性转变、积极探索中国环保新道路"系列讲座和报告会，请部领导、知名专家学者和机关有关业务司局负责同志多角度、系统地进行学习辅导。截至2011年年底，已举办系列讲座23期，在干部职工中引起强烈反响，大家普遍反映讲座对开阔视野、增长知识、提高素质有很大帮助，也受到了中央国家机关工委的肯定。同时，积极为基层党组织和党员干部配发学习书籍和资料，通过论坛、研讨、征文和知识问答等多种载体，搭建宣讲平台，激发干部职工的学习积极性。通过"司局长谈培养青年"活动、"学党史学业务、强素质当先锋"报告会以及与科技部、国管局、国开行等5个单位开展主题联学等形式，带动了青年学习。载体的创新，丰富了学习内容，提高了学习兴趣，取得了良好的学习效果。

三是建立健全长效机制，加强学习型党组织建设。制定了《环境保护部直属机关关于推进学习型党组织建设的实施办法》，把建设学习型党组织作为基础工程常抓不懈。为基层党组织和党员干部配发"沈浩日记"、"两个体系读本"和"划清四个重大界限读本"等学习资料,鼓励开展自学,并组织4个党委、党支部、党小组交流学习型党组织建设先进经验。开展"学习·实践·创新"征文活动,90余名党员干部撰写理论文章,环科院党委《在高知群体中做好发展党员工作的思考》一文获中央国家机关工委征文一等奖。各部门、各单位积极加强学习型党组织建设,中国环境监测总站党委开辟"我的总站我的家"网络学习园地,中日友好环境保护中心党委坚持每年开展12次中心组集中研讨学习等,都取得了明显成效。

三、不断强化基层党组织工作

一是建立五个长效机制,增强基层组织建设的规范性。制定了《环境保护部直属机关关于推进学习型党组织建设的实施办法》,建立了以部党组中心组为龙头,党组、党委、支部和党小组四级联动的学习机制。环境保护部制定了《环境保护部直属机关党务公开实施办法》,进一步保障和维护广大党员对党内事务的知情权、参与权、选择权和监督权,推动了党内基层民主建设。制定了《环境保护部贯彻落实〈中国共产党党和国家机关基层组织工作条例〉的实施意见》,明确了基层党组织机构配置和基本工作程序、方法,进一步提高了基层组织建设的规范性、操作性和科学性。制定了《环境保护部直属机关党建工作考评办法》,量化党建考评内容,把党建考评纳入年度工作考核,形成了自下而上群众评议,自上而下领导点评的"双向考核"机制。开展了建立健全权力运行监控机制工作,围绕环境行政审批权、环境行政评审权、环境执法权、资金(项目)分配权、物资(设备)采购权、干部人事权等"六项权力",查找廉政风险点,制定廉政风险防控措施,确保权力在阳光下运行。

二是加强队伍建设,强化基层党建工作的组织保障。环境保护部党组高度重视党务干部队伍建设,各个直属党委均配备了专职党委书记或纪委书记,设党委办公室,并在设党总支、党支部的部门和单位建立党建工作联络员制度。应急中心党支部还专门成立了党建工作小组,切实加强了党建工作的组织领导。坚持以党建带工建、带团建、带妇建,各部门各单位均成立工会委员会、青年工作小组和妇女工作小组,工青妇组织依据党委工作部署制订相应工作计划,有效形成了基层组织建设的工作合力。同时,注重加强对党务干部的教育培训,每年举办全国环保系统党务干部培训班和直属机关纪检干部、工会干部、妇女干部、青年干部培训班,组织大家学习党建理论、培训业务知识、交流工作经验;坚持开展党务干部体验执法、体验监测、体验信访等系列体验活动,让党务干部与业务干部一起深入环保一线,熟悉环保业务、找准工作重点;利用手机短信平台,每周给基层党组织负责人和党建工作联络员编发党建工作动态,细化工作部署、促进工作交流、推动工作落实,切实增强了各级基层党组织的工作能力和水平。

三是广泛开展主题党日和表彰先进活动,激发党员干部队伍干事创业的热情。几年来,环境保护部紧紧围绕"纪念改革开放三十周年"、"庆祝新中国成立六十周年"、"积极投身创先争优活动,打赢'十一五'污染减排决胜战"、"迎接建党90周年、争当探索中国环保新道路排头兵"等主题,通过专题组织生活、讲党课、社会实践、调查研究、参观党史展览等灵活多样的方式,广泛开展主题党日活动,加强对干部职工的革命传统教育、理想信念教育、爱国主义教育和改革开放教育。同时,注重典型引路,充分发挥榜样的示范引领作用。近年来表彰了汶川、玉树抗震救灾、核应急工作、创先争优先进党组织和优秀共产党员,还开展了"五一劳动奖章"、"五四标兵"、"巾帼建功"表彰活动,进一步激发了干部职工学先进、赶先进、做先进的积极性和主动性。

四、认真做好机关内部管理

一是大力实施政府绿色采购。为进一步推进廉政型机关建设,环境保护部成立了机关财务结算与政府采购中心,实现了管办分离,采购中心始终把依法采购、规范采购行为、严密操作程序、加强廉洁自律放在首位,各项工作取得了积极成效,先后制定了《机关服务中心政府采购程序》,编制了《机关服务中心政府采购流程图》,严格实行采购全过程监督,大大降低了政府采购过程中的廉政风险。

二是认真抓好机关内部节能减排工作。为大力推进节约型机关建设,环境保护部先后制定实施了《环境保护部机关节能减排工作实施方案》和《环境保护部所属公共机构能源资源消耗统计实施方案》,同时配套做好统计,准确把握节能减排动态。积极争取节能改造资金,彻底改造了部机关办公楼的热交换和制冷设备系统,提高节能效率30%以上;对设备控制和计量系统进行改造,为增强节能效果提供了有效的硬件保障。每年组织开展节能宣传周活动,广泛宣传,动员每位职工参加到节能减排活动之中,部领导率先垂范,部机关和直属单位职工干部积极参与。宣传周期间,每年约有2000人次参加各类节能活动。经过努力,近两年环境保护部用水、用油量均完成国管局下达的节水、节油目标。

第三节　纪检监察工作取得新成效

一、推动环境保护政风行风持续好转

长期以来,环境保护部党组和驻环境保护部纪检监察部门一直把严肃政治纪律、维护中央权威、确保中央政令畅通作为重要政治任务,加强监督检查,督促各级环保部门坚决贯彻落实中央的路线方针政策和环境保护政策措施,取得显著成效。

一是对重点工作开展行政监察。驻环境保护部纪检组监察局对环保重点工作落实情况开展了行政监察,参与了重大项目预审、环评审批、竣工验收、排污费审定、行政处罚、重大项目招投标等监督检查工作。“非典”期间,配合有关职能部门,对医疗废水和废弃物的应急处理开展现场督查,为有效阻断非典病毒的传播起到了积极推动作用。2003年,为落实国务院《关于三峡库区及其上游水污染防治规划》的实施,驻环境保护部纪检组监察局会同监察部、国家发改委、财政部等10

个部委有关部门,对重庆、湖北三峡库底清理工作进行了联合执法检查,国务院对此项工作给予了充分肯定。2004年,会同监察部、建设部、交通部有关部门和三峡建委办公室,组成联合检查组,对三峡库区清漂工作进行了专项检查。2006年,按照监察部与原国家环保总局联合发布的《环境保护违法违纪行为处分暂行规定》要求,组织各级环保部门和纪检监察部门大力开展行政监察,查处国家公职人员环境违法行为。会同有关部门重点督办了晋陕蒙宁跨界污染问题和湘渝黔"锰三角"污染问题,挂牌督办9个典型案件,集中清理了一批基层政府制定的"企业安静日"、"零检查"、"零收费"等违法违规的"土政策"。组织协调各级环保部门向工商、安监和司法部门移交移送涉嫌其他违法违规的环境污染案件240多起,依法依规处理有关责任人311人。

二是开展执法监察。2003年,组织20多个执法监察组,对20多个省区市贯彻落实《国务院关于环境保护若干问题的决定》的情况进行执法监察,巩固了"一控双达标"的成果,保证了国务院部署要求的实现。2004年,配合业务主管部门和当地环保部门,对四川沱江污染、江苏"铁本事件"进行了调查,督促当地党委、政府严肃查处了违反环保法规的责任单位和责任人。认真落实中央关于工程建设领域突出环境问题专项治理工作部署,开展环评审批工作专项执法检查。很多地方通过全面自查与加强督查相结合、查处典型案件与构建长效机制相结合、强化内部监管与接受外部监督相结合,促进了问题项目的整改落实,得到中央工程建设领域突出问题专项治理办公室的充分肯定。

三是积极推动开展政府绩效管理试点工作。按照中央纪委、监察部关于推行政府绩效管理制度的总体部署,紧紧围绕"十二五"污染减排规划实施和目标责任制落实,环境保护部构建科学的污染减排绩效考评体系和考评结果运用机制,促进污染减排约束性目标的实现,推进地方政府生态环境建设和科学发展。2010—2011年,环境保护部对全国30个省(区、市,不含西藏)及新疆生产建设兵团进行了4次污染减排总量核查。在总量核查工作中,环境保护部强化监督检查,督促各级环保部门维护党的政治纪律,摸实情、讲实话、出实招,杜绝"形象工程"和"政绩工程",确保核查数据真实可靠。2012年在总结上年度绩效管理试点工作经验的基础上,推动进一步完善污染减排绩效管理考评制度设计,细化环境保护在政府绩效评价体系的指标内容,形成规范化的绩效管理操作程序和工作要求,强化目标管理责任制,构建科学发展长效机制。

四是进一步加强行风建设。根据《国务院办公厅转发监察部等部门关于清理评比达标表彰活动意见的通知》精神,环境保护部制定下发了《清理评比达标表彰活动工作方案》,认真组织开展了清理和规范评比达标表彰活动工作。经原国家环保总局党组会议多次审议,并报国务院清理领导小组审核批准,共撤销、合并评比达标表彰项目38项(保留5项),占全部项目的88%,项目大幅度减少,基层和企业负担明显减轻,得到国务院清理领导小组的充分肯定。

二、深入开展党风廉政建设和反腐败工作

一是持续开展以"四个珍惜"为内容的廉政教育,营造风清气正的良好氛围。近年来,环境保护部结合环保系统的身边人身边事,通过开展警示教育、印发案例选编、拍摄《绿色警笛》教育片等方式,告诫各级党员干部要自觉做到"四个珍惜"。2011年2月,环境保护部结合剖析环境保护部直属单位发生的典型案件,召开环境保护部反腐倡廉警示教育大会,部党组提出了"四常四戒四珍惜"(常修为政之德,力戒权力滥用,珍惜政治生命;常怀律己之心,力戒放纵自我,珍惜荣誉名声;常思贪欲之害,力戒见利忘义,珍惜家庭亲情;常弃非分之念,力戒浮华攀比,珍惜平凡生活)的新要求。近年来,环境保护部党组坚持每年围绕一个主题,开展党风廉政教育月活动,使集中式的党风廉政教育以制度的形式确定并坚持下来。2010年以"学先进、守准则、严制度"为主题、2011年以"贯彻落实党风廉政建设责任制规定"为主题、2012年以"保持党的纯洁性与加强反腐倡廉建设"为主题,召开党组(扩大)学习暨

专题报告会,深入学习中央纪委五次、六次、七次全会精神,在全国环保系统开展"学沈浩事迹,做环保卫士"主题学习实践活动、"向田洪光同志学习"和"向孟祥民同志学习"活动,在环境保护部机关举办环保战线先进事迹报告会,积极开展"全国环保系统廉政公益广告作品"比赛、"学习贯彻环保'两会'精神,扎实推进党风廉政建设"征文等形式多样的廉政文化活动,进一步强化各级领导干部的政治意识和责任意识,使廉洁自律思想深深扎根于党员干部头脑中。

二是突出以环保"六项权力"为重点的权力运行监控机制建设,确保环保各项权力在阳光下运行。按照中央纪委、监察部要求,在充分调研论证的基础上,环境保护部率先在国务院部委中开展权力运行监控机制建设工作,重点加强对环境行政审批权、环境行政评审权、环境执法权、资金(项目)分配权、物资(设备)采购权、干部人事权等"六项权力"的监管。通过总结通报相关案件情况,分析危害、剖析原因、制定对策。2010年,环境保护部开展建立健全权力运行监控机制试点工作,理清工作思路,摸索总结经验。2011年,在部机关各部门和各派出机构、直属单位全面推进权力运行监控机制建设工作,共梳理权力事项258项,查找廉政风险点605个,制定防控措施1137条,权力运行监控机制框架基本确立,得到了中央纪委、监察部的肯定。

三是进一步推进"六型机关"建设,提高依法行政能力。按照环境保护部党组提出的大力加强思想、组织、作风、制度、业务"五大建设",努力构建学习型、服务型、法治型、和谐型、廉政型和节约型"六型机关"的要求,着力推动干部队伍建设和廉政制度建设。为建设廉政型机关,制定部级党风廉政制度34项。近几年来,环境保护部先后制定了《环境行政处罚听证程序规定》、《环境影响评价从业人员职业道德规范(试行)》、《固体废物进口管理办法》、《国家环境保护模范城市创建与管理工作办法》、《环保部干部人事工作监督办法(试行)》、《环保部政府采购活动监督管理暂行办法》等一系列规章制度,努力做到用制度管权、管人、管事,不断提高依法行政的能力和水平。

四是坚持公开公平公正原则,从源头上预防和治理腐败。环境保护部积极协助加强和改进干部选拔任用工作,扩大民主,强化监督,提高选人用人满意度。环境保护部会同有关部门建立"建设项目环评审批网上监控系统",通过纪检监察部门网上实时监督,加强环评审批监管。协助有关部门抓好环保部政务服务大厅建设,开设环评审批、上市核查、核项目审批、资质审查等8个窗口,努力打造环保部门的"办事窗口"、"形象窗口"和"便民窗口"。推动各级环保部门建立网上审批系统,形成行政许可"网上受理,网上办理,网上答复"的工作程序,确保所有审批环节都在网上留下"档案"。

五是以查办案件为重点,加大对违纪违法行为的惩处力度。为进一步规范案件查处工作,驻环境保护部纪检监察部门重新修订了《驻环境保护部纪检组监察局案件调查处理实施办法》,坚持把依纪依法查处案件作为工作重点,牢固树立查办案件是尽职,有案不查是失职的观念。2002年至2012年上半年,环境保护部自办或协办了15起案件,其中给予党纪处分9人,给予政纪处分14人,移送司法机关处理6人。在办案中驻环境保护部纪检监察部门注意把握政策,研究细节,深挖线索,努力克服人员少,工作任务重等实际困难,通过查办违纪违法案件,维护了党纪政纪的严肃性,维护了法律的权威,清洁了环境保护队伍。

责任编辑:邵永忠
封面设计:徐 晖
责任校对:吕 飞

图书在版编目(CIP)数据

环保惠民 优化发展——党的十六大以来环境保护工作发展回顾
 (2002—2012)/周生贤 主编. -北京:人民出版社,2012.10
("科学发展 成就辉煌"系列丛书)
ISBN 978 - 7 - 01 - 011295 - 4

Ⅰ.①环… Ⅱ.①周… Ⅲ.①环境保护-成就-中国-2002—2012
 Ⅳ.①X-12

中国版本图书馆 CIP 数据核字(2012)第 233229 号

环保惠民 优化发展
HUANBAO HUIMIN YOUHUA FAZHAN
——党的十六大以来环境保护工作发展回顾(2002—2012)

周生贤 主编

人民出版社 出版发行
(100706 北京市东城区隆福寺街 99 号)

北京中科印刷有限公司印刷 新华书店经销

2012 年 10 月第 1 版 2012 年 10 月北京第 1 次印刷
开本:710 毫米×1000 毫米 1/16 印张:21
字数:280 千字 印数:0,001-5,000 册

ISBN 978 - 7 - 01 - 011295 - 4 定价:42.00 元

邮购地址·100706 北京市东城区隆福寺街 99 号
人民东方图书销售中心 电话 (010)65250042 65289539